AI 赋能软件开发技术丛书

U0725097

AIGC
高效编程

Python 数据可视化
案例教程 慕课版

明日科技◎策划

周大朋 刘海燕 郑先锋◎主编

刘彩娜 冯煜◎副主编

人民邮电出版社
北　京

图书在版编目（CIP）数据

AIGC 高效编程：Python 数据可视化案例教程：慕课版 / 周大朋，刘海燕，郑先锋主编． -- 北京：人民邮电出版社，2025． -- （AI 赋能软件开发技术丛书）．
ISBN 978-7-115-67090-8

Ⅰ．TP312.8

中国国家版本馆 CIP 数据核字第 2025PX6783 号

内 容 提 要

本书系统地介绍 Python 数据可视化涉及的常用知识。全书共 13 章，内容包括数据可视化基础、搭建 Python 数据可视化环境、Matplotlib 基础、Matplotlib 进阶、pandas 内置绘图、Seaborn 绘图、第三方图表 pyecharts、Plotly 图表、Bokeh 图表、绘制渐变饼图分析销售占比情况、绘制双向柱形图分析个人收入与支出、绘制动态图表分析产品走势和用 Matplotlib+PyQt5 实现交互式图表。全书以"知识+实例+案例引导"的方式进行讲解，最后 4 章介绍 4 个实用性很强的数据可视化案例，每个案例都介绍了相关的关键技术，有助于读者理解知识、应用知识，从而实现学以致用。

近年来，AIGC 技术高速发展，成为各行各业高质量发展和生产效率提升的重要推动力。本书将 AIGC 技术融入理论学习、实例编写、复杂系统开发等环节，帮助读者提升编程效率。

本书既可以作为高等院校计算机、软件工程相关专业数据可视化课程的教材，又可以作为从事 Python 数据可视化工作的人员的参考书。

- ◆ 策 划 明日科技
  主 编 周大朋 刘海燕 郑先锋
  副 主 编 刘彩娜 冯 煜
  责任编辑 田紫微
  责任印制 胡 南
- ◆ 人民邮电出版社出版发行 北京市丰台区成寿寺路 11 号
  邮编 100164 电子邮件 315@ptpress.com.cn
  网址 https://www.ptpress.com.cn
  三河市中晟雅豪印务有限公司印刷
- ◆ 开本：787×1092 1/16
  印张：15.25 2025 年 7 月第 1 版
  字数：371 千字 2025 年 7 月河北第 1 次印刷

定价：59.80 元

读者服务热线：(010)81055256 印装质量热线：(010)81055316
反盗版热线：(010)81055315

在人工智能技术高速发展的今天，人工智能生成内容（Artificial Intelligence Generated Content，AIGC）技术在内容生成、软件开发等领域的作用已经非常突出，正在逐渐成为一种重要的生产工具，推动内容产业进行深度的变革。

党的二十大报告强调，"高质量发展是全面建设社会主义现代化国家的首要任务"。发展新质生产力是推动高质量发展的内在要求和重要着力点，AIGC技术已经成为新质生产力的重要组成部分，在 AIGC 工具的加持下，软件开发行业的生产效率和生产模式将产生质的变化。本书结合 AIGC 辅助编程工具，帮助读者掌握软件开发从业人员应具备的职业技能，提高核心竞争力，达到软件开发行业对新技术人才的要求。

Python 具备简单、灵活、健壮、兼容、高效和通用等特性，已经成为数据分析、数据可视化开发过程中的重要组成部分。越来越多的企业使用 Python 进行数据可视化。

本书是明日科技与院校一线教师合力打造的 Python 数据可视化教材，将 Python 数据可视化知识和实例有机结合。一方面，本书介绍 Matplotlib、pandas 等主流数据可视化工具，帮助读者系统构建数据可视化知识体系；另一方面，将知识融入实例、案例，通过真实案例，呈现从数据清洗到图表生成的完整流程，帮助读者把知识转化为解决实际问题的能力。

本书的主要特色如下。

1．基础理论结合丰富实践

（1）本书通过通俗易懂的语言和丰富实例演示，系统介绍 Python 数据可视化涉及的常用知识，并在每章的后面提供习题，方便读者及时检验学习效果。

（2）本书设计 4 个实用性很强的数据可视化案例，生动地展现如何运用 Python 实现数据可视化，使理论知识讲解更贴近实际应用需求。

2．融入 AIGC 技术

本书在理论学习、实例编写、复杂系统开发等环节融入 AIGC 技术，具体做法如下。

（1）本书在第 2 章介绍 PyCharm 中引入 AI 工具的具体操作，并在部分章节讲解如何使用 AI 工具自主学习进阶性理论。

（2）本书详细呈现使用 AIGC 工具编写实例的完整过程和结果，在巩固理论知识的同时，启发读者主动使用 AIGC 工具辅助编程。

3．支持线上线下混合式学习

（1）本书是慕课版教材，依托人邮学院（www.rymooc.com）为读者提供完整慕课，课程结构严谨，读者可以根据自身的学习情况，自主安排学习进度。读者购买本书后，刮开粘贴在书封底上的刮刮卡获得激活码，使用手机号码完成网站注册，即可搜索本书配套慕课并学习。

（2）本书针对重要知识点放置了二维码，扫描二维码即可观看相应内容的视频讲解。

4．配套丰富教学资源

本书配套 PPT、教学大纲、教案、源代码、拓展案例、自测习题及答案等丰富教学资源，用书教师可登录人邮教育社区（www.ryjiaoyu.com）免费获取。

书中各章主要内容和建议学时见下表，教师可以根据实际教学情况进行调整。

章	章名	课堂教学（学时）	上机指导教学（学时）
第 1 章	数据可视化基础	1	
第 2 章	搭建 Python 数据可视化环境	2～3	3～4
第 3 章	Matplotlib 基础	3～4	4～5
第 4 章	Matplotlib 进阶	2～3	3～4
第 5 章	pandas 内置绘图	2～3	3～4
第 6 章	Seaborn 绘图	2～3	3～4
第 7 章	第三方图表 pyecharts	3～4	5～6
第 8 章	Plotly 图表	2～3	4
第 9 章	Bokeh 图表	2～3	3
第 10 章	绘制渐变饼图分析销量占比情况	1	1
第 11 章	绘制双向柱形图分析个人收入与支出	1	1
第 12 章	绘制动态图表分析产品走势	1	1～2
第 13 章	用 Matplotlib+PyQt5 实现交互式图表	1	1～2

由于编者水平有限，书中难免存在疏漏和不足之处，敬请广大读者批评指正，使本书得以改进和完善。

编 者

2025 年 1 月

目录

第1章 数据可视化基础

学习目标

- 理解什么是数据可视化
- 了解数据可视化的作用
- 了解 Python 数据可视化常用工具
- 掌握选择合适的图表类型的方法
- 掌握图表的基本组成

1.1 什么是数据可视化

数据可视化是指借助图形化手段，清晰、有效地传达与沟通信息。而在大数据人工智能时代，数据可视化的含义更加具体，是指通过绘图工具和方法将数据以图形、图像的形式展示，以揭示数据潜在的规律、趋势和关系等。

什么是数据可视化

1.2 数据可视化的作用

数据可视化不仅能够直观地展示数据，还能够体现数据之间隐藏的关系，从而帮助我们更好地理解数据。相比数据表，数据可视化更加直观、生动和具体，并且更具表现力。它能将复杂的统计数据变得简单、通俗、形象，使人一目了然，便于理解和比较。数据可视化将数据以图形、图表的形式展示出来，使我们能够快速、直观地了解数据变化趋势、数据比较结果、数据所占比例、数据之间的关系，以及发现异常数据等。因此，数据可视化有助于数据处理、数据分析、数据挖掘工作的顺利进行。

数据可视化的作用

1.3 Python 数据可视化常用工具

工欲善其事，必先利其器。选择一款合适的数据可视化工具尤为重要。数据可视化工具非常多，本书主要介绍 Python 常用的数据可视化工具。从 Matplotlib 和 pandas 到 Seaborn、pyecharts、Plotly 和 Bokeh，这些数据可视化工具各有特点，在日常工作中可以配合使用。

Python 数据可视化常用工具

（1）Matplotlib

Matplotlib 是较基础的 Python 可视化库。学习 Python 数据可视化，应先从 Matplotlib 学起，然后学习其他库进行拓展。它是一个 Python 2D 绘图库，常用于数据可视化，能够以多种硬拷贝格式和跨平台的交互式环境生成出版物质量的图形。

Matplotlib 非常强大，可以用来绘制各种各样的图表，它将困难的事情变得容易，将容易的事情变得更容易。使用 Matplotlib 只需几行代码就可以绘制出所需要的图表。

（2）pandas

pandas 是 Python 数据分析最重要的库，它不仅可以处理数据、分析数据，还内置了绘图函数，可以像 Matplotlib 一样实现数据可视化，绘制各种图表。它的优点是方便、快捷，因为 pandas 内置绘图函数可以直接将数据处理和数据分析结果绘制成图表，例如 groupby 分组统计后直接绘制折线图。pandas 内置绘图函数简单，用起来方便、快捷，如果想快速出图，它是理想之选。

（3）Seaborn

Seaborn 是一个基于 Matplotlib 的高级可视化效果库，擅长生成统计图表。因此，Seaborn 适用于数据挖掘和机器学习中的变量特征选取。相比 Matplotlib，Seaborn 的语法相对简洁，不需要花费过多时间去美化图表，但是它的绘图方式比较局限，不够灵活。

（4）pyecharts

pyecharts 是一个用于生成 Echarts 图表的类库。Echarts 是百度开源的一个数据可视化 JavaScript 库。用 Echarts 生成的图表可视化效果非常好，pyecharts 是专门为了与 Python 衔接，方便在 Python 中直接使用的可视化数据分析图表的库。使用 pyecharts 可以生成独立的网页格式的图表，pyecharts 还可以在 Flask、Django 等 Web 框架中直接使用，非常方便。

（5）Plotly

Plotly 是一个基于 JavaScript 的动态绘图模块，所以用它绘制出来的图表可以与 Web 应用集成。该模块不仅提供了丰富而又强大的绘图库，还支持各种类型的绘图方案。其支持绘制的图表种类丰富、效果美观，方便保存和分享。

（6）Bokeh

Anaconda 开发环境中集成了一个叫作 Bokeh 的模块，该模块同样可以根据数据集绘制对应的图表，满足数据可视化的多种需求。

以上数据可视化工具本书都将进行详细的介绍，且配有实例，读者可以根据需要进行学习与使用。

1.4 如何选择合适的图表类型

如何选择合适
的图表类型

数据分析图表的类型包括条形图、柱形图、折线图、饼图、散点图、面积图、环形图、雷达图等。此外，通过图表的相互叠加还可以生成复合图表。

不同类型的图表适用于不同的场景，可以按使用目的选择合适的图表类型，图表分类框架如图 1-1 所示。

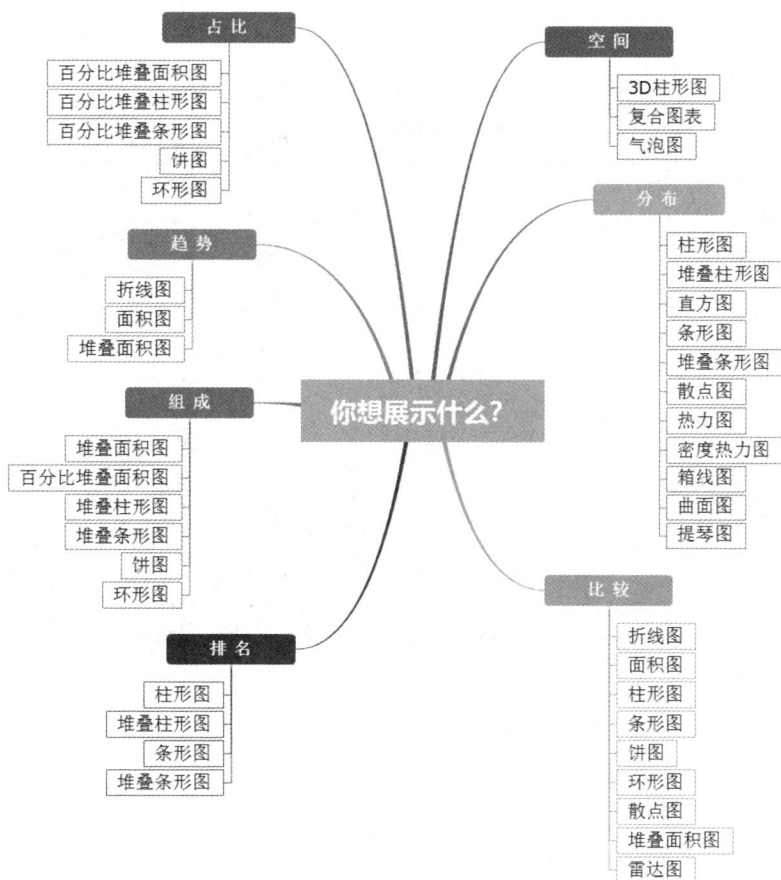

图 1-1　图表分类框架

1.5　图表的基本组成

数据分析图表有很多种，但是大多数图表的基本组成部分是相同的。一个完整的图表一般包括画布、图表标题、绘图区、数据系列、坐标轴及坐标轴标题、图例、文本标签、网格线等，如图 1-2 所示。

图表的基本
组成

下面详细介绍各个组成部分。

（1）画布：图中最大的区域，作为其他图表元素的容器。

（2）图表标题：用来概括图表内容的文字，可设置字体、字号及文字颜色等。

（3）绘图区：画布中的一部分，显示图形的矩形区域，可改变填充颜色、位置，以使图表展现出更好的图形效果。

（4）数据系列：在绘图区，同一列（或同一行）数值数据的集合构成一组数据系列，也就是图表中相关数据点的集合。图表中可以有一到多组数据系列，多组数据系列间通常采用不同的图案、颜色或符号进行区分。图 1-2 中的销售额就是数据系列。

（5）坐标轴及坐标轴标题：坐标轴是标示数值大小及分类的垂直线和水平线，上面有标示数据值的标志（刻度）。一般情况下，水平坐标轴（x 轴）表示数据的分类；坐标轴标题用来说明坐标轴所代表的内容。图 1-2 中 x 轴的标题是"年份"，y 轴的标题是"线上销售额/元"。

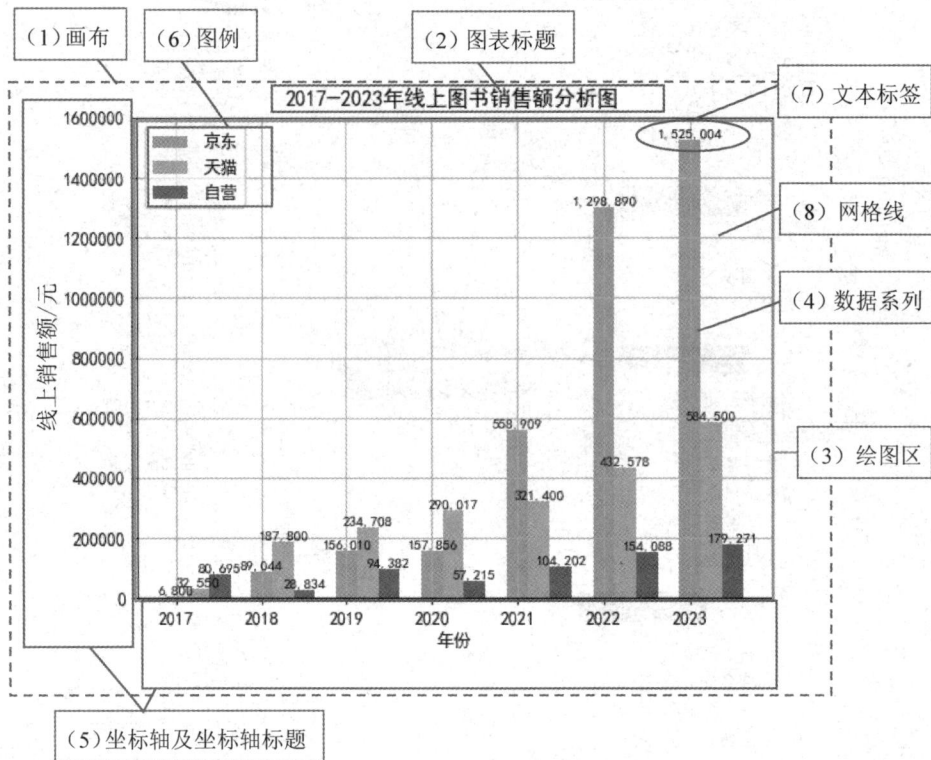

图 1-2　图表的基本组成

（6）图例：指示图表中各区域符号、颜色或形状定义所代表的内容。图例由两部分构成：图例标识代表数据系列的图案，即不同颜色的小模块；图例用于具体说明每个标识代表的数据内容，一种图例标识只能对应一种图例项。

（7）文本标签：用于为数据系列添加说明文字。

（8）网格线：贯穿绘图区的线条，类似标尺，用以衡量数据系列的数值，可设置网格线宽度、样式、颜色等。

小结

通过对本章的学习，读者能够了解数据可视化的概念和作用、Python 数据可视化常用工具、如何选择合适的图表类型，以及图表的基本组成，为后面系统学习 Python 各种数据可视化工具奠定基础。

习题

1-1　Python 数据可视化常用工具有哪些？

1-2　分析各地区销售额情况，应使用哪种图表？

1-3　查看数据分布情况，应使用哪种图表？

第2章　搭建 Python 数据可视化环境

学习目标

- 快速入门 Python
- 掌握搭建 Python 开发环境的方法
- 了解集成开发环境 PyCharm
- 了解数据分析标准环境 Anaconda
- 了解 Jupyter Notebook 开发工具

2.1 Python 快速入门

2.1.1 Python 简介

Python 英文本义是指"蟒蛇"。1989 年，荷兰人吉多·范罗苏姆（Guido van Rossum）发明了一种面向对象的解释型高级编程语言，并将其命名为 Python，其标志如图 2-1 所示。Python 的设计哲学为"优雅、明确、简单"。实际上，Python 也始终贯彻这一理念，所以有"人生苦短，我用 Python"的说法。可见 Python 有着简单、开发速度快、节省时间和容易学习等特点。

Python 快速入门

图 2-1　Python 的标志

Python 简单易学，而且提供了大量第三方扩展库，如 pandas、Matplotlib、NumPy、SciPy、scikit-learn、Keras 和 Gensim 等，这些库不仅可以对数据进行处理、挖掘、可视化展示，其自带的分析方法模型也使得数据分析变得简单高效，只需编写少量的代码就可以得到分析结果。

因此，Python 在数据分析、机器学习及人工智能等领域越来越重要。如今，Python 已经成为科学领域的主流编程语言，图 2-2 所示为 2024 年 7 月 TIOBE 编程语言排行榜（前 10）。

Jul 2024	Jul 2023	Change		Programming Language	Ratings	Change
1	1			Python	16.12%	+2.70%
2	3	^		C++	10.34%	-0.46%
3	2	v		C	9.48%	-2.08%
4	4			Java	8.59%	-1.91%
5	5			C#	6.72%	-0.15%
6	6			JavaScript	3.79%	+0.68%
7	13	^		Go	2.19%	+1.12%
8	7	v		Visual Basic	2.08%	-0.82%
9	11	^		Fortran	2.05%	+0.80%
10	8	v		SQL	2.04%	+0.57%

图 2-2　2024 年 7 月 TIOBE 编程语言排行榜（前 10）

2.1.2　Python 的版本

Python 自发布以来主要有 3 个版本，即 1994 年发布的 Python 1.0（已过时）、2000 年发布的 Python 2.0（截至 2020 年 7 月更新到 2.7.18，已停止更新）和 2008 年发布的 Python 3.0（截至 2024 年 12 月更新到 3.13）。

2.2　搭建 Python 开发环境

2.2.1　下载和安装 Python

1．查看计算机操作系统的位数

现在很多软件，尤其是编程工具，为了提高开发效率，分别针对 32 位操作系统和 64 位操作系统做了优化，推出了不同的开发工具包。Python 也不例外，所以在安装 Python 前，需要了解计算机操作系统的位数（32 位还是 64 位）。

搭建 Python
开发环境

在桌面找到"此电脑"（本书用的 Windows 10 系统，Windows 7 系统为"计算机"）图标，右击该图标，在打开的菜单中选择"属性"，将弹出图 2-3 所示的"系统"窗口，"系统类型"处标示着本机是 64 位操作系统还是 32 位操作系统，由图可知本机是 64 位操作系统。

2．下载 Python 安装包

在 Python 的官方网站中，可以方便地下载 Python 安装包，具体下载步骤如下。

（1）打开浏览器，访问 Python 官方网站，将鼠标指针移动到 Downloads 菜单上，会出现

图 2-3　查看"系统类型"

图 2-4 所示的列表，该列表中会默认显示 Python 最新的 64 位的 Windows 版本。

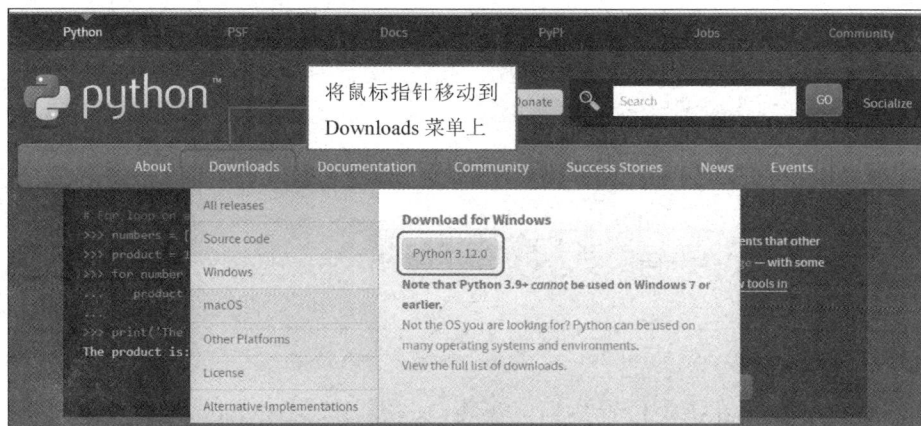

图 2-4　Python 官方网站首页

如果你的计算机刚好是 Windows 64 位操作系统，那么直接单击 Python 3.12.0 按钮即可；如果不是 Windows 64 位操作系统，那么需要将鼠标指针移动到 Downloads 菜单上，首先选择符合自己计算机的操作系统，如 Windows、macOS 等，然后根据需求选择合适的 Python 版本。例如选择 Windows，进入详细的下载页面，该页面有各种 Python 版本，如图 2-5 所示，选择需要的 Python 版本进行下载即可。

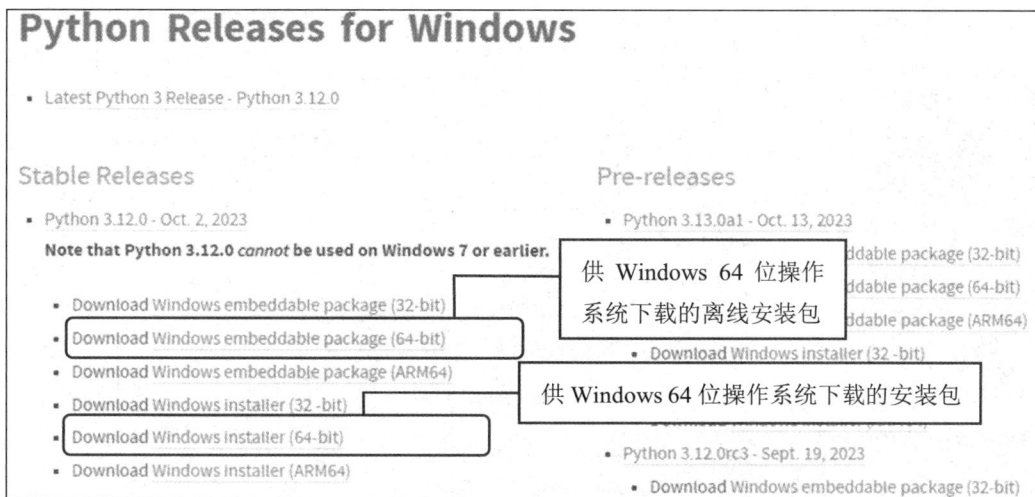

图 2-5　适合 Windows 操作系统的 Python 安装包

> 说明：在图 2-5 所示的列表中，带有 "32-bit" 字样的安装包表示可以在 Windows 32 位操作系统上使用，而带有 "64-bit" 字样的安装包则表示可以在 Windows 64 位操作系统上使用。另外，带有 "embeddable package" 字样的安装包表示通过可执行文件（*.exe）的方式进行离线安装。

（2）由于本书用的计算机是 Windows 64 位操作系统，所以直接单击 Python 3.12.0 按钮，打开 "新建下载任务" 对话框，如图 2-6 所示，单击 "下载" 按钮开始下载。

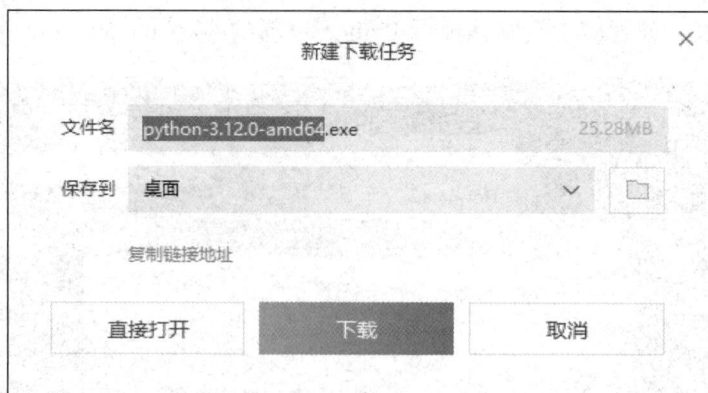

图 2-6 "新建下载任务"对话框

（3）下载完成后，在指定位置找到该安装包，准备安装 Python。

3．在 Windows 64 位操作系统上安装 Python

在 Windows 64 位操作系统上安装 Python 的具体操作步骤如下。

（1）双击下载好的安装包，如 python-3.12.0-amd64.exe，会显示安装向导对话框，选中 Add python.exe to PATH 复选框，让安装程序自动配置环境变量，如图 2-7 所示。

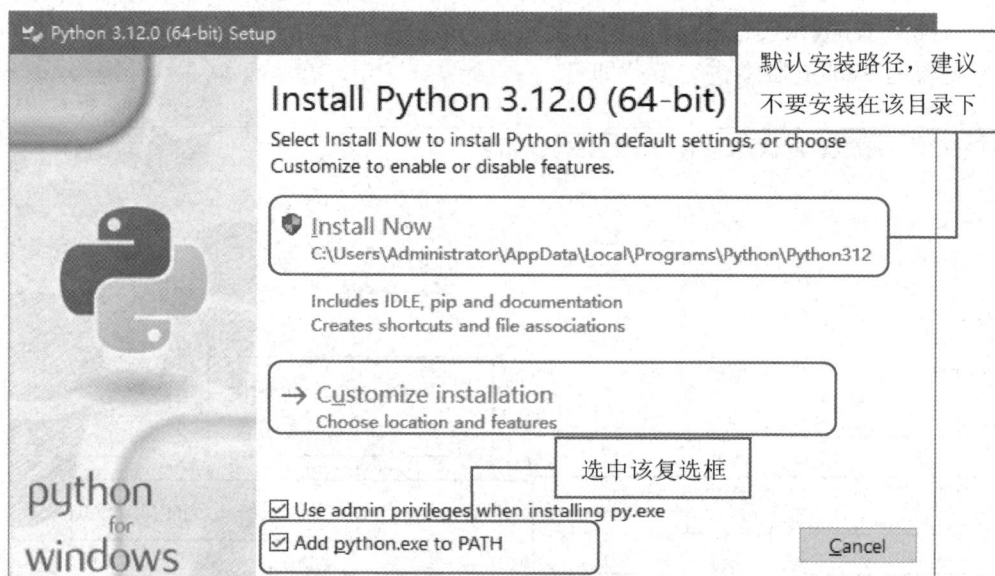

图 2-7 Python 安装向导

> 说明：一定要选中 Add python.exe to PATH 复选框，否则在后面的学习中将会出现"×
> ×× 不是内部或外部命令"的错误提示。

（2）单击 Customize installation 进行自定义安装（自定义安装可以修改安装路径），在弹出的对话框中采用默认设置，如图 2-8 所示。

（3）单击 Next 按钮，在弹出的对话框中设置安装路径，例如"D:\Python\Python 3.12"（建议 Python 的安装路径不要与操作系统的安装路径一致，否则一旦操作系统崩溃，在 Python 路径下编写的程序将受损），其他采用默认设置，如图 2-9 所示。

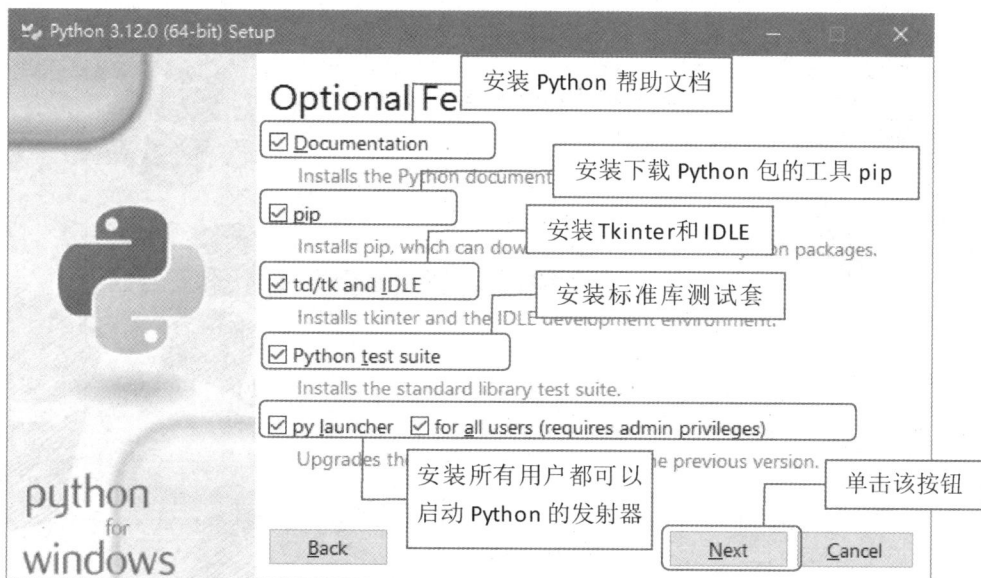

图 2-8　安装选项保持默认设置

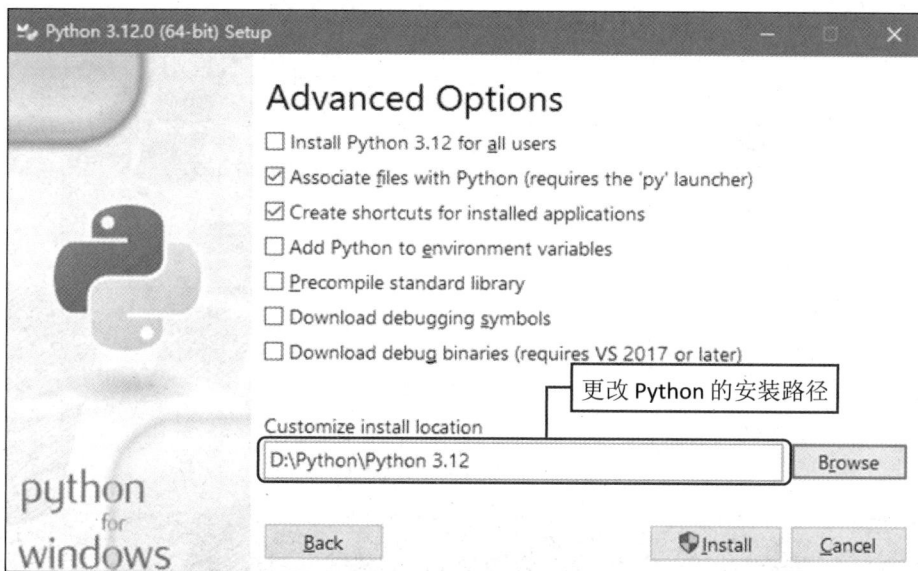

图 2-9　设置安装路径

（4）单击 Install 按钮，开始安装 Python，如图 2-10 所示。

安装完成后如图 2-11 所示。

4．测试 Python 是否安装成功

安装完成后，需要测试 Python 是否安装成功。例如，在 Windows 10 系统中测试 Python 是否安装成功，可以单击 Windows 10 系统的开始菜单，在桌面左下方的搜索框中输入 "cmd"，然后按 Enter 键，打开命令提示符窗口。在当前的命令提示符后面输入 "python"，按 Enter 键，如果出现图 2-12 所示的信息，则说明 Python 安装成功，此时进入交互式 Python 解释器。

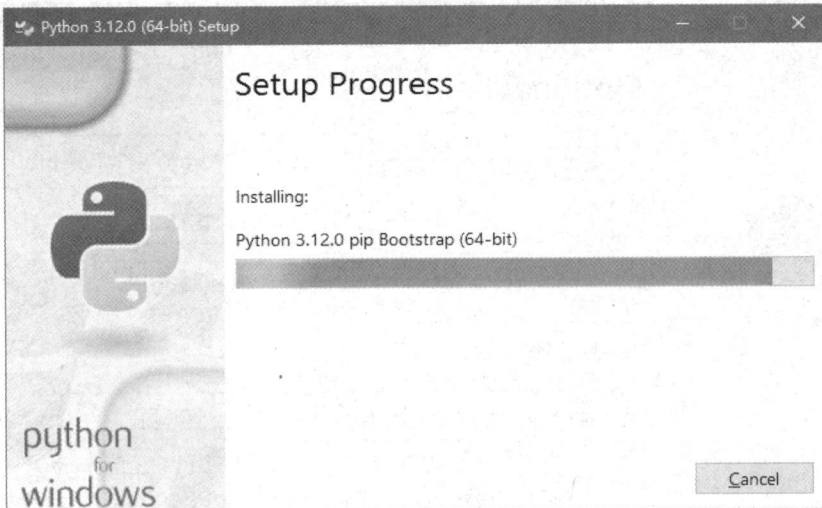

图 2-10　开始安装

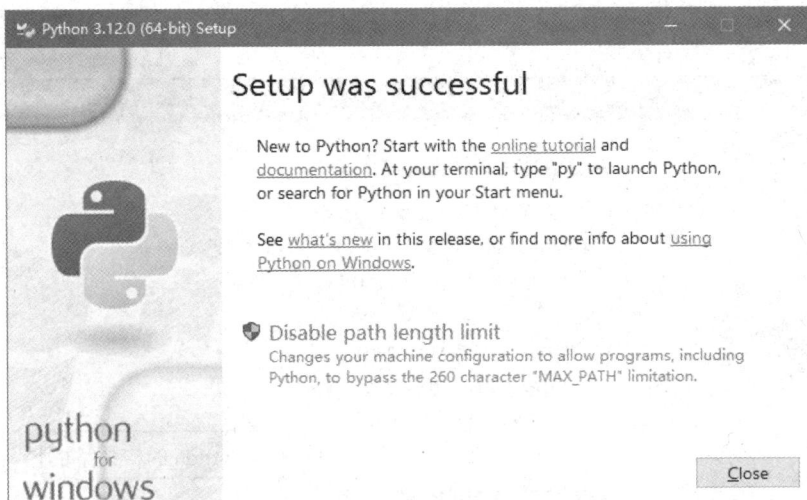

图 2-11　Python 安装完成

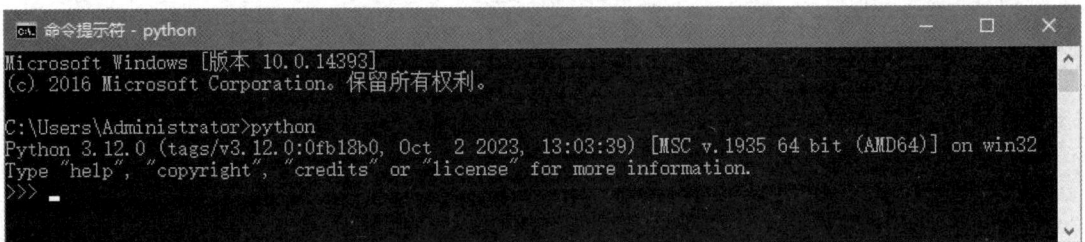

图 2-12　在命令提示符窗口中运行的 Python 解释器

> 📖 **说明**：图 2-12 中的信息是笔者计算机中安装的 Python 的相关信息，包括 Python 的版本、该版本发行的时间、安装包的类型等。如果选择的版本不同，这些信息可能会有所差异，但只要命令提示符变为 ">>>"，就说明 Python 已经安装成功了，正在等待用户输入 Python 命令。

2.2.2 第一个 Python 程序 "hello world"

安装 Python 后，会自动安装一个 IDLE，那么什么是 IDLE？

IDLE 全称为 Integrated Development and Learning Environment，即集成开发环境，程序员可以利用 IDLE Shell（可以在打开的 IDLE 窗口的标题栏上看到）与 Python 进行交互。下面将详细介绍如何使用 IDLE 开发 Python 程序。

单击 Windows 10 系统的开始菜单，然后选择 Python 3.12→IDLE (Python 3.12 64-bit)，即可打开 IDLE 窗口，如图 2-13 所示。

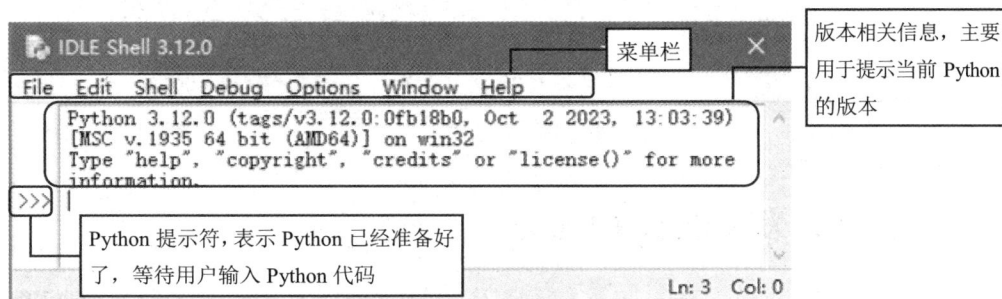

图 2-13　IDLE 窗口

在 Python 提示符 ">>>" 右侧输入代码时，写完一条语句后按 Enter 键就会执行该语句。而在实际开发时，通常不止一行代码，如果需要编写多行代码，可以单独创建一个文件来保存这些代码，以便代码全部编写完毕后一起执行。具体方法如下。

（1）在 IDLE 窗口的菜单栏上选择 File→New File，打开一个新窗口，在该窗口中，可以直接编写 Python 代码，输入一行代码后按 Enter 键将自动换到下一行，等待继续输入，如图 2-14 所示。

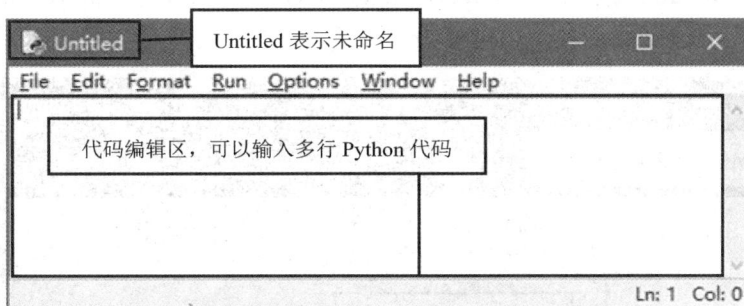

图 2-14　新创建的 Python 文件窗口

（2）在代码编辑区中编写 "hello world" 程序，代码如下。

```
print("hello world")
```

（3）代码编写完成，如图 2-15 所示。按快捷键 Ctrl + S 保存文件，这里将其保存为 demo.py。其中，.py 是 Python 文件的扩展名。

（4）运行程序。在菜单栏中选择 Run→Run Module（或按 F5 键），运行结果如图 2-16 所示。

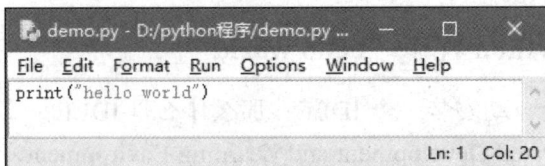

图 2-15 编写代码后的 Python 文件窗口

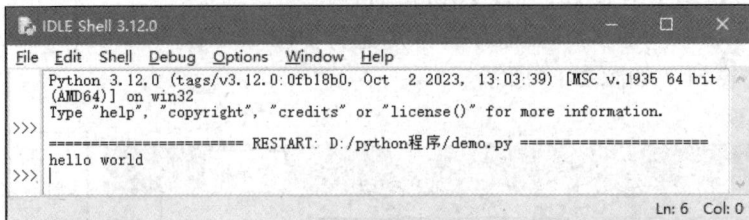

图 2-16 运行结果

2.3 集成开发环境 PyCharm

PyCharm 是由 JetBrains 公司开发的 Python 集成开发环境，是专门开发 Python 程序的商业集成开发环境。由于具有智能代码编辑器，实现了自动代码格式化、代码完成、智能提示、重构、单元测试、自动导入和一键代码导航等功能，因此 PyCharm 成为 Python 专业开发人员和初学者的有力工具。下面介绍 PyCharm 工具的使用方法。

集成开发环境 PyCharm

2.3.1 下载 PyCharm

PyCharm 的下载非常简单，可以直接到 JetBrains 官网下载，具体步骤如下。

（1）打开 JetBrains 官网，选择 Developer Tools 菜单下的 PyCharm，如图 2-17 所示，进入 PyCharm 下载页面。

图 2-17 JetBrains 官网页面

（2）在 PyCharm 下载页面中单击 Download 按钮，如图 2-18 所示。进入 PyCharm 环境选择和版本选择页面。

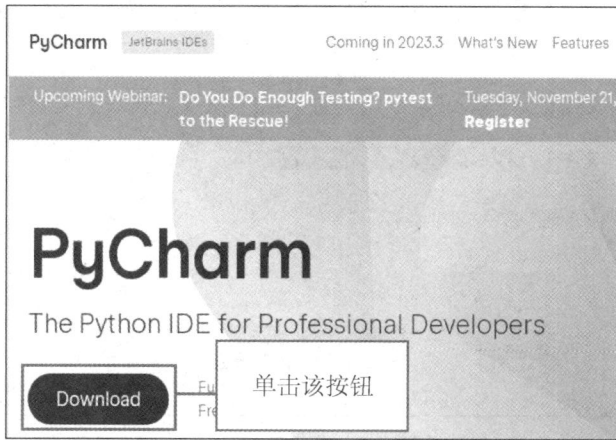

图 2-18　PyCharm 下载页面

（3）选择要安装 PyCharm 的操作系统平台为 Windows，如图 2-19 所示；拖曳滚动条下拉网页，找到社区版 PyCharm，即 PyCharm Community Edition，单击 Download 按钮，如图 2-20 所示。

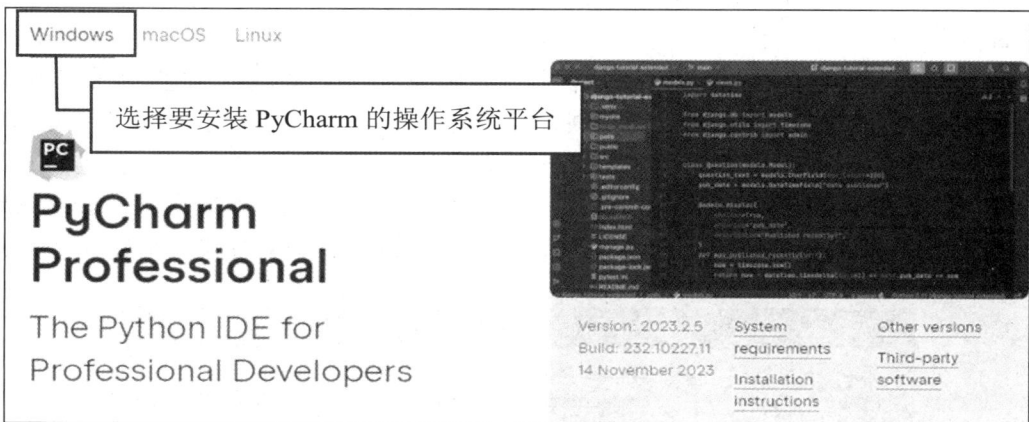

图 2-19　选择要安装 PyCharm 的操作系统平台

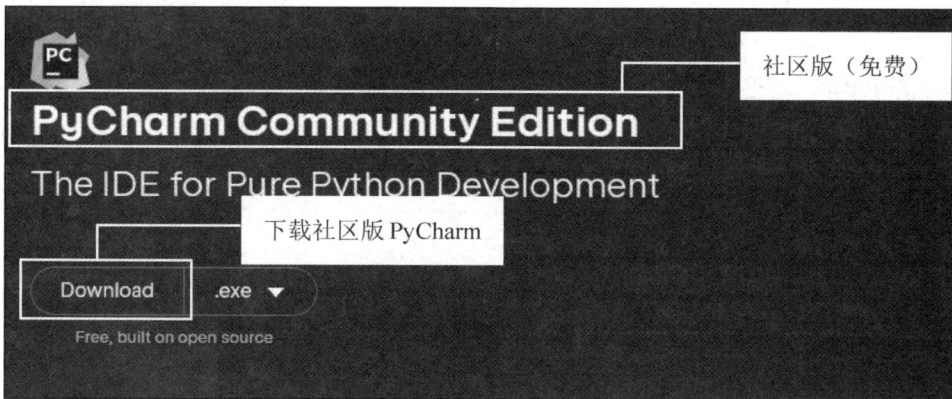

图 2-20　下载社区版 PyCharm

（4）在打开的"新建下载任务"对话框中单击"下载"按钮开始下载，如图 2-21 所示。

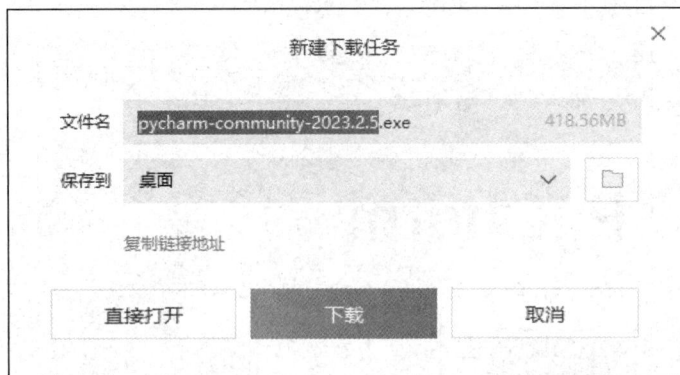

新建下载任务 ×

文件名 pycharm-community-2023.2.5.exe   418.56MB

保存到 桌面   ∨

复制链接地址

直接打开   下载   取消

图 2-21 下载 PyCharm

（5）下载完成后，在指定位置找到该安装包，准备安装 PyCharm。

2.3.2　安装 PyCharm

安装 PyCharm 的具体步骤如下。

（1）双击 PyCharm 安装包进行安装，在欢迎界面单击 Next 按钮进入软件安装路径设置界面。

（2）在软件安装路径设置界面设置合适的安装路径。这里建议不要把软件安装到操作系统所在的盘，否则当出现操作系统崩溃等特殊情况而必须重装操作系统时，PyCharm 路径下的程序将被破坏。当 PyCharm 默认的安装路径为操作系统所在的路径时，建议更改。另外，安装路径中建议不要使用中文字符。这里选择的安装路径为 "E:\Program Files\JetBrains\PyCharm"，单击 Next 按钮，进入创建桌面快捷方式界面，如图 2-22 所示。

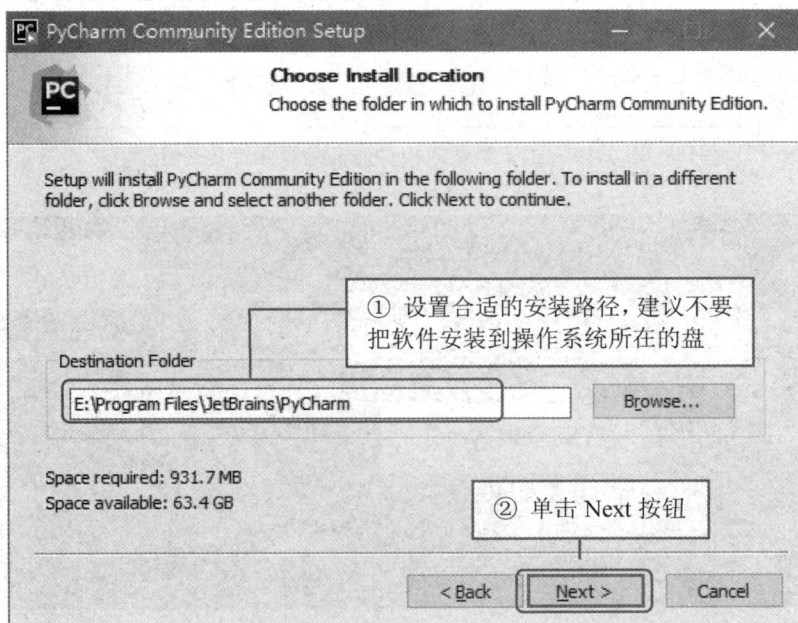

图 2-22 设置 PyCharm 的安装路径

（3）在创建桌面快捷方式界面中设置 PyCharm 程序的桌面快捷方式，选择 PyCharm Community Edition 复选框；然后设置关联文件，选择.py 复选框，这样以后打开.py 文件（.py 文件是 Python 脚本文件，接下来我们编写的很多程序都是以.py 为扩展名的）时默认用 PyCharm 打开；单击 Next 按钮，如图 2-23 所示。

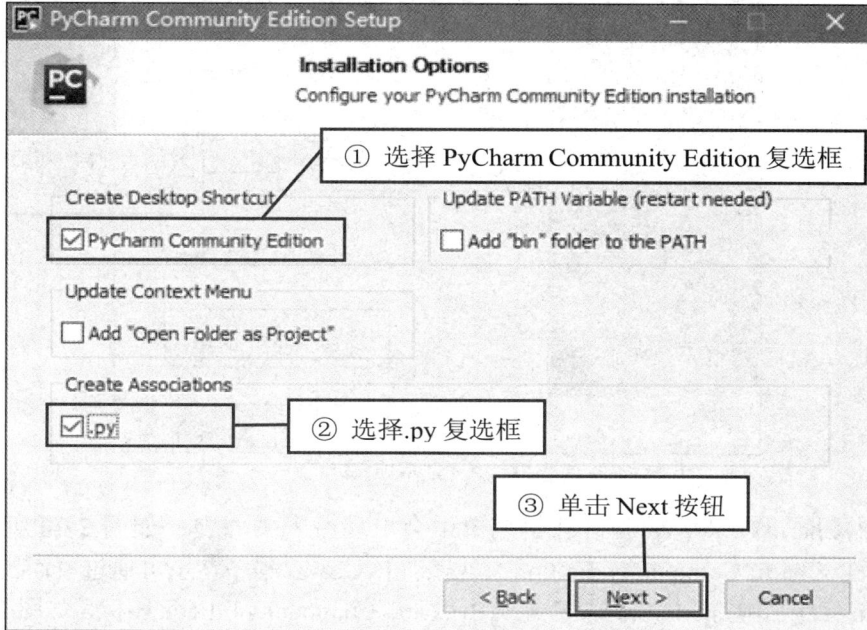

图 2-23　设置桌面快捷方式和关联文件

（4）进入开始菜单文件夹界面，如图 2-24 所示，保持默认设置即可，单击 Install 按钮开始安装。

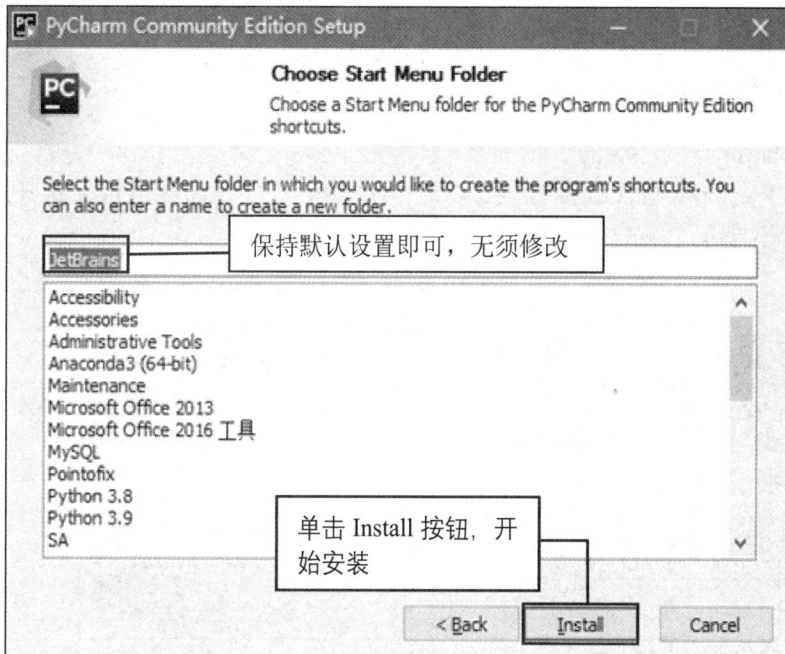

图 2-24　选择开始菜单文件夹界面

　　搭建 Python 数据可视化环境　第 2 章

（5）安装完成后，单击 Finish 按钮结束安装，如图 2-25 所示。也可以先选择 Run PyCharm Community Edition 复选框，再单击 Finish 按钮，这样可以直接运行 PyCharm 开发环境。

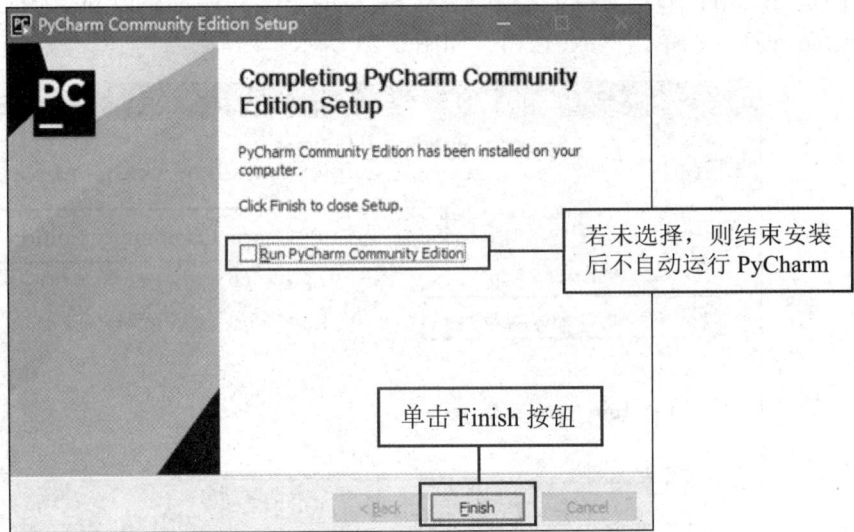

图 2-25　PyCharm 安装完成

（6）PyCharm 安装完成后，开始菜单中会出现一个文件夹，如图 2-26 所示，选择 JetBrains→PyCharm Community Edition，可启动 PyCharm 程序。也可通过桌面快捷方式启动 PyCharm 程序，例如双击桌面快捷方式 PyCharm Community Edition 图标，如图 2-27 所示。

图 2-26　JetBrains 文件夹

图 2-27　PyCharm 桌面快捷方式

2.3.3　运行 PyCharm

运行 PyCharm 开发环境的步骤如下。

（1）双击 PyCharm 桌面快捷方式，启动 PyCharm 程序。选择是否导入开发环境配置文件，这里选择不导入，单击 OK 按钮，如图 2-28 所示。

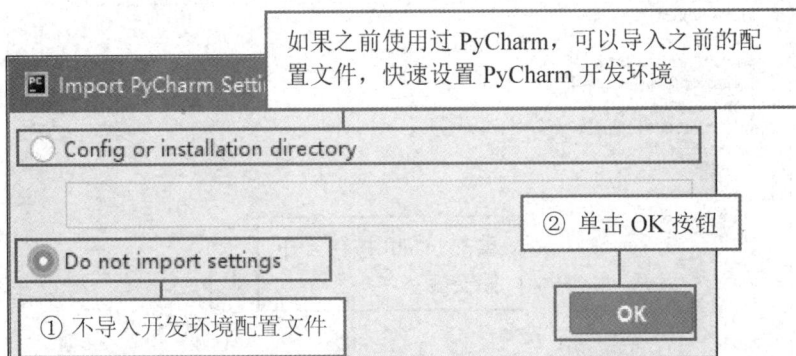

图 2-28　环境配置

（2）在左侧列表中选择 Projects，然后单击 New Project 按钮，创建一个新的工程文件，如图 2-29 所示。

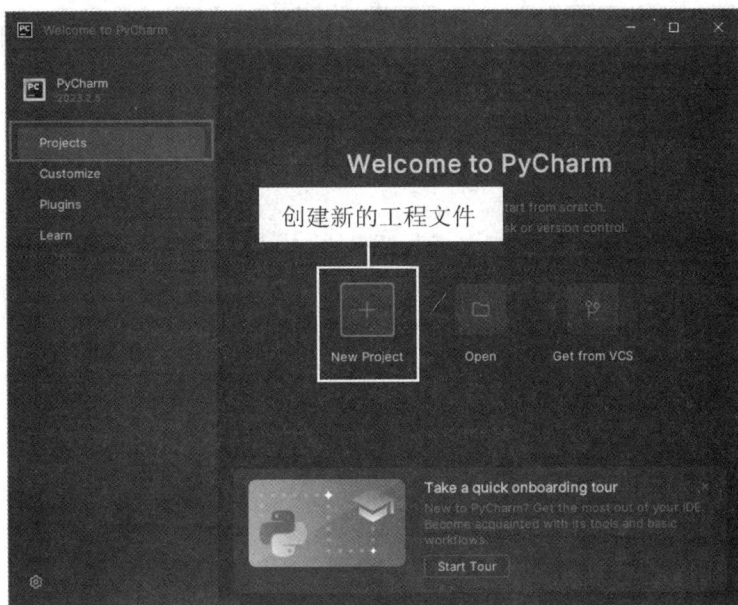

图 2-29　创建工程文件

工程窗口如图 2-30 所示。

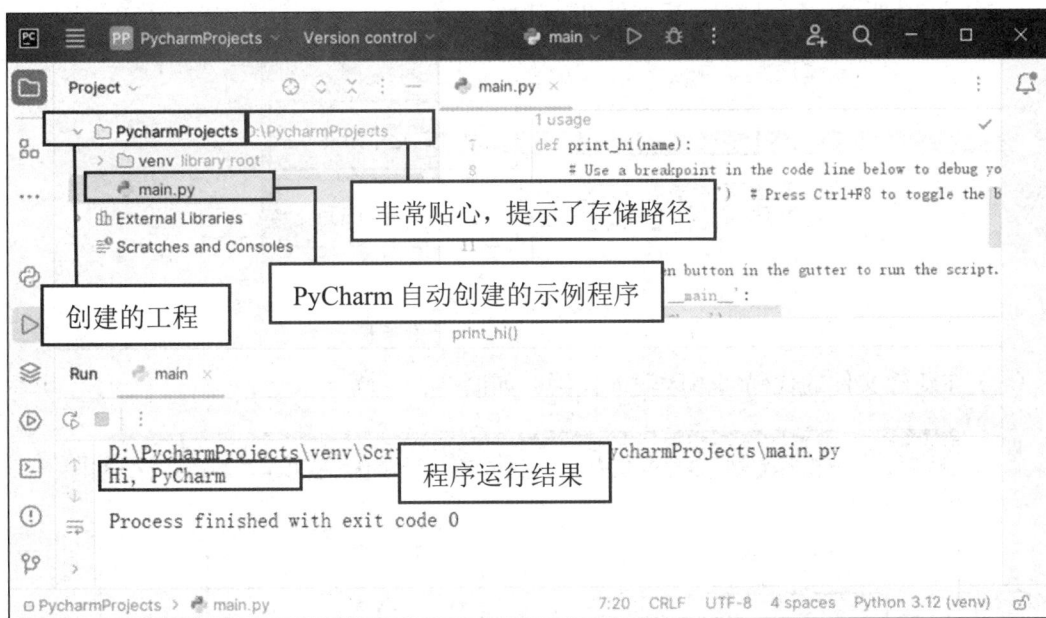

图 2-30　工程窗口

2.3.4　在 PyCharm 中创建一组学生成绩数据

前面已介绍如何启动 PyCharm 开发环境，接下来在 PyCharm 开发环境中编写第一个程序，即创建一组学生成绩数据，具体步骤如下。

（1）右击新建的 PycharmProjects 项目，在弹出的菜单中选择 New→Python File（注意，一定要选择 Python File，这至关重要，否则后续无法学习），如图 2-31 所示。

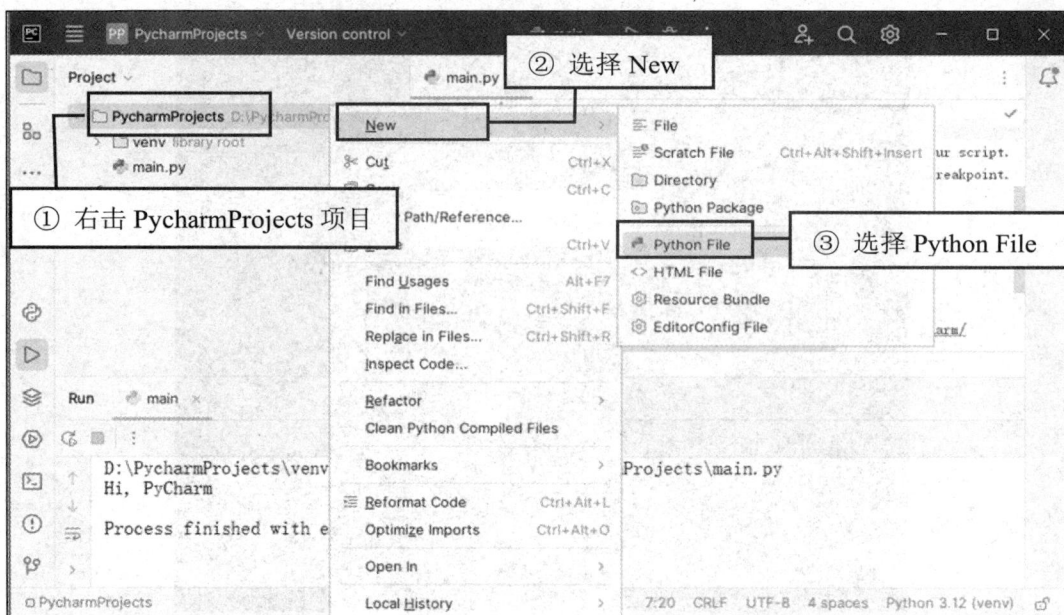

图 2-31　新建 Python 文件

（2）在新建 Python 文件对话框中输入要创建的 Python 文件的名称"first"，双击 Python file，如图 2-32 所示，完成 Python 文件新建工作。

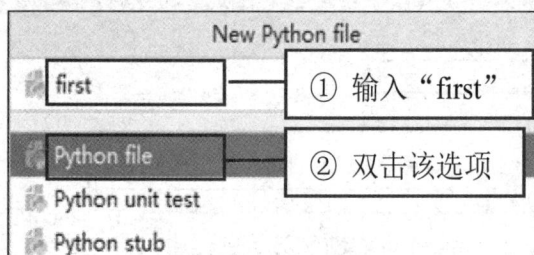

图 2-32　新建 Python 文件对话框

（3）在新建文件的代码编辑区输入代码，如图 2-33 所示。

图 2-33　创建一组学生成绩数据

代码如下。

```
print("语文","数学","英语")
print(110,105,99)
print(105,88,115)
print(109,120,130)
```

（4）在代码编辑区，单击鼠标右键，在弹出的菜单中选择 Run 'first'，运行程序，如图 2-34 所示。

图 2-34　运行程序

（5）如果程序代码没有错误，界面将显示运行结果，如图 2-35 所示。

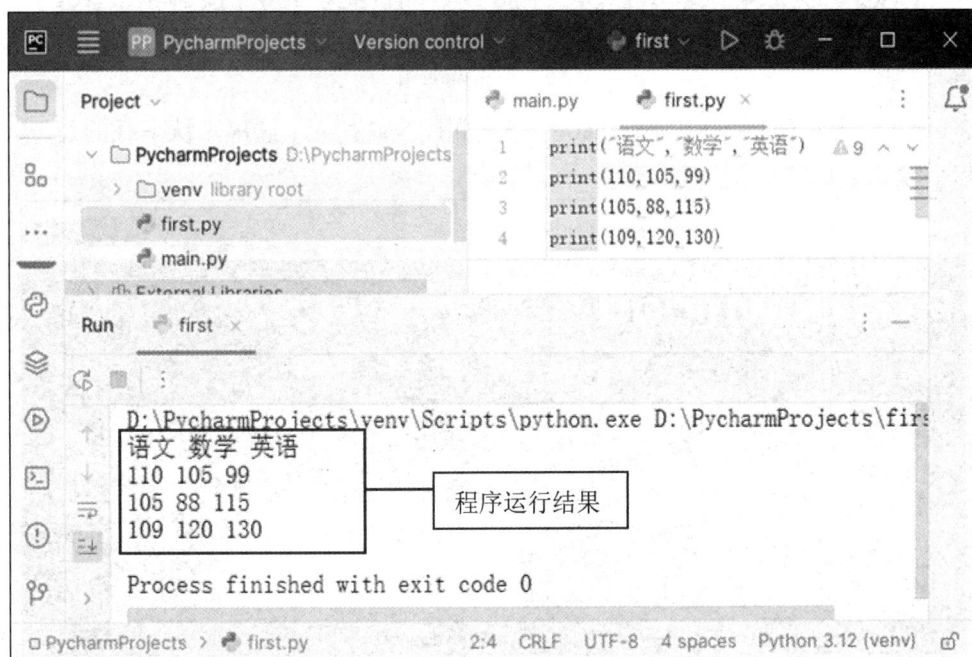

图 2-35　程序运行结果

2.4 数据分析标准环境 Anaconda

Anaconda 是适用于数据分析的 Python 开发环境，它是一个开源的 Python 发行版本，其中包含 conda（用于包管理和环境管理）、Python 等相关的 180 多个科学包及其依赖项。

2.4.1 下载 Anaconda

Anaconda 的安装包比较大（约 500MB），因为它附带常用的 Python 数据科学包。如果计算机上已经安装了 Python，安装 Anaconda 不会有任何影响。实际上，脚本和程序使用的默认 Python 是 Anaconda 附带的 Python，所以安装完 Anaconda 就自动安装好了 Python，无须另外安装 Python。

下面介绍如何下载 Anaconda，具体步骤如下。

（1）查看计算机操作系统的位数，以决定下载哪个版本。

（2）访问 Anaconda 官网，单击右上方的 Free Download 按钮，如图 2-36 所示。

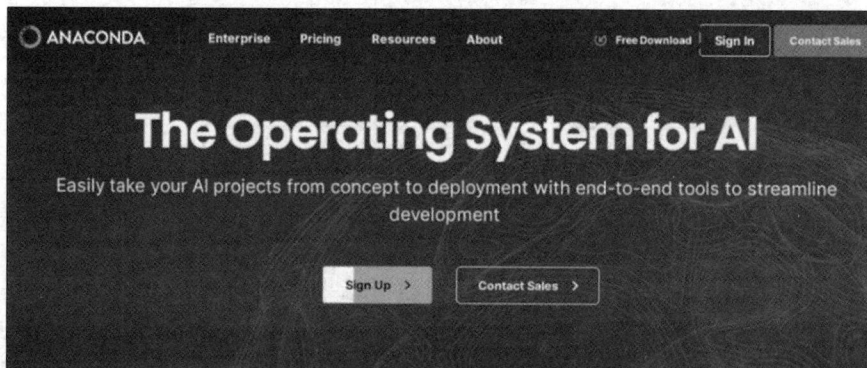

图 2-36　Anaconda 官网

（3）进入下载页面，单击 Download 按钮，如图 2-37 所示，这里默认下载的是 Windows 64 位版本。

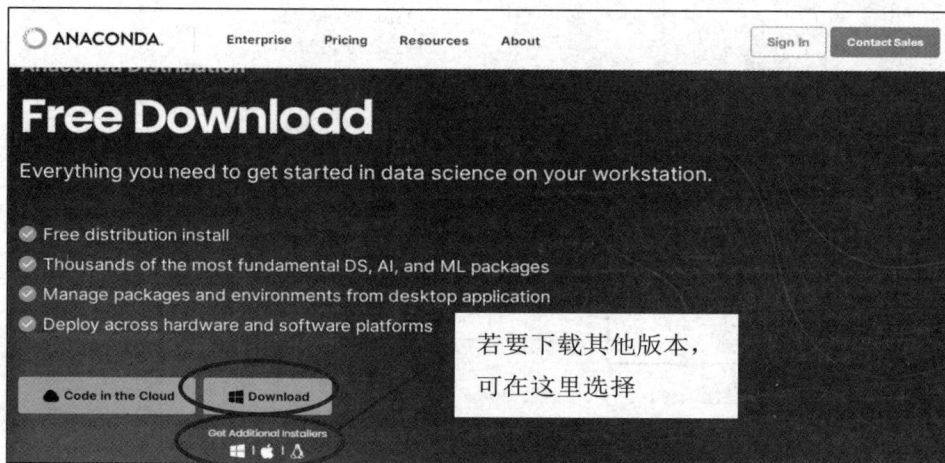

图 2-37　下载页面

数据分析标准
环境 Anaconda

若要下载其他版本，可在这里选择

（4）在打开的"新建下载任务"对话框中单击"下载"按钮，如图 2-38 所示，开始下载。

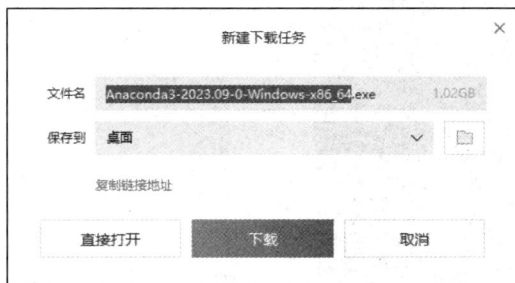

图 2-38　下载 Anaconda

（5）下载完成后，在指定位置找到该安装包，准备安装 Anaconda。

2.4.2　安装 Anaconda

安装 Anaconda 的具体步骤如下。

（1）如果是 Windows 10 操作系统，注意在安装 Anaconda 时右击安装包，然后选择"以管理员身份运行"，如图 2-39 所示。

（2）在打开的安装向导中单击 Next 按钮。

（3）单击 I Agree 按钮接受协议后，出现选择安装类型的界面，如图 2-40 所示，单击 Next 按钮。

（4）安装路径保持默认即可，暂时不需要添加环境变量，单击 Next 按钮，在弹出的界面中选

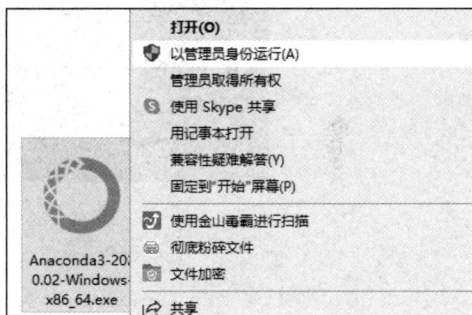

图 2-39　以管理员身份运行

择图 2-41 中选择的复选框，单击 Install 按钮，开始安装 Anaconda。

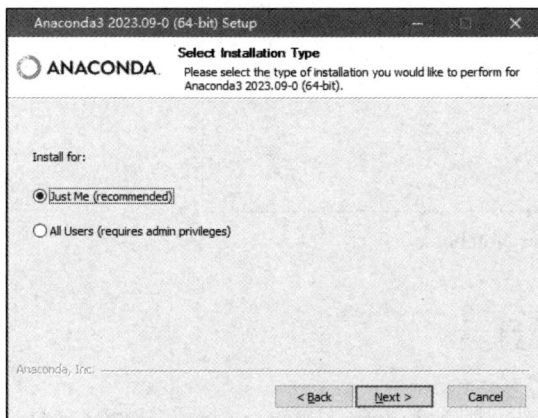

图 2-40　选择安装类型

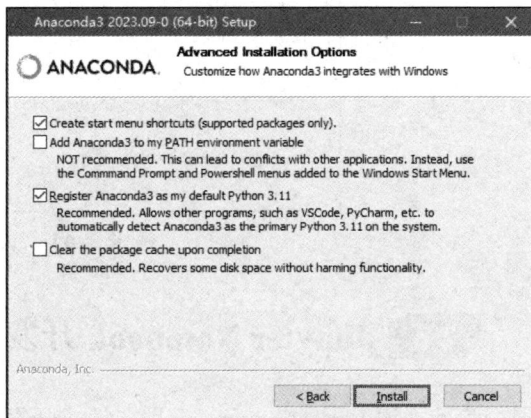

图 2-41　设置安装选项

（5）安装完成后，一直单击 Next 按钮，直到安装结束。系统的开始菜单会新增一个名为 Anaconda3（64-bit）的文件夹，该文件夹下是 Anaconda 的相关程序，如图 2-42 所示，这表示 Anaconda 已经安装成功了。

（6）在开始菜单中选择 Anaconda3（64-bit）文件夹中的 Jupyter Notebook，会弹出一个窗口，如图 2-43 所示，之后会打开图 2-44 所示的界面，这说明环境已经配置好了。

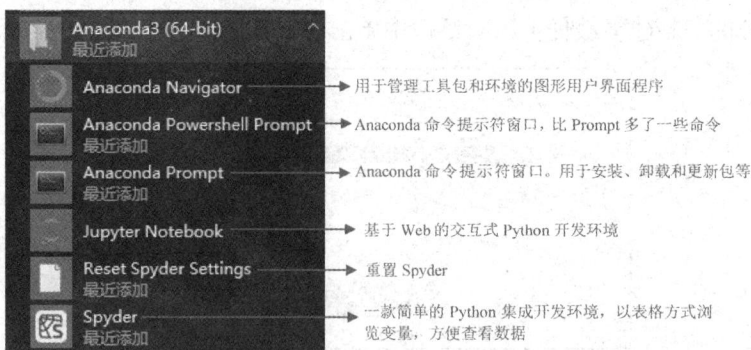

图 2-42　Anaconda3（64-bit）文件夹下的各程序及其功能

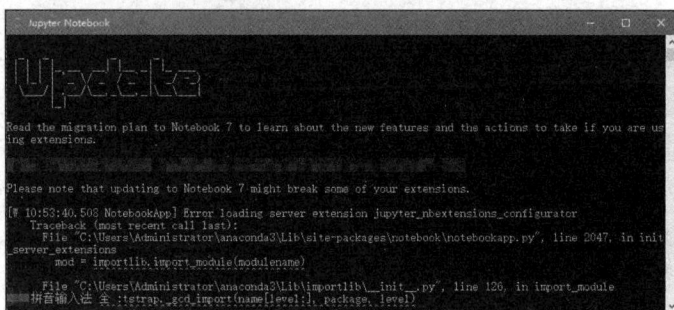

图 2-43　准备运行 Jupyter Notebook

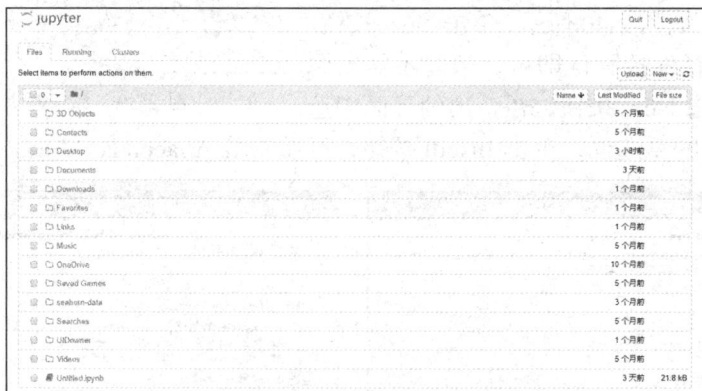

图 2-44　Jupyter Notebook

2.5　Jupyter Notebook 开发工具

为什么说 Jupyter Notebook 是文学式开发工具？因为 Jupyter Notebook 将代码、说明文本、数学方程式、数据可视化图表等内容全部组合到一起，在一个共享文档中显示，用户可以一边写代码一边记录。这些功能是 Python 自带的 IDLE 和集成开发环境 PyCharm 所不具备的。

Jupyter Notebook
开发工具

2.5.1　认识 Jupyter Notebook

Jupyter Notebook 是一个在线编辑器，它支持在线编写代码、创建和共享文档，还支持实时编写代码、数学方程式、说明文本和创建可视化数据分析图表。

Jupyter Notebook 的用途包括数据清洗、数据转换、数值模拟、统计建模、机器学习等。目前，数据挖掘领域较热门的 Kaggle 平台（举办机器学习竞赛、托管数据库、编写和分享代码的平台）里的资料都是 Jupyter 格式。对机器学习初学者来说，学会使用 Jupyter Notebook 非常重要。

使用 Jupyter Notebook 实现一个简单的 7 日气温数据分析，如图 2-45 所示。

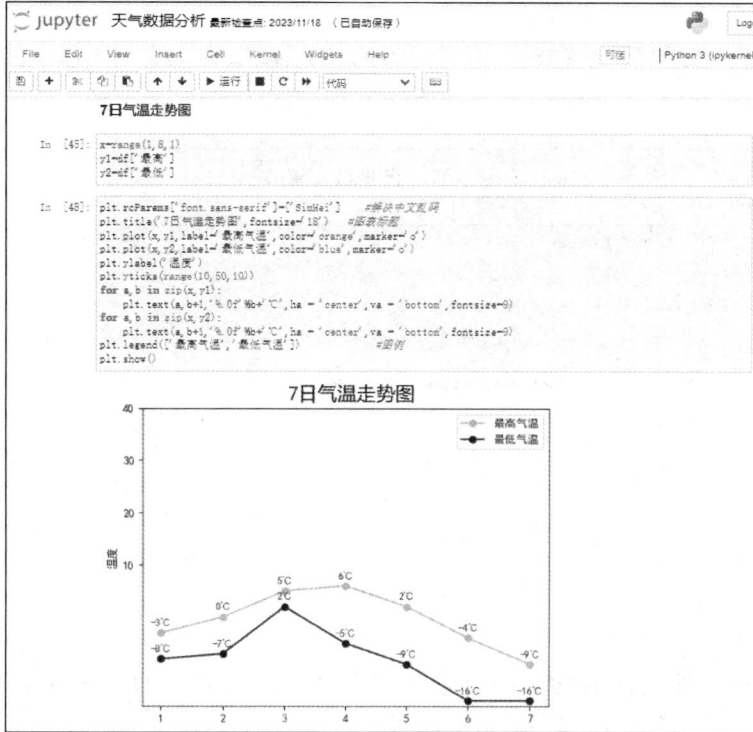

图 2-45　在 Jupyter Notebook 中进行数据分析

从图 2-45 可以看出，Jupyter Notebook 将编写的代码、说明文本和创建的可视化数据分析图表组合在一起并同时显示出来，非常直观，而且还支持导出各种格式，如 HTML、PDF、Python 等格式。

2.5.2　新建一个 Jupyter Notebook 文件

在桌面左下方的搜索框输入"Jupyter Notebook"（不区分大小写），然后运行 Jupyter Notebook，弹出 Jupyter Notebook 界面。单击右上方的 New 按钮，新建一个 Jupyter Notebook 文件。由于这里要创建的是 Python 文件，因此选择 Python 3，如图 2-46 所示。

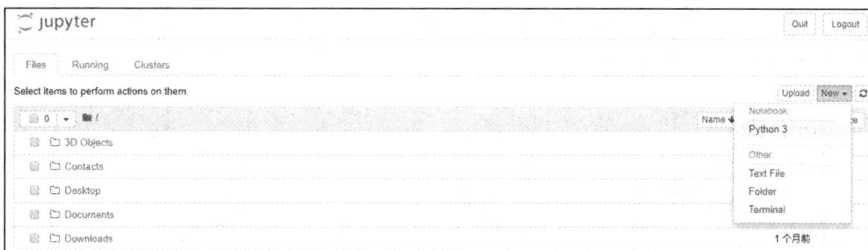

图 2-46　新建一个 Jupyter Notebook 文件

2.5.3　在 Jupyter Notebook 中绘制 7 日气温走势图

上一小节已经创建好了文件，下面开始编写代码。文件创建完成后会打开图 2-47 所示的代码编辑窗口。在代码框中输入代码，如图 2-48 所示。

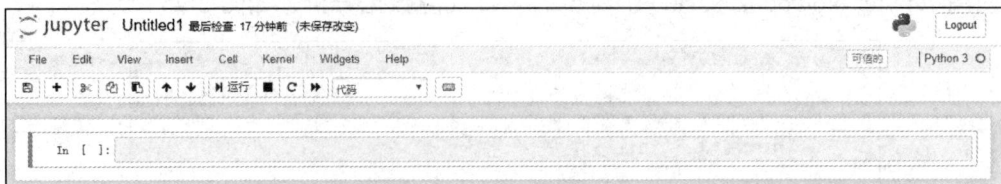

图 2-47　代码编辑窗口

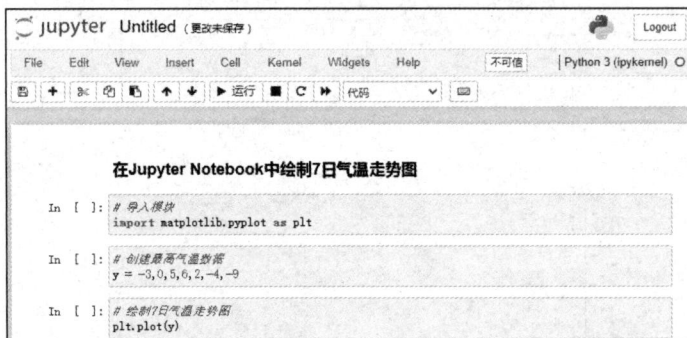

图 2-48　编写代码

1．运行程序

单击"运行"按钮或者按 Ctrl+Enter 组合键，将绘制 7 日气温走势图，如果出现图 2-49 所示的效果，就表示程序运行成功了。

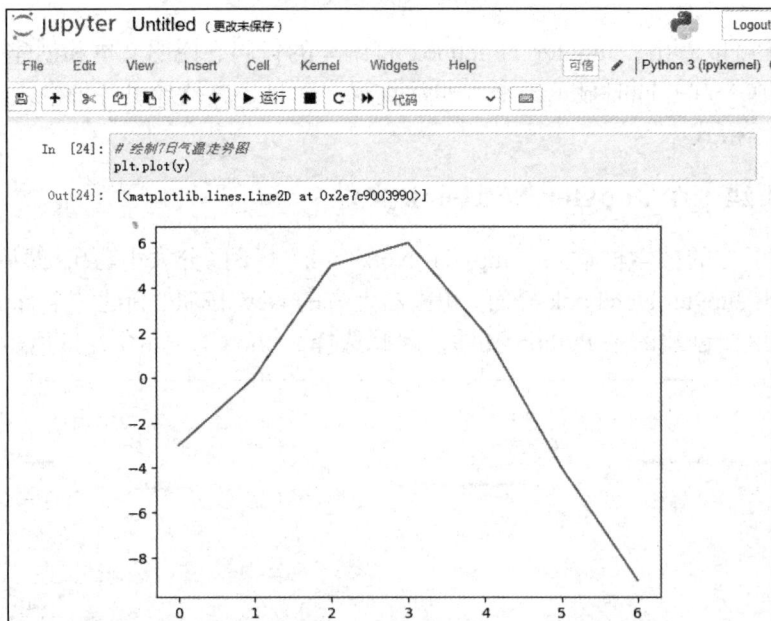

图 2-49　运行程序

2．重命名 Jupyter Notebook 文件

例如，命名为 demo。在菜单栏选择 File→Rename，如图 2-50 所示，在打开的"重命名笔记本"对话框中输入文件名，如图 2-51 所示，单击"重命名"按钮即可。

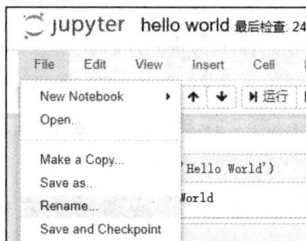

图 2-50　重命名

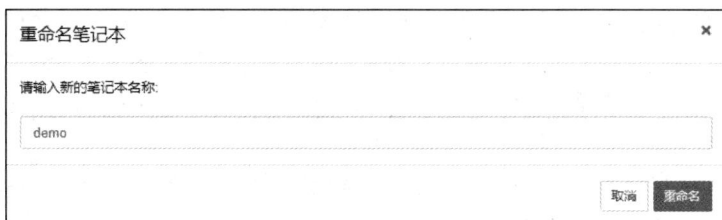

图 2-51　输入新名称

3．保存 Jupyter Notebook 文件

最后一步是保存 Jupyter Notebook 文件，也就是保存程序。常用的文件格式有两种，一种是 Jupyter Notebook 的专属格式，另一种是 Python 格式。

以 Jupyter Notebook 的专属格式保存：在菜单栏选择 File→Save and Checkpoint，将 Jupyter Notebook 文件保存在默认路径下，文件扩展名默认为.ipynb。

以 Python 格式保存：在菜单栏选择 File→Download as→Python(.py)，如图 2-52 所示；打开"新建下载任务"对话框，选择文件保存路径，如图 2-53 所示，单击"下载"按钮，即可将 Jupyter Notebook 文件保存为 Python 格式，并且保存在指定路径下。

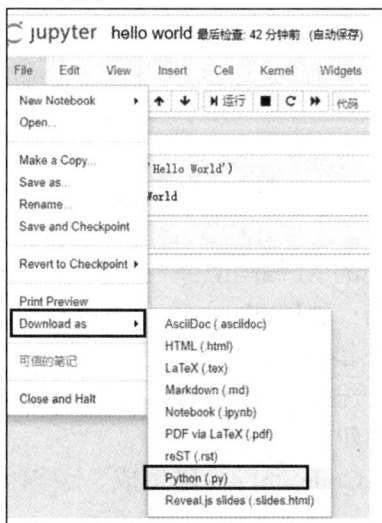

图 2-52　选择文件格式

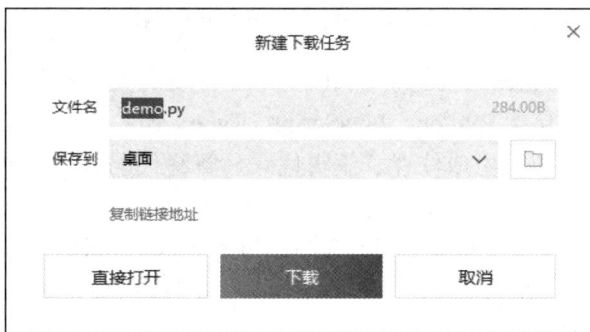

图 2-53　指定文件保存路径

2.6　在 PyCharm 中引入 AI 工具

随着人工智能（Artificial Intelligence，AI）技术的迅猛发展，我们正步入一个全新的学习时代——利用 AI 技术高效学习和工作。例如，在开发程序时，可以在编程工具中加入 AI 工具，让 AI 成为编程助手。在 Python 中可以通过安装插件来实现，下面介绍如何在 PyCharm 中引入 AI 工具。

2.6.1 AI 编程助手 Baidu Comate

Baidu Comate 即文心快码，是基于 AI 的智能代码生成工具，使编码更快、更好、更简单！Baidu Comate 由 enie-code 提供支持，enie-code 是一个由百度多年积累的非敏感代码数据和 GitHub 公开代码数据训练的模型。它能够自动生成完整的、适用于具体场景的代码行或代码块，可以帮助开发人员轻松地完成开发任务。在 PyCharm 中，选择 File→Settings→Plugins 子菜单，选择 Marketplace，在搜索文本框中输入 Baidu Comate，找到 Baidu Comate，然后单击 Install 按钮即可进行安装。

安装完成后，可以在代码编辑窗口右键选择"百度 Comate 代码工具"，或者单击右侧工具栏图标，如图 2-54 所示。

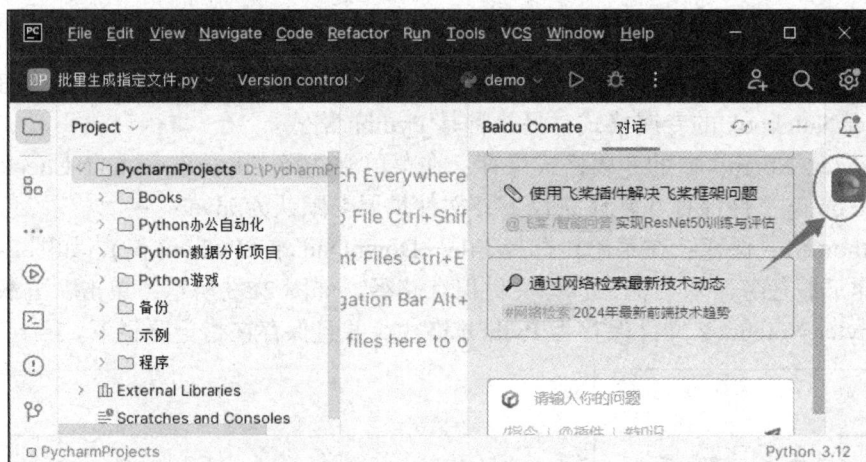

图 2-54　百度 Comate 代码工具

2.6.2 AI 编程助手 Fitten Code

Fitten Code 是由 Fitten Tech 开发的大规模代码模型驱动的 AI 编码助手。它支持多种语言，包括 Python、JavaScript、TypeScript、Java、C 和 C++等。使用 Fitten Code 可以自动完成代码、生成注释、编辑代码、解释代码、生成测试、查找错误等。

在 PyCharm 中，选择 File→Settings→Plugins 子菜单，选择 Marketplace，在搜索文本框中输入 Fitten Code，找到 Fitten Code，然后单击 Install 按钮即可进行安装。

安装完成后，可以在代码编辑器中右键选择 Fitten Code 进行代码生成、编辑等操作。

2.6.3 AI 编程助手 CodeMoss

CodeMoss 是一款强大的 PyCharm 插件，集成了多种先进的人工智能模型，支持代码编写、智能对话、文档生成等。安装该 AI 编程助手时，需先确保 PyCharm 版本为 2022.2.5 及以上。若版本合适，在 PyCharm 中，选择 File→Settings→Plugins 子菜单，选择 Marketplace，在搜索文本框中输入 CodeMoss，找到 CodeMoss，然后单击 Install 按钮即可进行安装。

安装完成后，可以通过自然语言提问获取代码片段或解决方案，进行代码优化与解释等。

在日常学习和工作中，以上介绍的 AI 工具可以帮助我们提高编写代码的效率和代码质量等。

小结

本章介绍了 4 款数据分析常用的开发工具，包括 Python 自带的 IDLE、集成开发环境 PyCharm、数据分析标准环境 Anaconda 和 Jupyter Notebook 开发工具。这里建议大家有选择性地学习，对初学者来说，学会使用 Python 自带的 IDLE 和集成开发环境 PyCharm 即可。由于本书大多数程序采用的开发环境是 PyCharm，所以建议先学习 PyCharm。

习题

2-1　目前 Python 的版本号是多少？
2-2　在 Python IDLE 中编写一个加法程序。
2-3　在 PyCharm 中创建一组包含物理、生物和化学的学生成绩数据。

第 3 章 Matplotlib 基础

学习目标

- 了解 Matplotlib
- 掌握图表的常用设置
- 掌握常用图表的绘制

3.1 Matplotlib 快速入门

3.1.1 Matplotlib 简介

Matplotlib 是一个 Python 2D 绘图库，常用于数据可视化。它能够以多种硬拷贝格式和跨平台的交互式环境生成出版物质量的图形，其功能非常强大，可以绘制各种各样的图表，而且操作简单，只需几行代码就可以绘制出折线图、柱形图、直方图、饼图和散点图等。不仅如此，Matplotlib 也可以绘制一些高级图表，如双 y 轴可视化数据分析图表、堆叠柱形图、渐变饼图和等高线图等。另外，Matplotlib 还可以绘制 3D 图表，如三维柱形图和三维曲面图等。

综上所述，只要熟练地掌握 Matplotlib 的函数以及各项参数就能够绘制出各种图表，以满足实际需求。

3.1.2 安装 Matplotlib

下面介绍如何安装 Matplotlib，安装方法有以下两种。

（1）使用 pip 命令安装

在桌面左下方的搜索框中输入 "cmd" 并按 Enter 键，打开命令提示符窗口，在命令提示符后输入如下安装命令并按 Enter 键。

```
pip install matplotlib
```

（2）在 PyCharm 开发环境中安装

运行 PyCharm，在菜单栏中选择 File→Settings，打开 Settings 对话框，选择当前工程下的 Python Interpreter，然后单击添加模块的按钮 "+"，如图 3-1 所示。

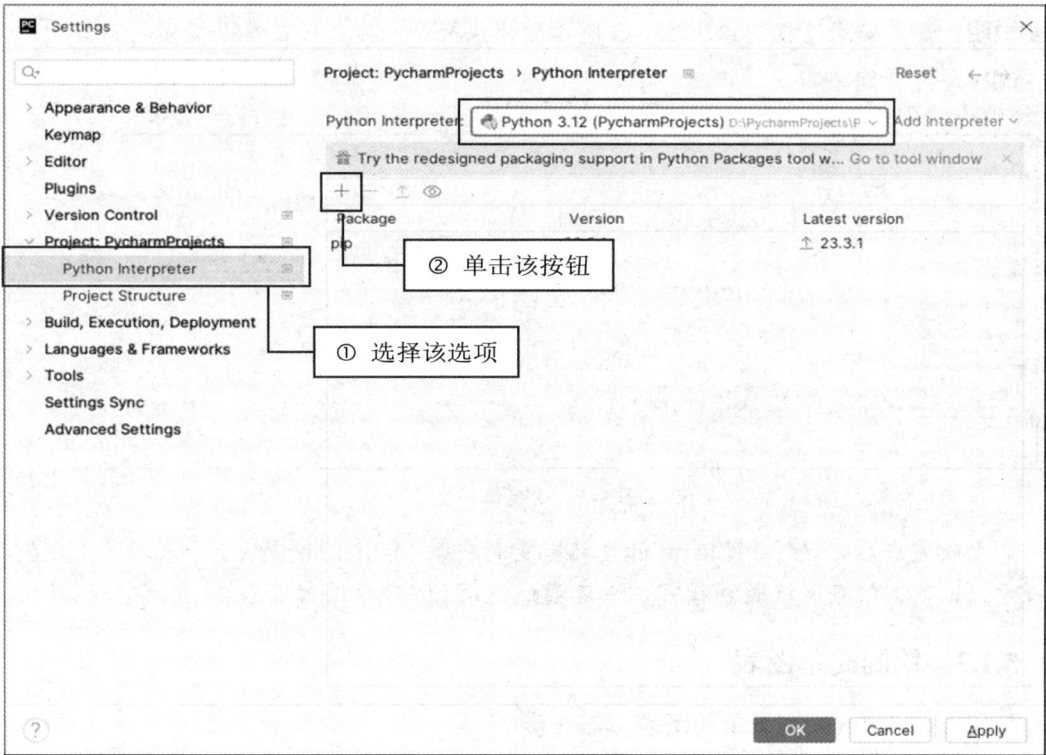

图 3-1　Settings 对话框

　　打开 Available Packages 对话框，在搜索框中输入需要添加的模块的名称，例如matplotlib，然后在列表中选择需要安装的模块，单击 Install Package 按钮即可实现 Matplotlib模块的安装，如图 3-2 所示。

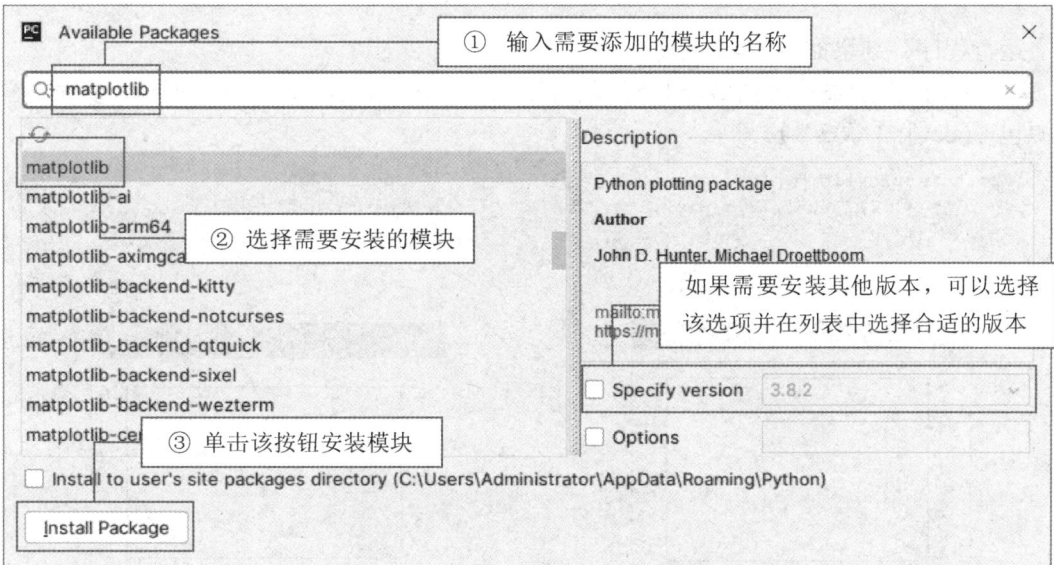

图 3-2　在 PyCharm 开发环境中安装 Matplotlib 模块

说明：如果安装过程中出现图 3-3 所示的错误提示，那么应在命令提示符窗口中更新 pip，更新命令如下。

```
python.exe -m pip install --upgrade pip
```

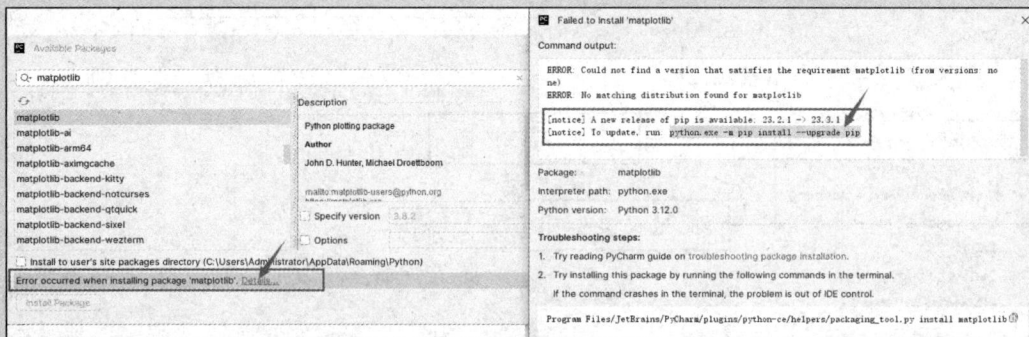

图 3-3　安装错误提示

更新完成后，回到 PyCharm 开发环境重新安装 Matplotlib 模块。如果不是上述错误提示，则需要检查网络是否正常，或者尝试使用 pip 命令进行安装。

3.1.3　绘制简单图表

使用 Matplotlib 绘制简单的图表只需 3 步。

（1）导入 pyplot 模块。

（2）使用 Matplotlib 模块的 plot() 函数绘制图表。

（3）显示图表。

【例 3-1】　绘制一个简单的折线图，代码如下。（实例位置：资源包\Code\第 3 章\3-1）

```
import matplotlib.pyplot as plt          #导入 pyplot 模块
plt.plot([1,2,3,4,5])                    #使用 plot() 函数绘制折线图
plt.show()                              #显示图表
```

运行程序，结果如图 3-4 所示。

【例 3-2】　对上述代码稍做修改便可绘制出一个简单的散点图，代码如下。（实例位置：资源包\Code\第 3 章\3-2）

```
import matplotlib.pyplot as plt          # 导入 pyplot 模块
plt.plot([1,2,3,4,5],[2,5,8,12,18],'ro') # 使用 plot() 函数绘制散点图
plt.show()                              # 显示图表
```

运行程序，结果如图 3-5 所示。

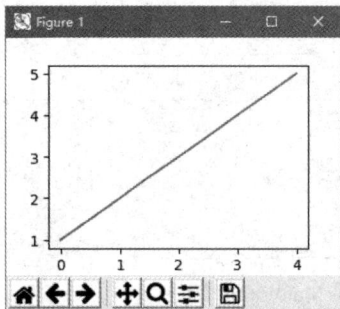

图 3-4　简单折线图

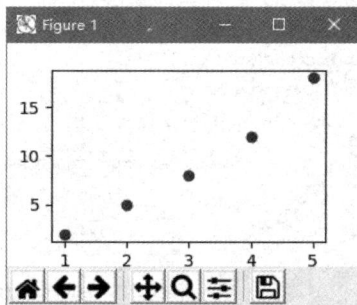

图 3-5　简单散点图

3.2 图表的常用设置

3.2.1 基本绘图

Matplotlib 基本绘图主要使用 plot()函数，语法格式如下。

```
matplotlib.pyplot.plot(x,y,*args, **kwargs)
```

plot()函数主要用于绘制线型图和坐标轴上的标记，用参数 x 和 y 分别表示 x 轴数据和 y 轴数据，*args 是一个可变长度的参数，允许使用可选的格式字符串修饰 x 轴和 y 轴。

【例 3-3】 绘制简单折线图，代码如下。（实例位置：资源包\Code\第 3 章\3-3）

```python
# 导入 pyplot 模块
import matplotlib.pyplot as plt
# 用 range()函数创建整数列表
x =range(1,15,1)
y= range(1,42,3)
plt.plot(x,y)          # 绘制折线图
plt.show()             # 显示图表
```

运行程序，结果如图 3-6 所示。

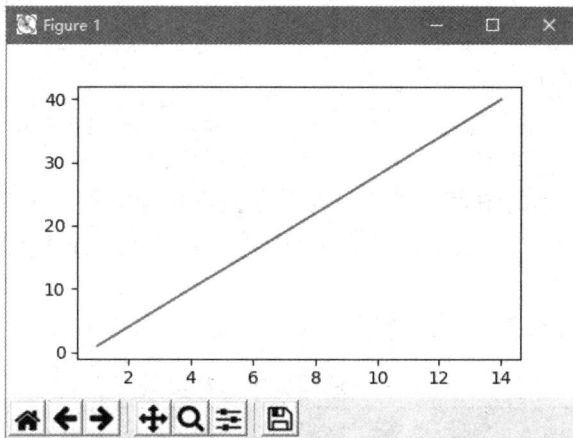

图 3-6　简单折线图

【例 3-4】 上例的数据是通过 range()函数随机创建的。下面读取 Excel 气温表，分析 14 日最高气温的走势，代码如下。（实例位置：资源包\Code\第 3 章\3-4）

```python
# 导入相关模块
import pandas as pd
import matplotlib.pyplot as plt
plt.rcParams['font.sans-serif']=['SimHei']      #解决中文乱码问题
plt.rcParams['axes.unicode_minus'] = False      #解决负号显示问题
df=pd.read_excel('../datas/天气.xlsx')           # 读取 Excel 文件
x =df['日期']                    # x 轴数据
y=df['最高温度']                 # y 轴数据
plt.plot(x,y)                   # 绘制折线图
plt.show()                      # 显示图表
```

运行程序，结果如图 3-7 所示。

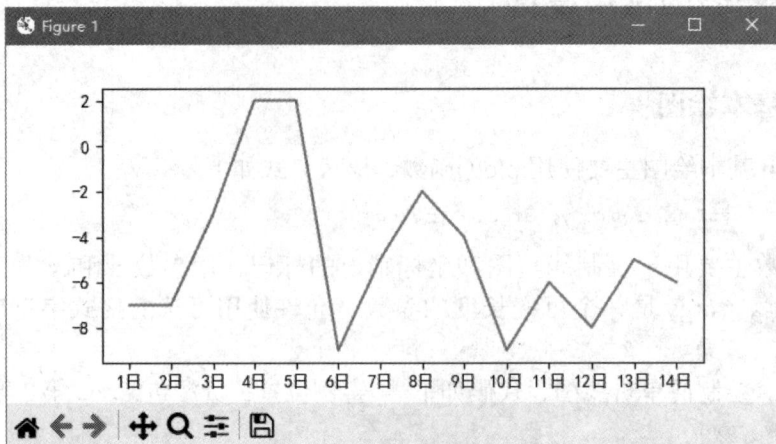

图 3-7　14 日最高温度折线图

> 说明：对于上例，应注意以下两个问题，在实际编程过程中它们经常出现。
>
> （1）中文乱码问题
>
> 解决中文乱码问题的代码如下。
>
> ```
> plt.rcParams['font.sans-serif']=['SimHei']          #解决中文乱码问题
> ```
>
> （2）负号显示问题
>
> 解决负号显示问题的代码如下。
>
> ```
> plt.rcParams['axes.unicode_minus'] = False          #解决负号显示问题
> ```

前面绘制了一些基础的图表，这些图表看上去不是很完整、美观。接下来将一步一步完善例 3-4 所绘图表。例如，改变图表的线条颜色、线条样式和标记样式等。

1．线条颜色

color 参数用于设置线条颜色，通用颜色值及说明如表 3-1 所示。

表 3-1　通用颜色值及说明

颜色值	说明	颜色值	说明
'b	蓝色	m	洋红色
g	绿色	y	黄色
r	红色	k	黑色
c	蓝绿色	w	白色
#FFFF00	黄色，十六进制颜色值	0.5	取值为 0～1，表示灰度值

颜色可以通过十六进制字符串来指定，也可以通过颜色名称来指定。示例如下。

- ❑ 浮点数形式的 RGB 或 RGBA 元组，例如(0.1, 0.2, 0.5)或(0.1, 0.2, 0.5, 0.3)。
- ❑ 十六进制形式的 RGB 或 RGBA 字符串，例如#0F0F0F 或#0F0F0F0F。
- ❑ 0～1 的小数作为颜色的灰度值，例如 0.5。
- ❑ {'b', 'g', 'r', 'c', 'm', 'y', 'k', 'w'}中的某个值。

- ❑ X11/CSS4 规定中的颜色名称。
- ❑ xkcd 中指定的颜色名称，例如 xkcd:sky blue。
- ❑ Tableau 调色板中的颜色，即{'tab:blue', 'tab:orange', 'tab:green', 'tab:red', 'tab:purple', 'tab:brown', 'tab:pink', 'tab:gray', 'tab:olive', 'tab:cyan'}。
- ❑ CN 格式的颜色循环，对应的颜色设置代码如下。

```
from cycler import cycler
colors=['#1f77b4', '#ff7f0e', '#2ca02c', '#d62728', '#9467bd', '#8c564b', '#e377c2', '#7f7f7f', '#bcbd22', '#17becf']
plt.rcParams['axes.prop_cycle'] = cycler(color=colors)
```

2．线条样式

可选参数 linestyle 用于设置线条样式，设置值如下，设置后的效果如图 3-8 所示。
- ❑ -：实线，默认值。
- ❑ --：双画线。
- ❑ -.：点画线。
- ❑ ：：虚线。

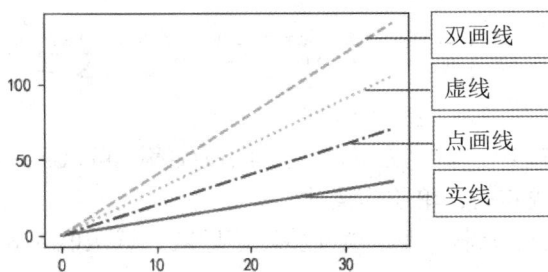

图 3-8　线条样式

3．标记样式

可选参数 marker 用于设置标记样式，标记的值及说明如表 3-2 所示。

表 3-2　标记的值及说明

标记的值	说明	标记的值	说明	标记的值	说明
.	点	1	下花三角	h	竖六边形
,	像素	2	上花三角	H	横六边形
o	实心圆	3	左花三角	+	加号
v	倒三角	4	右花三角	x	叉号
^	上三角	s	实心正方形	D	大菱形
>	右三角	p	实心五角星	d	小菱形
<	左三角	*	星形			垂直线

下面为"14 日最高温度折线图"设置线条的颜色和样式，并在实际温度位置进行标记，主要代码如下。

```
plt.plot(x,y,color='m',linestyle='-',marker='o',mfc='w')
```

上述代码中，color 为颜色，linestyle 为线条样式，marker 为标记，mfc 为标记填充颜色。运行程序，结果如图 3-9 所示。

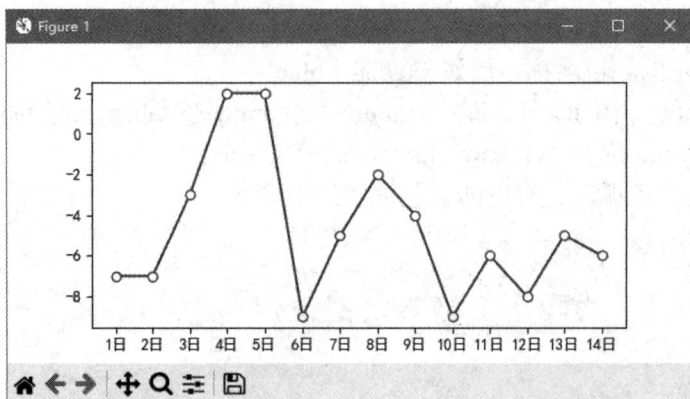

图 3-9　带标记的折线图

3.2.2　设置画布

画布就像我们画画的画板一样，在 Matplotlib 中可以使用 figure()方法设置画布的大小、分辨率、颜色和边框等，语法格式如下。

```
matpoltlib.pyplot.figure(num=None,figsize=None,dpi=None,facecolor=None,edgecolor=None,
frameon=True)
```

参数说明如下。
- □ num：图像编号或名称，数字为编号，字符串为名称，可以通过该参数激活不同的画布。
- □ figsize：画布的宽和高，单位为英寸。
- □ dpi：绘图对象的分辨率，即每英寸多少个像素，默认值为 80。
- □ facecolor：背景颜色。
- □ edgecolor：边框颜色。
- □ frameon：设置是否绘制边框，默认值为 True，绘制边框；如果为 False，则不绘制边框。

例如，自定义一个黄色画布，主要代码如下。

```
fig=plt.figure(figsize=(5,3),facecolor='yellow')
```

上述代码中，figsize=(5,3)表示实际画布大小是 500 像素 × 300 像素，所以，这里不要输入太大的数字。

3.2.3　设置坐标轴

一个精确的图表不免要用到坐标轴，下面介绍 Matplotlib 中坐标轴的设置。

1．*x*轴、*y*轴标题

设置 *x* 轴和 *y* 轴标题主要使用 xlabel()函数和 ylabel()函数。

【例 3-5】　设置 *x* 轴标题为"日期"，*y* 轴标题为"最高温度"，主要代码如下。（实例位置：资源包\Code\第 3 章\3-5）

```
plt.plot(x,y,color='m',linestyle='-',marker='o',mfc='w')
plt.xlabel('日期')                 # x轴标题
plt.ylabel('最高温度')              # y轴标题
plt.show()
```

运行程序，结果如图 3-10 所示。

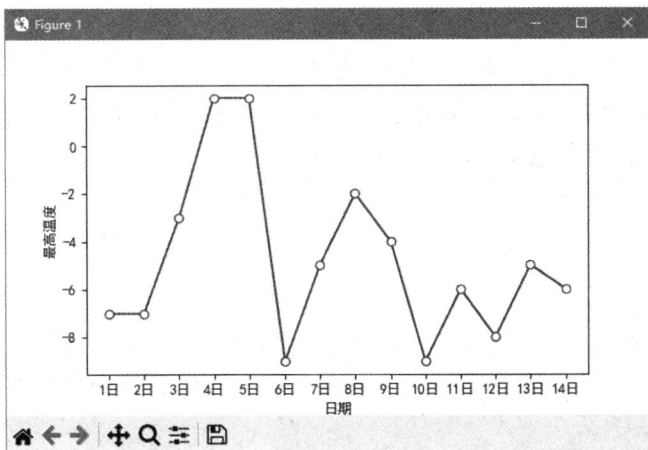

图 3-10 带坐标轴标题的折线图

2．坐标轴刻度

用 Matplotlib 画二维图像时，默认情况下横轴（x 轴）和纵轴（y 轴）显示的值可能达不到我们的需求，需要借助 xticks() 函数和 yticks() 函数分别对 x 轴和 y 轴的值进行设置。

xticks() 函数的语法格式如下。

```
xticks(locs, [labels], **kwargs)
```

主要参数说明如下。

- □ locs：数组，表示 x 轴上的刻度显示的位置。例如，如果希望显示 1 到 12 所有的整数，就可以将 locs 设置为 range(1,13,1)。
- □ labels：数组，其值默认和 locs 相同。locs 表示刻度的位置，而 labels 则决定该位置上的标签，如果赋予 labels 空值，则 x 轴将只有刻度而不显示任何值。

【例 3-6】在"14 日最高温度折线图"中，y 轴的刻度是 −8 到 2 之间的偶数，使用 yticks() 函数将 y 轴的刻度设置为 −10 到 10 的连续整数，主要代码如下。（实例位置：资源包\Code\第 3 章\3-6）

```
plt.yticks(range(-10,10,1))
```

运行程序，结果如图 3-11 所示。

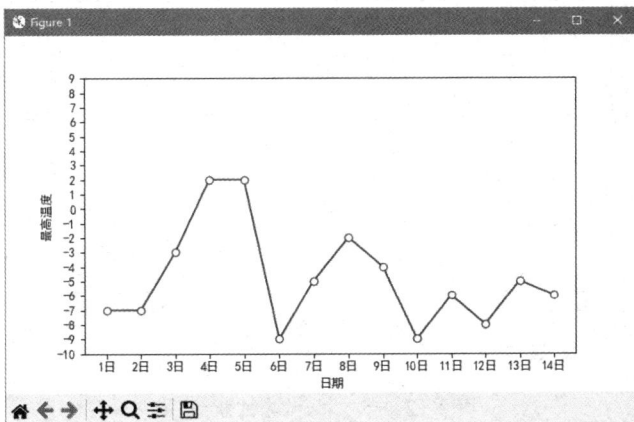

图 3-11 更改 y 轴刻度后的折线图

3．坐标轴范围

坐标轴范围是指 x 轴和 y 轴的取值范围。设置坐标轴范围主要使用 xlim() 函数和 ylim() 函数。

【例 3-7】 设置 x 轴（日期）范围为 1～14，y 轴（最高温度）范围为-10～10，主要代码如下。（实例位置：资源包\Code\第 3 章\3-7）

```
plt.xlim(1,14)
plt.ylim(-10,10)
```

3.2.4 添加文本标签

绘图过程中，为了能够更清晰、直观地显示数据，有时需要给图表中指定的数据点添加文本标签。下面介绍图表细节之一——文本标签，主要使用 text() 函数实现文本标签的添加，语法格式如下。

```
matplotlib.pyplot.text(x, y, s, fontdict=None, withdash=False, **kwargs)
```

参数说明如下。

- x：x 轴的值。
- y：y 轴的值。
- s：字符串，注释内容。
- fontdict：字典，可选参数，默认值为 None，用于重写默认文本属性。
- withdash：布尔值，默认值为 False，用于创建 TexWithDash 实例，而不是 Text 实例。
- **kwargs：关键字参数。这里指通用的绘图参数，例如字体大小 fontsize=12、垂直对齐方式 horizontalalignment='center'（或简写为 ha='center'）、水平对齐方式 verticalalignment='center'（或简写为 va='center'）。

【例 3-8】 为图表中各个数据点添加最高温度文本标签，主要代码如下。（实例位置：资源包\Code\第 3 章\3-8）

```
for a,b in zip(x,y):
    plt.text(a,b+0.3,'%.0f'%b+'℃',ha='center',va='bottom',fontsize=9)
```

运行程序，结果如图 3-12 所示。

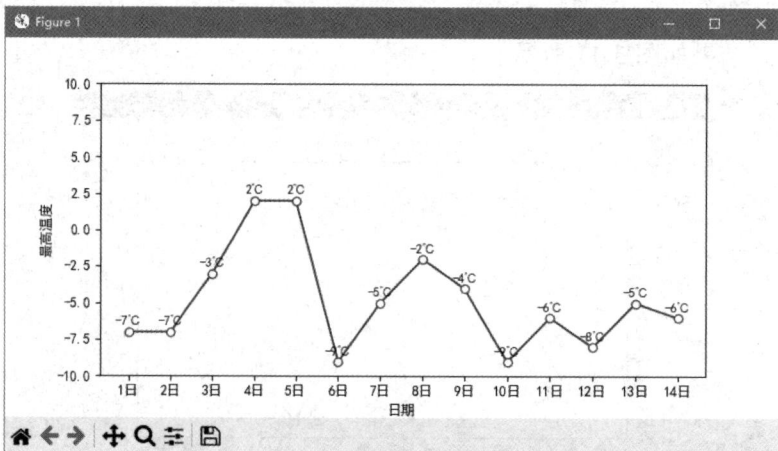

图 3-12 带文本标签的折线图

上述代码中，x、y 是 x 轴和 y 轴的值，代表坐标在坐标系中的位置，通过 for 循环找到每一个 x 值、y 值相对应的坐标并赋给 a、b，再使用 plt.text()在对应的数据点上添加文本标签，而 for 循环保证了折线图中每一个数据点都有文本标签。其中，a,b+0.3 表示在每一个数据点（x 值对应 y 值加 0.3）处添加文本标签，%.0f%b 是对 y 值进行的格式化处理，保留整数；ha='center'、va='bottom'代表水平居中对齐、垂直底部对齐，fontsize=9 则表示文本标签字号为 9。

3.2.5　设置标题和图例

数据是图表所要展示的内容，而标题和图例则可以帮助读者更好地理解图表中数据的含义和其传递的信息。下面介绍图表细节之一——标题和图例。

1．图表标题

为图表设置标题主要使用 title()函数，语法格式如下。

```
matplotlib.pyplot.title(label,fontdict=None,loc='center',pad=None,**kwargs)
```

主要参数说明如下。

- □ label：字符串，图表标题文本。
- □ fontdict：字典，设置标题字体的样式，如{'fontsize': 20,'fontweight':20,'va': 'bottom','ha': 'center'}。
- □ loc：字符串，设置标题水平方向上的位置，参数取值有 center、left 和 right，分别表示水平居中、水平居左和水平居右，默认值为 center。
- □ pad：浮点数，表示标题离图表顶部的距离，默认值为 None。

例如，设置图表标题为"14 日最高温度折线图"，主要代码如下。

```
plt.title('14 日最高温度折线图',fontsize='18')
```

2．图表图例

为图表设置图例主要使用 legend()函数。下面介绍图例相关的设置。

（1）自动显示图例

```
plt.legend()
```

（2）手动添加图例

```
plt.legend('最高温度')
```

手动添加图例有时会出现文本显示不全的情况，解决方法是在文本后面加一个逗号（,），主要代码如下。

```
plt.legend(('最高温度',))
```

（3）设置图例显示位置

通过 loc 参数可以设置图例的显示位置，如在右下方显示，主要代码如下。

```
plt.legend(('最高温度',),loc='upper right',fontsize=10)
```

具体图例显示位置及说明如表 3-3 所示。

表 3-3　图例显示位置及说明

位置（字符串）	位置（索引）	说明
best	0	自适应
upper right	1	右上方

位置（字符串）	位置（索引）	说明
upper left	2	左上方
lower left	3	左下方
lower right	4	右下方
right	5	右侧
center left	6	左侧中间位置
center right	7	右侧中间位置
lower center	8	下方中间位置
upper center	9	上方中间位置
center	10	正中央

loc 参数用于设置图例的大概位置，如果设置它就可以满足需求，那么 bbox-to-anchor 参数不设置也可以。

参数 bbox_to_anchor 是元组类型，包括两个值：num1 和 num2。num1 用于控制图例的左右移动，值越大，越靠近右边；num2 用于控制图例的上下移动，值越大，越靠近上边。该参数用于微调图例的位置。

另外，通过该参数还可以设置图例位于图表外面，主要代码如下。

```
plt.legend(bbox_to_anchor=(1.05, 1), loc=2, borderaxespad=0)
```

上述代码中，参数 borderaxespad 表示轴和图例边框之间的距离，以字体大小为单位度量。

设置标题和图例后的"14 日最高温度折线图"如图 3-13 所示。

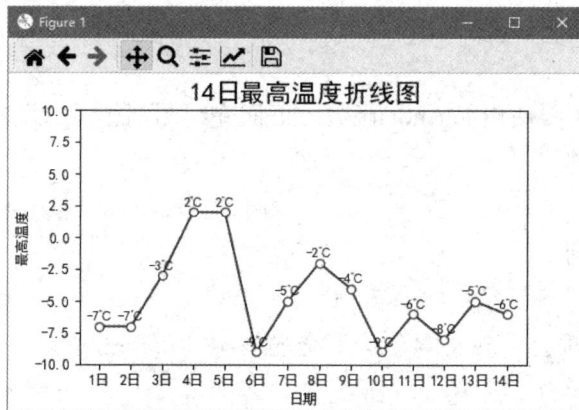

图 3-13　设置标题和图例后的"14 日最高温度折线图"

（4）图例横向显示

图例横向显示主要使用 ncol 参数设置，通过该参数可设置图例的列数，示例代码如下。

```
# labels2 是标签文本变量, loc 设为下方中间位置, ncol 设为两列
plt.legend(labels2,loc="lower center",ncol=2,bbox_to_anchor=(0.3,-0.1))
```

运行程序，结果如图 3-14 所示。

（5）去掉图例边框

如果不想要图例的边框，可以使用下面的代码进行设置。

```
plt.legend(frameon=False)
```

以上是图例的常用设置，更多设置可参考如下参数说明。

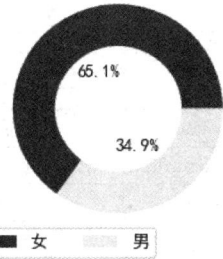

图 3-14　图例横向显示

- ❑ ncol：图例的列数，默认为一列。
- ❑ prop：字体设置。
- ❑ fontsize：字体大小，需要未指定 prop 参数。取值为数字字号或{'xx-small', 'x-small', 'small', 'medium', 'large', 'x-large', 'xx-large'}中的一种。
- ❑ numpoints：为线条图图例条目创建的标记点数。
- ❑ scatterpoints：为散点图图例条目创建的标记点数。
- ❑ scatteryoffsets：图例条目创建的标记的垂直偏移量。
- ❑ markerscale：图例标记与原始标记的相对大小。
- ❑ markerfirst：布尔值，值为 True 时，图例标识放在图例顶的左侧。
- ❑ frameon：布尔值，设置是否启用边框。
- ❑ fancybox：布尔值，设置是否在图例背景的 FancyBboxPatch 对象周围启用圆边。
- ❑ shadow：布尔值，设置是否显示阴影。
- ❑ framealpha：图例的透明度。
- ❑ facecolor：图例的面板颜色。
- ❑ edgecolor：图例的边框颜色。
- ❑ mode：默认值为 None，可设置为 expand。设置为"expand"时，图例将扩展以适应其内容。
- ❑ bbox_transform：从父坐标系到子坐标系的几何映射。
- ❑ title：图例标题。
- ❑ title_fontsize：图例标题的字体大小。
- ❑ borderpad：图例边框与内容的距离。
- ❑ labelspacing：图例标签间的垂直空间。
- ❑ handlelength：图例标记的长度。
- ❑ handletextpad：图例标记与图例标签间的距离。
- ❑ borderaxespad：轴与图例边框的距离。
- ❑ columnspacing：列间距。

3.2.6　添加注释

annotate()函数用于在图表上给数据添加文本注释，而且支持添加数据坐标和注释之间的箭头，方便我们在合适的位置添加描述信息。语法格式如下。

```
plt.annotate(text,xy,xytext=None,xycoords="data",textcoords=None,arrowprops=None,annotation_
clip=None, **kwargs)
```

主要参数说明如下。

- ❑ text：注释文本的内容。
- ❑ xy：被注释的坐标点，二维元组，如(x,y)。
- ❑ xytext：注释文本的坐标点（也就是图 3-15 中箭头的位置），也是二维元组，其值默认与 xy 参数相同。
- ❑ xycoords：被注释的坐标点的坐标系属性，其设置值及说明如表 3-4 所示。

表 3-4　xycoords 参数设置值及说明

表 3-4　xycoords 参数设置值及说明

设置值	说明
data	默认使用数据坐标系
axes fraction	使用轴分数作为坐标系，坐标范围为(0,0)~(1,1)
figure fraction	使用整个图形窗口作为坐标系，坐标范围为(0,0)~(1,1)
axes points	使用轴上的点作为坐标系，原点位于轴的左下角，单位是点
figure points	类似于 axes points，但以整个图形窗口作为坐标系
figure pixels	使用整个图形窗口作为坐标系，单位是像素
axes pixels	使用轴上的像素作为坐标系，原点位于轴的左下角，单位是像素
polar	使用极坐标作为坐标系

❑ textcoords：注释文本的坐标系属性，其值默认与 xycoords 参数相同，也可以设为不同的值，具体如表 3-5 所示。

表 3-5　textcoords 参数设置值及说明

设置值	说明
offset points	相对于 xy 指定的点偏移一定的点数，通常与 xytext 参数和 textcoords='offset points'配合使用，以精确定位文本的位置
offset pixels	箭头头部的宽度（单位是点）

❑ arrowprops：箭头的样式，dict（字典）型数据，如果该参数非空，则会在注释文本的坐标点和被注释的坐标点之间画一个箭头。如果不设置 arrowstyle 关键字，则可以包含以下关键字，如表 3-6 所示。

表 3-6　arrowprops 参数设置值及说明

设置值	说明
width	箭头的宽度（单位是点）
headwidth	箭头头部的宽度（单位是点）
headlength	箭头头部的长度（单位是点）
shrink	箭头两端收缩的百分比（占总长）
?	任何 matplotlib.patches.FancyArrowPatch 中的关键字

FancyArrowPatch 中的关键字参数及说明如表 3-7 所示。

表 3-7　FancyArrowPatch 中的关键字参数及说明

关键字参数	说明
arrowstyle	箭头的样式
connectionstyle	连接线的样式
relpos	箭头起始点相对于注释文本的位置，默认值为(0.5, 0.5)，即文本的中心，(0,0)表示左下角，(1,1)表示右上角
patchA	箭头起点处的图形（matplotlib.patches 对象），默认是注释文本框
patchB	箭头终点处的图形（matplotlib.patches 对象），默认为空
shrinkA	箭头起点的缩进点数，默认值为 2
mutation_scale	默认为文本大小（单位是点）
mutation_aspect	默认值为 1
?	任何 matplotlib.patches.PathPatch 中的关键字

在 arrowprops 参数的字典中，如果要设置 arrowstyle 参数，则需要使用表 3-8 所示的 arrowstyle 参数设置值。

表 3-8　arrowstyle 参数设置值及说明

设置值	说明
-	None
->	head_length=0.4，head_width=0.2
-[	widthB=1.0，lengthB=0.2，angleB=None
|-|	widthA=1.0，widthB=1.0
-|>	head_length=0.4，head_width=0.2
<-	head_length=0.4，head_width=0.2
<->	head_length=0.4，head_width=0.2
<|-	head_length=0.4，head_width=0.2
<|-|>	head_length=0.4，head_width=0.2
fancy	head_length=0.4，head_width=0.4，tail_width=0.4
simple	head_length=0.5，head_width=0.5，tail_width=0.2
wedge	tail_width=0.3，shrink_factor=0.5

在 arrowprops 参数的字典中，还可以设置 connectionstyle 参数，该参数用于创建两个点之间的连接路径，其设置值及说明如表 3-9 所示。

表 3-9　connectionstyle 参数设置值及说明

设置值	说明
angle	angleA=90，angleB=0，rad=0.0
angle3	angleA=90，angleB=0
arc	angleA=0，angleB=0，armA=None，armB=None，rad=0.0
arc3	rad=0.0
bar	armA=0.0，armB=0.0，fraction=0.3，angle=None

【例 3-9】　在"14 日最高温度折线图"中用箭头指示最高温度，主要代码如下。（实例位置：资源包\Code\第 3 章\3-9）

```
plt.annotate('最高温度', xy=(4,2), xytext=(5.5,2),
            xycoords='data',
            arrowprops=dict(facecolor='r', shrink=0.05))
```

运行程序，结果如图 3-15 所示。

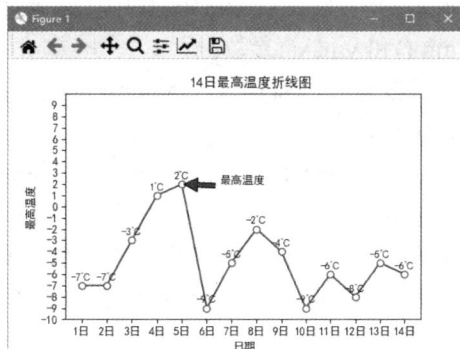

图 3-15　用箭头指示最高温度

3.2.7 设置网格线

细节决定成败。下面介绍图表细节之一——网格线，主要使用 grid()函数生成网格线，代码如下。

```
plt.grid()
```

grid()函数有很多参数，如颜色、网格线的方向（如参数 axis，axis='x'表示隐藏 x 轴网格线，axis='y'表示隐藏 y 轴网格线）、网格线样式和网格线宽度等。为图表设置网格线的示例代码如下。

```
plt.grid(color='0.5',linestyle='--',linewidth=1)
```

运行程序，结果如图 3-16 所示。

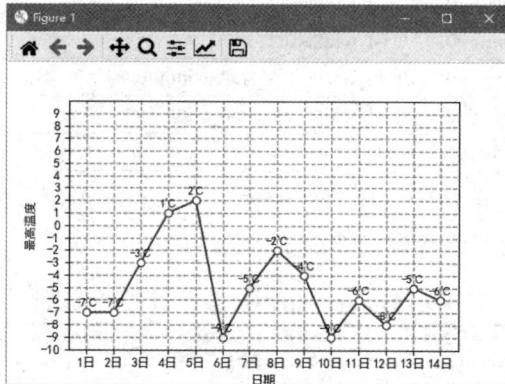

图 3-16　带网格线的折线图

3.2.8 绘制参考线

为了让图表更加清晰易懂，有时需要为图表添加一些参考线，如平均线、中位数线等。Matplotlib 提供了两类函数用以绘制参考线，具体介绍如下。

（1）hline()函数、vline()函数

hline()函数用于绘制水平参考线，vline()函数用于绘制垂直参考线。使用这两个函数绘制参考线时必须指定 ymin 和 ymax 参数。

（2）axhline()函数、axvline()函数

axhline()函数用于绘制水平参考线，axvline()函数用于绘制垂直参考线。使用这两个函数绘制参考线时无须指定 ymin()和 ymax()参数。

axhline 函数()、axvline()函数与 hlines()函数、vlines()函数的区别有以下几点。

① ymin/ymax 参数可以不指定。

② ymin/ymax 参数值不同，axhline()、axvline()函数做了归一化处理。

③ 没有 label 参数，不能设置标签。

【例 3-10】 为"14 日最高温度折线图"添加水平参考线，用于显示最高温度平均值。首先计算最高温度的平均值，然后使用 axhline()函数绘制水平参考线，主要代码如下。（实例位置：资源包\Code\第 3 章\3-10）

```
# 计算最高温度平均值
```

```
mean=df['最高温度'].mean()
# 绘制水平参考线
plt.axhline(mean,color='red',linestyle='--')
plt.show()                # 显示图表
```

运行程序，结果如图 3-17 所示。

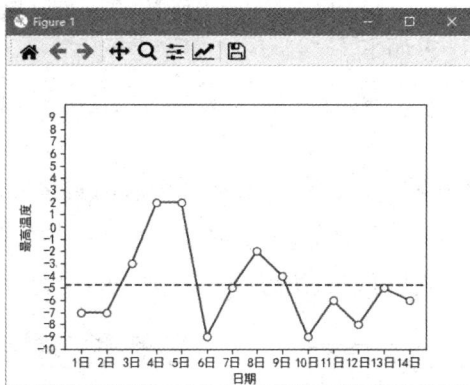

图 3-17　添加水平参考线后的折线图

3.2.9　选取范围

选取范围就是在图表上绘制选取一定范围内数值的参考线，主要使用 axhspan()函数和 axvspan()函数实现。axhspan()函数用于设置水平选取范围，axvspan()函数用于设置垂直选取范围。

【例 3-11】　为图表添加选取范围，选取最高温度在−5℃至 5℃的数据和日期为 2 日至 6 日的数据，主要代码如下。（实例位置：资源包\Code\第 3 章\3-11）

```
# 水平选取范围
plt.axhspan(ymin=-5,ymax=5,facecolor='r',alpha=0.5)
# 垂直选取范围
plt.axvspan(xmin=1,xmax=5,facecolor='g',alpha=0.5)
```

运行程序，结果如图 3-18 所示。

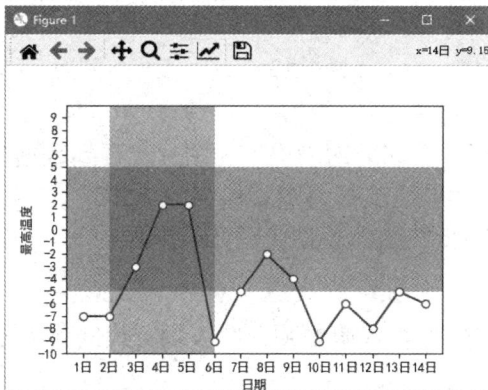

图 3-18

图 3-18　选取范围后的折线图

3.2.10　图表布局

有时绘制出的图表会因 x 轴、y 轴标题与画布边缘距离太近而出现显示不全的情况，如图 3-19 所示。

　Matplotlib 基础　第 3 章

遇到这种情况，通常可通过调节对应元素的属性（如文字的大小、位置等）来使其适应画布的大小。但有时需要调整很多地方，而且还需要调整多次，非常麻烦。下面介绍一种快捷的方法，即通过 constrained_layout 或 tight_layout 布局使得图形元素进行一定程度的自适应。

（1）constrained_layout 布局

constrained_layout 是 Matplotlib 的 subplots()函数的一个参数，在绘制图表前设置该参数为 True 即可使用，主要代码如下。

```
plt.subplots(constrained_layout=True)
```

（2）tight_layout 布局

tight_layout 是 Matplotlib 的一个函数，在显示图表前直接使用即可，主要代码如下。

```
plt.tight_layout()
```

应用这两种布局中的一种就可以解决标题显示不全的问题，结果如图 3-20 所示。

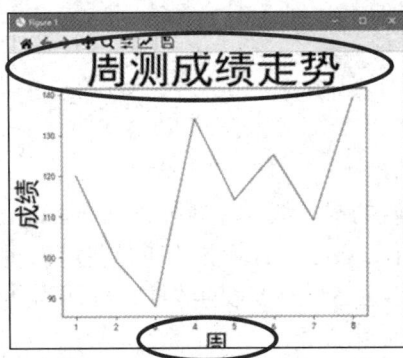

图 3-19　标题显示不全的情况　　　　图 3-20　正常显示的图表

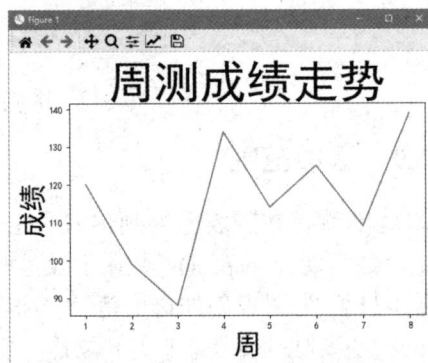

总结：应用 constrained_layout 或 tight_layout 布局，Matplotlib 会自动调整图形元素，使其恰当地显示。但是需要注意一点，这种"魔法"并不是所有情况都适用，这两种布局常用于调整标题、图例等常见图形元素。对于复杂图形的布局，还是需要自己控制图形元素的位置。

3.2.11　保存图表

实际工作中，有时需要将绘制的图表保存为图片放置到数据分析报告中。Matplotlib 的 savefig()函数可以实现这一功能，支持将图表保存为 JPEG、TIFF 或 PNG 格式的图片。

例如，保存之前绘制的折线图的关键代码如下。

```
plt.savefig('image.png')
```

需要注意一个关键问题：保存代码必须在图表预览代码前，也就是在 plt.show()代码前，否则保存后的图片是白色的，无法正确保存图表。

运行程序，图表被保存在程序所在路径下，名为 image.png。

3.3　常用图表的绘制

本节介绍常用图表的绘制，主要包括绘制折线图、绘制柱形图、绘制直方图、绘制饼图、绘制散点图、绘制面积图、绘制箱线图、绘制热力图、绘制雷达图、绘制气泡图、绘制棉棒图以及绘制误差棒图。

3.3.1 绘制折线图

折线图可以显示随时间变化的连续数据，因此非常适合展示在相同时间间隔下数据的趋势，如天气走势、学生成绩走势、股票月成交量走势、月销售统计分析以及微博、公众号、网站访问量统计等都可以用折线图展示。在折线图中，类别数据沿 x 轴均匀分布，所有值数据沿 y 轴均匀分布。

通过 Matplotlib 绘制折线图主要使用 plot()函数，相信通过前面的学习，你已经了解了 plot()函数的基本用法，并能够绘制一些简单的折线图，下面尝试绘制多折线图。

【例 3-12】 使用 plot()函数绘制多折线图。例如，绘制 14 日天气预报折线图，代码如下。（实例位置：资源包\Code\第 3 章\3-12）

```python
# 导入相关模块
import pandas as pd
import matplotlib.pyplot as plt
plt.rcParams['font.sans-serif']=['SimHei']          # 解决中文乱码问题
plt.rcParams['axes.unicode_minus'] = False          # 解决负号显示问题
df=pd.read_excel('../datas/天气.xlsx')              # 读取 Excel 文件
x=df['日期']                                        # x轴数据
# y轴数据
y1=df['最高温度']
y2=df['最低温度']
# 绘制多折线图
plt.plot(x,y1,label='最高温度',color='orange',marker='o')
plt.plot(x,y2,label='最低温度',color='blue',marker='o')
plt.ylabel('温度')                                  # y轴标题
plt.title(label='14日天气预报折线图',fontsize='18')  # 图表标题
plt.ylim(-20,10)
# 添加文本标签
for a,b in zip(x,y1):
    plt.text(a,b+0.3,'%.0f'%b+'℃',ha = 'center',va = 'bottom',fontsize=9)
for a,b in zip(x,y2):
    plt.text(a,b+0.3,'%.0f'%b+'℃',ha = 'center',va = 'bottom',fontsize=9)
plt.legend(['最高温度','最低温度'])                 # 图例
plt.show()                                          # 显示图表
```

运行程序，结果如图 3-21 所示。

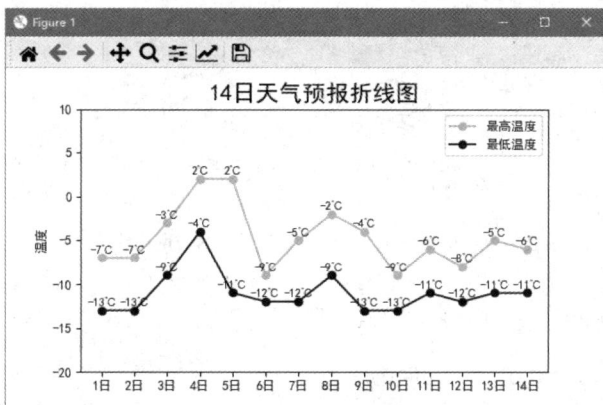

图 3-21   多折线图

3.3.2 绘制柱形图

柱形图，又称长条图、柱状图等，是一种以长方形的长度为变量的统计图表。柱形图用来比较两个或两个以上的数据，只有一个变量（不同时间或者不同条件），通常用于较小数据集的分析。

绘制柱形图

通过 Matplotlib 绘制柱形图主要使用 bar() 函数，其语法格式如下。

```
matplotlib.pyplot.bar(x,height,width,bottom=None,*,align='center',data=None,**kwargs)
```

主要参数说明如下。

□ x：x 轴数据。

□ height：柱形的高度，也就是 y 轴数据。

□ width：浮点数，柱形的宽度，默认值为 0.8，可以指定固定值。

□ bottom：标量或数组，可选参数，柱形图的 y 坐标，默认值为 0。

□ align：对齐方式，如 center（居中）和 edge（边缘），默认值为 center。

□ data：data 关键字参数。

【例 3-13】 使用 5 行代码绘制一个简单的柱形图，代码如下。（实例位置：资源包\Code\第 3 章\3-13）

```
import matplotlib.pyplot as plt    # 导入 pyplot 模块
x=[1,2,3,4,5,6]                    # x 轴数据
height=[10,20,30,40,50,60]         # 柱形的高度
plt.bar(x,height)                  # 绘制柱形图
plt.show()                         # 显示图表
```

运行程序，结果如图 3-22 所示。

使用 bar() 函数可以绘制出各种类型的柱形图，如基本柱形图、多柱形图、堆叠柱形图。下面介绍两种常见柱形图的绘制。

1．基本柱形图

【例 3-14】 使用 bar() 函数绘制 2017—2023 年线上图书销售额分析图，代码如下。（实例位置：资源包\Code\第 3 章\3-14）

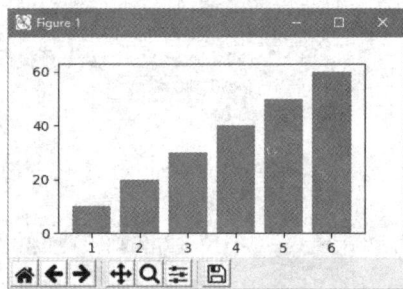

图 3-22　简单柱形图

```
# 导入相关模块
import pandas as pd
import matplotlib.pyplot as plt
df = pd.read_excel('../datas/books.xlsx')          # 读取 Excel 文件
plt.rcParams['font.sans-serif']=['SimHei']         # 解决中文乱码问题
# 取消科学记数法
plt.gca().get_yaxis().get_major_formatter().set_scientific(False)
x=df['年份']
height=df['销售额']
plt.grid(axis="y", which="major")                  # 生成网格线
# x、y 轴标签
plt.xlabel('年份')
plt.ylabel('线上销售额（元）')
# 图表标题
plt.title('2017—2023 年线上图书销售额分析图')
# 绘制柱形图
plt.bar(x,height,width = 0.5,align='center',color = 'b',alpha=0.5,bottom=0.8)
```

```
# 设置每个柱形的文本标签, format(b,',')表示格式化销售额为千位分隔符格式
for a,b in zip(x,height):
    plt.text(a,b,format(b,','),ha='center',va='bottom',fontsize=9,color='b',alpha=0.9)
plt.legend(['销售额'])          # 图例
plt.show()                       # 显示图表
```

运行程序，结果如图 3-23 所示。

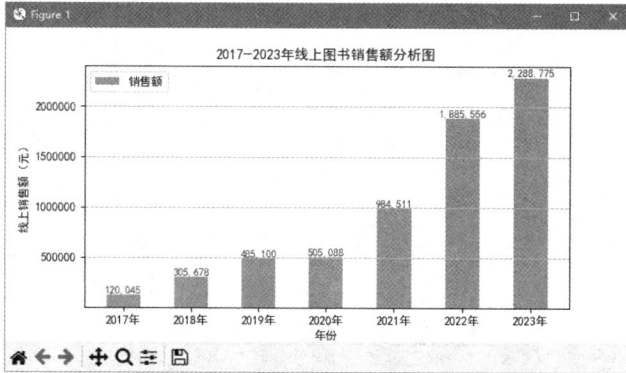

图 3-23　基本柱形图

此例应用了前面介绍的知识，例如标题、图例、文本标签等的添加。

2. 多柱形图

【例 3-15】　对于线上图书销售额的统计，如果要统计各个平台的销售额，可以使用多柱形图，不同颜色的柱形代表不同的平台，如京东、天猫、自营等，代码如下。（实例位置：资源包\Code\第 3 章\3-15）

```
# 导入相关模块
import pandas as pd
import matplotlib.pyplot as plt
# 读取 Excel 文件
df = pd.read_excel(io='../datas/books.xlsx',sheet_name='Sheet2')
plt.rcParams['font.sans-serif']=['SimHei']  # 解决中文乱码问题
# 取消科学记数法
plt.gca().get_yaxis().get_major_formatter().set_scientific(False)
x=df['年份']
y1=df['京东']
y2=df['天猫']
y3=df['自营']
width =0.25  #柱形的宽度，若显示 n 个柱形，则 width 的值需小于 1/n，否则柱形会出现重叠
# x、y 轴标签
plt.xlabel('年份')
plt.ylabel('线上销售额（元）')
# 图表标题
plt.title('2017—2023 年线上图书销售额分析图')
# 绘制柱形图
plt.bar(x,y1,width = width,color = 'darkorange')
plt.bar(x+width,y2,width = width,color = 'deepskyblue')
plt.bar(x+2*width,y3,width = width,color = 'g')
# 设置每个柱形的文本标签, format(b,',')表示格式化销售额为千位分隔符格式
for a,b in zip(x,y1):
    plt.text(a, b,format(b,','), ha='center', va= 'bottom',fontsize=8)
for a,b in zip(x,y2):
    plt.text(a+width, b,format(b,','), ha='center', va= 'bottom',fontsize=8)
for a, b in zip(x, y3):
    plt.text(a + 2*width, b, format(b, ','), ha='center', va='bottom', fontsize=8)
plt.legend(['京东','天猫','自营'])# 图例
```

```
plt.grid()                                        # 网格
plt.show()                                         # 显示图表
```

运行程序，结果如图 3-24 所示。

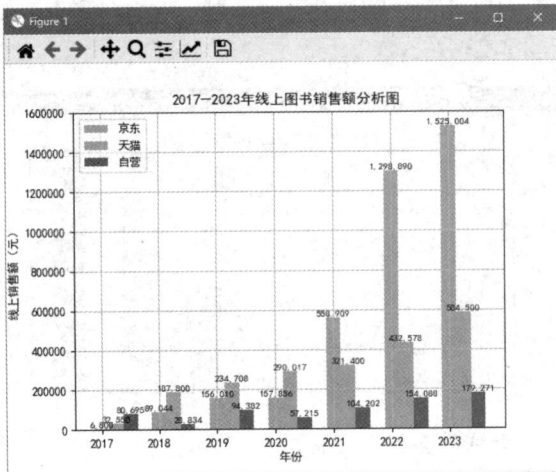

图 3-24

图 3-24   多柱形图

3.3.3   绘制直方图

直方图，又称质量分布图，以一系列高度不等的纵向条纹或线段表示数据分布的情况。一般用横轴表示数据类型，纵轴表示分布情况。直方图是数值数据分布的精确图形表示，是一个连续变量（定量变量）的概率分布的估计。绘制直方图主要使用hist()函数，语法格式如下。

绘制直方图

```
matplotlib.pyplot.hist(x,bins=None,range=None,density=False,histtype='bar', align='mid',
log=False,color=None,label=None,stacked=False,normed=None)
```

主要参数说明如下。

❑ x：数据集，最终的直方图将对数据集进行统计。

❑ bins：统计数据的区间分布。

❑ range：元组，指定显示的区间。

❑ density：布尔值，默认值为 False，显示频数统计结果，若为 True 则显示频率统计结果。需要注意的是，频率统计结果=区间数目÷(总数×区间宽度)。

❑ histtype：可选参数，取值有 bar、barstacked、step 和 stepfilled，默认值为 bar，推荐使用默认值。如果设置为 step，直方图样式为梯状；如果设置为 stepfilled，直方图样式则为填充后的梯状，效果与 bar 相似。

❑ align：可选参数，取值有 left、mid 和 right，默认值为 mid，控制柱形图的水平分布。值为 left 或 right 时，会有部分空白区域，推荐使用默认值。

❑ log：布尔值，表示 y 轴是否选择指数刻度，默认值为 False。

❑ stacked：布尔值，表示是否为堆积状图，默认值为 False。

【例 3-16】 绘制一个简单的直方图，代码如下。（实例位置：资源包\Code\第 3 章\3-16）

```
import matplotlib.pyplot as plt                    # 导入 pyplot 模块
x=[22,87,5,43,56,73,55,54,11,20,51,5,79,31,27]     # x轴数据
plt.hist(x, bins = [0,25,50,75,100])               # 绘制直方图，bins 为区间
```

运行程序，结果如图 3-25 所示。

【**例 3-17**】 通过直方图分析高一学生数学成绩分布情况，代码如下。（实例位置：资源包\Code\第 3 章\3-17）

```
# 导入相关模块
import pandas as pd
import matplotlib.pyplot as plt
# 读取 Excel 文件
df = pd.read_excel(io='../datas/grade.xlsx',sheet_name="数学")
plt.rcParams['font.sans-serif']=['SimHei']        #解决中文乱码问题
x=df['得分']                                       # x 轴数据
plt.xlabel('分数')                                 # x 轴标题
plt.ylabel('学生数量')                             # y 轴标题
plt.title("高一学生数学成绩分布直方图")              # 图表标题
# 绘制直方图
plt.hist(x,bins=[0,25,50,75,100,125,150],facecolor="blue",edgecolor="black",alpha=0.7)
plt.show()                                         # 显示图表
```

运行程序，结果如图 3-26 所示。

此例的直方图清晰地显示出高一学生数学成绩分布情况。基本呈正态分布，两边低中间高，高分段学生缺失，说明试卷有难度。通过直方图还可以分析以下内容。

（1）对学生的成绩进行比较。直方图呈正态分布的测验便于选拔优秀学生。

（2）确定人数和分数线。测验成绩符合正态分布可以帮助等级评定时确定人数和估计分数段内的人数，确定录取分数线、各学科的优生率等。

（3）测验试题难度。

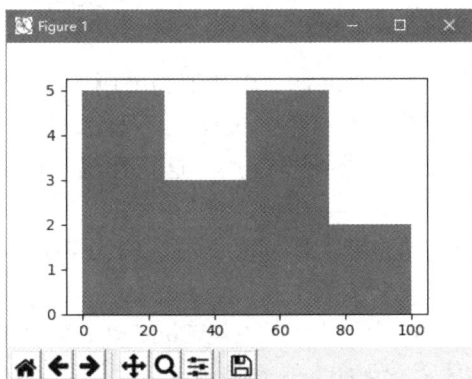

图 3-25　简单直方图

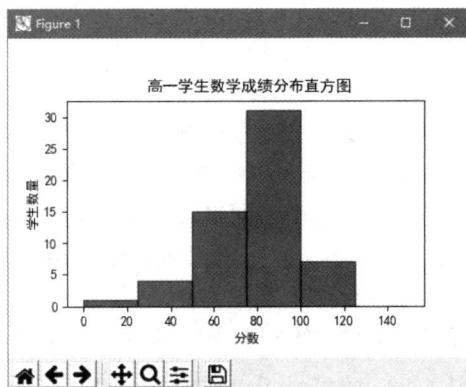

图 3-26　数学成绩分布直方图

3.3.4　绘制饼图

饼图常用来显示各组成部分占整体的比例。例如，需要了解总费用各组成部分的占比情况时，一般将各组成部分与总费用相除，但所得比例不是很

绘制饼图

直观，比较起来也很麻烦，此时通过饼图便可使各组成部分所占比例一目了然。通过 Matplotlib 绘制饼图主要使用 pie()函数，语法格式如下。

```
matplotlib.pyplot.pie(x,explode=None,labels=None,colors=None,autopct=None,pctdistance
=0.6,shadow=False,labeldistance=1.1,startangle=None,radius=None,counterclock=True,wedgeprops=
None,textprops=None,center=(0, 0), frame=False, rotatelabels=False, hold=None, data=None)
```

主要参数说明如下。

❑ x：数据数组，表示每个扇形的大小（值）。这些值会被自动归一化。

❑ explode：与参数 x 长度相同的数组，指定每个扇区偏离中心的距离。值越大，对应的扇区离中心越远，默认值为 None，表示不偏离中心。

❑ labels：可选参数，字符串列表，每个扇区外侧显示的标签。默认值为 None，表示不显示标签。

❑ autopct：设置扇形百分比，可以使用格式化字符串或 format()函数实现。如'%1.1f'表示保留小数点后一位。

❑ pctdistance：可选参数，设置百分比标签离中心的距离，默认值为 0.6。

❑ shadow：布尔值，设置饼图是否绘制阴影，默认值为 False，表示不绘制阴影。

❑ labeldistance：可选参数，设置标签距离圆心的距离，默认值为 1.1，如果值小于 1 则绘制在扇形内侧。

❑ startangle：起始绘制角度，默认从 x 轴正方向逆时针画起，如果设置值为 90，则从 y 轴正方向画起。

❑ radius：设置饼图半径，默认值为 1，半径越大饼图越大。

❑ counterclock：可选参数，布尔值，设置指针方向，默认值为 True，表示逆时针；如果值为 False，则表示顺时针。

❑ wedgeprops：可选参数，字典类型，默认值为 None。通过字典设置边框的属性，如边框宽度、边框颜色等。例如，wedgeprops={'linewidth':2}表示边框宽度为 2。

❑ textprops：可选参数，字典类型，默认值为 None。通过字典设置文本标签的属性，如字体大小、颜色等，例如，textprops = {'fontsize':19, 'color':'k'}表示文本标签字体大小为 19 颜色为黑色。

❑ center：可选参数，元组类型，用于设置饼图中心的位置，默认值为(0,0)。

❑ frame：可选参数，布尔值，表示是否显示网格，默认值为 False，不显示网格。如果值为 True，则显示网格，但同时需要与 grid()函数配合使用。这里建议不显示网格，因为显示网格会干扰饼图效果。

❑ rotatelabels：可选参数，布尔值，表示是否自动旋转文本标签，默认值为 False，不自动旋转文本标签。

【例 3-18】 绘制一个简单的饼图，代码如下。（实例位置：资源包\Code\第 3 章\3-18）

```
import matplotlib.pyplot as plt          # 导入 pyplot 模块
x = [2,5,12,70,2,9]                      # x 轴数据
plt.pie(x,autopct='%1.1f%%')            # 绘制饼图，autopct 设置扇形百分比
plt.show()                               # 显示图表
```

运行程序，结果如图 3-27 所示。

饼图也存在各种类型，主要包括基础饼图、分裂饼图、立体感带阴影的饼图、环形图、内嵌环形图等。下面分别进行介绍。

1. 基础饼图

【例 3-19】 通过饼图分析销量前十名地区的销量占比情况，代码如下。（实例位置：资源包\Code\第 3 章\3-19）

```
# 导入相关模块
import pandas as pd
from matplotlib import pyplot as plt
```

```
# 读取 Excel 文件
df1 = pd.read_excel(io='../datas/address.xlsx',sheet_name='Sheet2')
plt.rcParams['font.sans-serif']=['SimHei'] #解决中文乱码问题
plt.figure(figsize=(5,3)) #设置画布大小
labels = df1['地区']
sizes' = df1['销量']
#设置饼图每块的颜色
colors=['red','yellow','slateblue','green','magenta','cyan','darkorange','lawngreen','pink','gold']
plt.pie(sizes, #绘图数据
        labels=labels,#添加地区水平标签
        colors=colors,# 设置每个扇形的自定义填充色
        labeldistance=1.02,#设置各扇形标签（图例）与中心的距离
        autopct='%.1f%%',# 设置百分比的格式，这里保留一位小数
        startangle=90,# 设置饼图的初始角度
        radius = 0.5, # 设置饼图的半径
        center = (0.2,0.2), # 设置饼图中心位置
        textprops = {'fontsize':9, 'color':'k'}, # 设置文本标签的属性值
        pctdistance=0.6)# 设置百分比标签与中心的距离
# 设置 x、y 轴刻度一致，保证饼图为圆形
plt.axis('equal')
plt.title('Top10 地区销量占比情况分析')     # 图表标题
plt.show()                                 # 显示图表
```

运行程序，结果如图 3-28 所示。

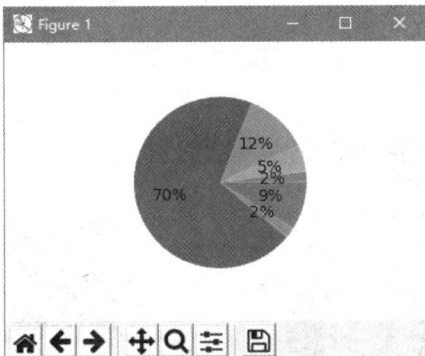

图 3-27　简单饼图

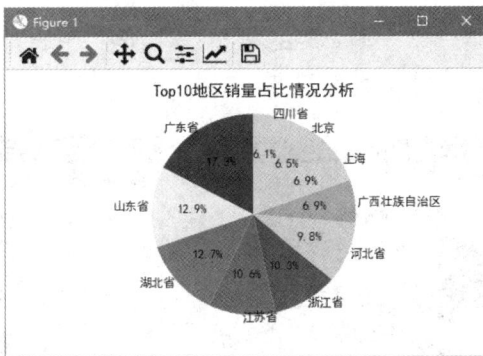

图 3-28　基础饼图

图 3-27、
图 3-28

2．分裂饼图

分裂饼图是将你认为主要的扇形部分分裂出来，以达到突出显示的目的。下面将销量占比最大的广东省扇形分裂显示，结果如图 3-29 所示。分裂饼图可以同时分裂多块，如图 3-30 所示。

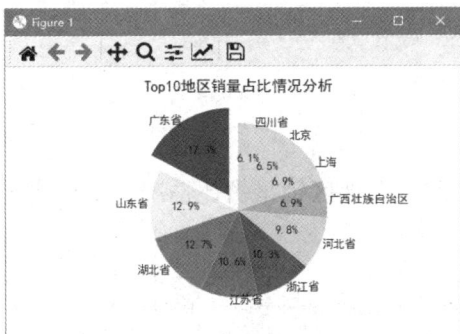

图 3-29　分裂饼图

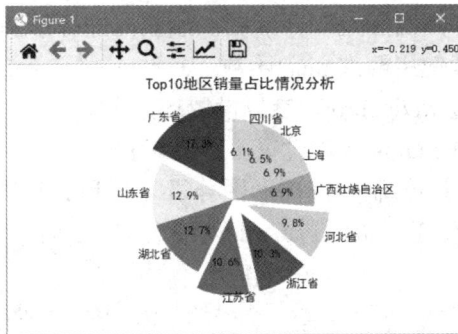

图 3-30　分裂饼图（分裂多块）

图 3-29、
图 3-30

Matplotlib 基础 / 第 3 章

分裂饼图主要通过设置 explode 参数实现，该参数用于设置扇形与中心的距离，需要将哪块扇形分裂出来，就设置它与中心的距离即可。

【例 3-20】 图 3-28 中有 10 块扇形，下面将占比最大的广东省扇形分裂出来，那么就设置第一位与中心的距离为 0.1，其他为 0，主要代码如下。（实例位置：资源包\Code\第 3 章\3-20）

```
explode = (0.1,0,0,0,0,0,0,0,0,0)
```

3．立体感带阴影的饼图

立体感带阴影的饼图看起来很美观，如图 3-31 所示。

立体感带阴影的饼图主要通过设置 shadow 参数的值为 True 来实现，示例代码如下。

```
shadow=True
```

4．环形图

环形图是由两个或两个以上的扇形连在一起，挖去中间的部分所构成的图形。

【例 3-21】 绘制环形图分析各区域销量占比情况，依旧使用 pie()函数实现，要用到一个关键参数——wedgeprops，以设置饼图内外边界的属性，如环的宽度、环边界颜色和宽度，主要代码如下。（实例位置：资源包\Code\第 3 章\3-21）

```
wedgeprops = {'width': 0.4, 'edgecolor': 'k'}
```

运行程序，结果如图 3-32 所示。

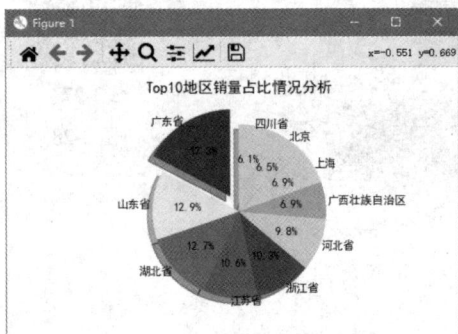

图 3-31　立体感带阴影的饼图

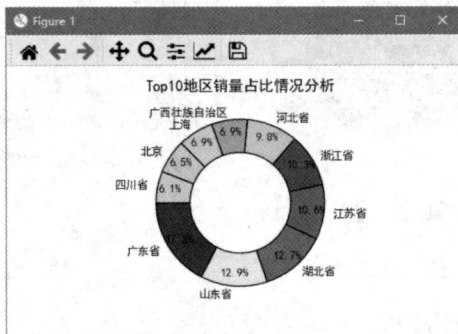

图 3-32　环形图

图 3-31、
图 3-32

5．内嵌环形图

内嵌环形图实际是双环形图。绘制内嵌环形图需要注意以下 3 点。

（1）连续使用两次 pie()函数。

（2）通过 wedgeprops 参数设置环边界。

（3）通过 radius 参数设置不同的半径。

【例 3-22】 绘制内嵌环形图分析 1 月和 2 月销量前十名地区销量占比情况，主要代码如下。（实例位置：资源包\Code\第 3 章\3-22）

```
# 外环
plt.pie(x1,autopct='%.1f%%',radius=1,pctdistance=0.85,colors=colors,wedgeprops=dict
(linewidth=2,width=0.3,edgecolor='w'))
# 内环
plt.pie(x2,autopct='%.1f%%',radius=0.7,pctdistance=0.7,colors=colors,wedgeprops=dict
```

```
(linewidth=2,width=0.4,edgecolor='w'))
    # 图例
    legend_text=df1['省']
    plt.legend(legend_text,title=' 地区 ',frameon=False,bbox_to_anchor=(0.2,0.5))#设置图例标
题、位置、去掉图例边框
    plt.axis('equal')#设置坐标轴比例以显示为圆形
    plt.title('1 月和 2 月 Top10 地区销量占比情况分析')
    plt.show()
```

上述代码中，由于图例内容比较长，为了使图例能够正常显示，图例代码中引入了两个主要参数，即 frameon 参数和 bbox_to_anchor 参数。frameon 参数用于设置图例有无边框，bbox_to_anchor 参数用于设置图例位置。

运行程序，结果如图 3-33 所示。

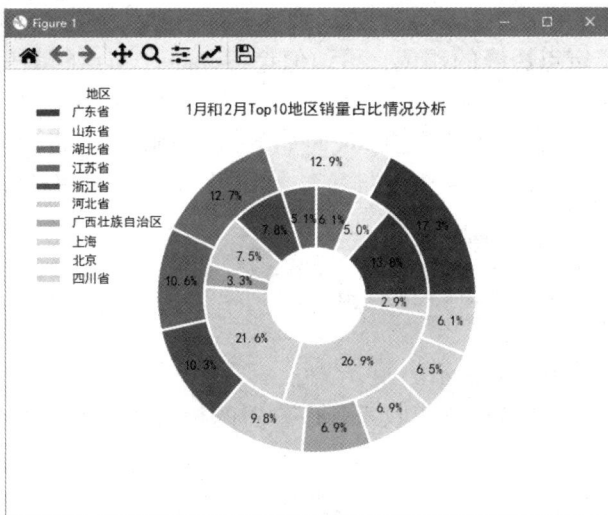

图 3-33

图 3-33　内嵌环形图

3.3.5　绘制散点图

散点图主要用来查看数据的分布情况或相关性，一般用在线性回归分析中，查看数据点在坐标系平面上的分布情况。散点图展示的是因变量随自变量变化的大致趋势，据此可以选择合适的函数对数据点进行拟合。

散点图与折线图类似，也是由一个个点构成的。不同之处在于，散点图的各点之间不会按照前后关系用线条连接起来。

通过 Matplotlib 绘制散点图时使用 plot()函数或 scatter()函数都可以。本小节使用 scatter()函数绘制散点图，scatter()函数专门用于绘制散点图，使用方式和 plot()函数类似，区别在于前者具有更高的灵活性，可以单独控制每个点与数据匹配，并让每个点具有不同的属性。scatter()函数的语法格式如下。

```
matplotlib.pyplot.scatter(x,y,s=None,c=None,marker=None,cmap=None,norm=None,vmin=None,
vmax=None,alpha=None,linewidths=None,verts=None,edgecolors=None,data=None, **kwargs)
```

主要参数说明如下。
❏ x、y：数据数组，表示散点图中点的横坐标和纵坐标。

- s：标量或数组，指定每个点的大小。如果是标量，则所有点的大小相同；如果是数组，则每个点可以有不同的大小。默认值为 20。
- c：点的颜色，可选参数，默认值为 b，表示蓝色。
- marker：点的样式，可选参数，默认值为 o，即圆圈。Matplotlib 支持多种样式，例如.、,、x、*、+和 s 等。
- cmap：颜色地图，可选参数，默认值为 None。
- norm：可选参数，默认值为 None。
- vmin、vmax：浮点数，表示色彩映射的下限、上限，可选参数，默认值为 None。
- alpha：浮点数，指定点的透明度（即 0 和 1 之间的数），其中 0 代表完全透明，1 代表完全不透明。
- linewidths：标量或数组，指定点边缘线的宽度，默认值为 None。
- edgecolors：指定点边缘的颜色，可取值包括 face（与点的颜色相同）、none（无边缘）或其他颜色。

【例 3-23】 绘制一个简单的散点图，代码如下。（实例位置：资源包\Code\第 3 章\3-23）

```python
# 导入 pyplot 模块
import matplotlib.pyplot as plt
x=[1,2,3,4,5,6]                # x 轴数据
y=[19,24,37,43,55,68]          # y 轴数据
plt.scatter(x, y)              # 绘制散点图
plt.show()                     # 显示图表
```

运行程序，结果如图 3-34 所示。

【例 3-24】 绘制散点图分析销售收入与广告费的相关性，代码如下。（实例位置：资源包\Code\第 3 章\3-24）

```python
# 导入相关模块
import pandas as pd
import matplotlib.pyplot as plt
# 读取 Excel 文件
dfaa = pd.DataFrame(pd.read_excel('../datas/JDdata.xlsx'))
dfbb=pd.DataFrame(pd.read_excel('../datas/JDcar.xlsx'))
# 抽取数据
df1=dfaa[['业务日期','金额']]
df2=dfbb[['投放日期','支出']]
# 去除空日期和金额为 0 的记录
df1=df1[df1['业务日期'].notnull() & df1['金额'] !=0]
df2=df2[df2['投放日期'].notnull() & df2['支出'] !=0]
# 转换为日期格式并设置索引
df1['业务日期'] = pd.to_datetime(df1['业务日期'])
df2['投放日期'] = pd.to_datetime(df2['投放日期'])
dfData = df1.set_index('业务日期',drop=True)
dfCar=df2.set_index('投放日期',drop=True)
# 按月度统计并显示销售收入
dfData_month=dfData.resample('M').sum().to_period('M')
# 按月度统计并显示广告费
dfCar_month=dfCar.resample('M').sum().to_period('M')
# x 为广告费，y 为销售收入
x=pd.DataFrame(dfCar_month['支出'])
y=pd.DataFrame(dfData_month['金额'])
plt.rcParams['font.sans-serif']=['SimHei']     # 解决中文乱码问题
plt.title('销售收入与广告费散点图')              # 图表标题
plt.scatter(x, y, color='red')                 # 真实值散点图
plt.show()                                     # 显示图表
```

运行程序，结果如图 3-35 所示。

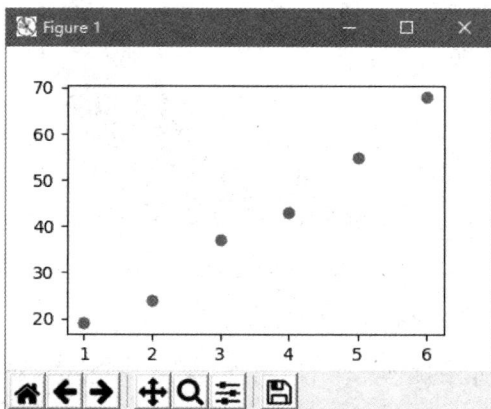

图 3-34　简单散点图

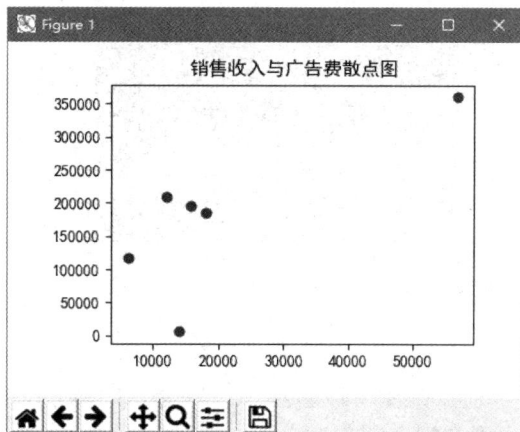

图 3-35　销售收入与广告费散点图

3.3.6　绘制面积图

面积图用于体现数量随时间变化的程度，也可用于引起人们对总值趋势的注意。例如，可以基于表示随时间变化的利润的数据绘制面积图，以强调总利润。通过 Matplotlib 绘制面积图主要使用 stackplot()函数。

绘制面积图

【例 3-25】　绘制一个简单的面积图，代码如下。（实例位置：资源包\Code\第 3 章\3-25）

```python
# 导入pyplot模块
import matplotlib.pyplot as plt
# 创建数据
x = [1,2,3,4,5];y1 =[6,9,5,8,4];y2 = [3,2,5,4,3];y3 =[8,7,8,4,3];y4 = [7,4,6,7,12]
# 绘制面积图
plt.stackplot(x,y1,y2,y3,y4, colors=['g','c','r','b'])
plt.show()    # 显示图表
```

运行程序，结果如图 3-36 所示。

面积图也有很多种，如标准面积图、堆叠面积图和百分比堆叠面积图等。下面介绍标准面积图和堆叠面积图。

1．标准面积图

【例 3-26】　绘制标准面积图分析 2017—2023 年线上图书销售情况，代码如下。（实例位置：资源包\Code\第 3 章\3-26）

```python
# 导入相关模块
import pandas as pd
import matplotlib.pyplot as plt
df = pd.read_excel('../datas/books.xlsx')          # 读取Excel文件
plt.rcParams['font.sans-serif']=['SimHei']          # 解决中文乱码问题
# 取消科学记数法
plt.gca().get_yaxis().get_major_formatter().set_scientific(False)
x=df['年份'];y=df['销售额']                          # x、y轴数据
plt.title('2017—2023年线上图书销售情况')            # 图表标题
plt.stackplot(x, y)                                # 绘制面积图
plt.show()                                          # 显示图表
```

运行程序，结果如图 3-37 所示。

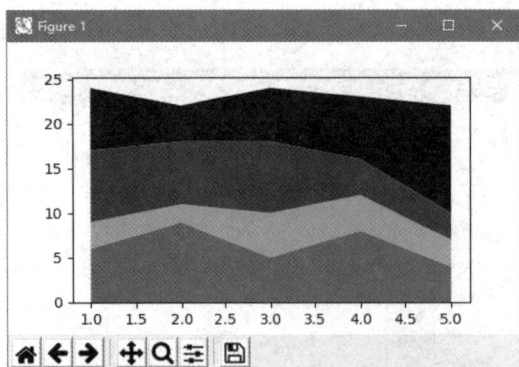

图 3-36　简单面积图

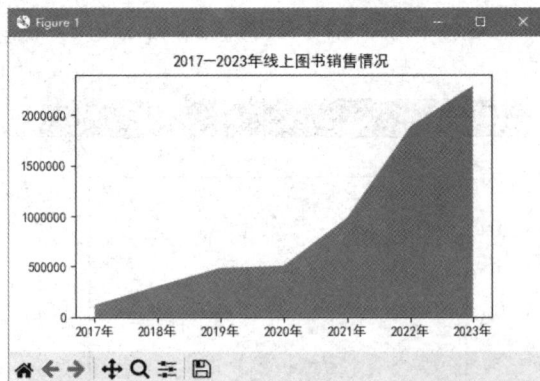

图 3-37　标准面积图

通过该图可以看出 2017—2023 年线上图书销售的趋势。

2．堆叠面积图

下面通过堆叠面积图分析 2017—2023 年线上各平台图书销售情况。从堆叠面积图中不仅可以看到各平台 2017—2023 年销售变化趋势，还可以看到整体的变化趋势。

图 3-36

【例 3-27】　绘制堆叠面积图，关键在于增加 y 轴数据。通过增加多个 y 轴数据，形成堆叠面积图，主要代码如下。（实例位置：资源包\Code\第 3 章\3-27）

```python
# x、y 轴数据
x=df['年份'];y1=df['京东'];y2=df['天猫'];y3=df['自营']
plt.title('2017—2023年线上图书销售情况')              # 图表标题
# 绘制堆叠面积图
plt.stackplot(x, y1,y2,y3,colors=['#6d904f','#fc4f30','#008fd5'])
plt.legend(['京东','天猫','自营'],loc='upper left')   # 图例
plt.show()                                          # 显示图表
```

运行程序，结果如图 3-38 所示。

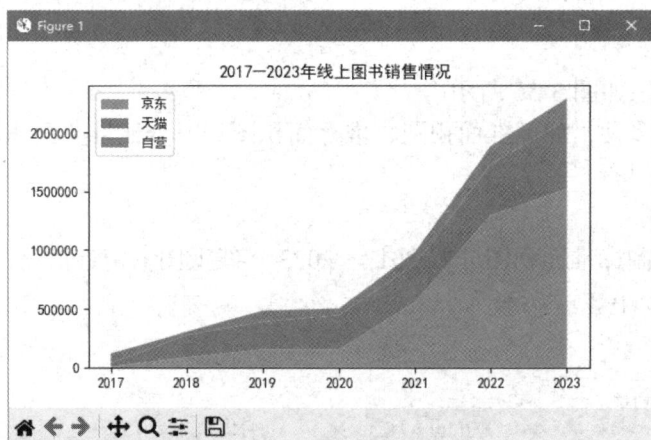

图 3-38

图 3-38　堆叠面积图

3.3.7　绘制箱线图

箱线图又称盒须图或盒式图，它是一种用来显示一组数据分布情况的统计图，因形状像箱子而得名。箱线图最大的优点是不受异常值（也

绘制箱线图

称为离群值）的影响，可以一种相对稳定的方式描述数据的离散分布情况，因此在各领域应用广泛。另外，箱线图也常用于异常值的识别。通过 Matplotlib 绘制箱线图主要使用 boxplot() 函数，语法格式如下。

```
matplotlib.pyplot.boxplot(x,notch=None,sym=None,vert=None,whis=None,positions=None,widths
=None,patch_artist=None,meanline=None,showmeans=None,showcaps=None,showbox=None,showfliers
=None,boxprops=None,labels=None,flierprops=None,medianprops=None,meanprops=None,capprops
=None,whiskerprops=None)
```

参数说明如下。
- □ x：指定要绘制箱线图的数据。
- □ notch：设置是否以凹口的形式展现箱线图，默认非凹口。
- □ sym：指定异常点的形状，默认为加号"+"。
- □ vert：设置是否需要将箱线图垂直摆放，默认垂直摆放。
- □ whis：指定上限、下限与上下四分位的距离，默认为 1.5 倍的四分位差。
- □ positions：指定箱线图的位置，默认值为[0,1,2,…]。
- □ widths：指定箱线图的宽度，默认值为 0.5。
- □ patch_artist：设置是否填充箱体的颜色。
- □ meanline：设置是否用线的形式表示均值，默认用点来表示。
- □ showmeans：设置是否显示均值，默认不显示。
- □ showcaps：设置是否显示箱线图顶部和底部的两条线，默认显示。
- □ showbox：设置是否显示箱线图的箱体，默认显示。
- □ showfliers：设置是否显示异常值，默认显示。
- □ boxprops：设置箱体的属性，如边框色、填充色等。
- □ labels：为箱线图添加标签，类似于图例的作用。
- □ flierprops：设置异常值的属性，如异常点的形状、大小、填充色等。
- □ medianprops：设置中位数的属性，如线的类型、粗细等。
- □ meanprops：设置均值的属性，如点的大小、颜色等。
- □ capprops：设置箱线图顶部和底部线条的属性，如颜色、粗细等。
- □ whiskerprops：设置线的属性，如颜色、粗细、类型等。

【例 3-28】 绘制一个简单的箱线图，代码如下。（实例位置：资源包\Code\第 3 章\3-28）

```
import matplotlib.pyplot as plt        # 导入 pyplot 模块
x=[1,2,3,5,7,9]                        # x 轴数据
plt.boxplot(x)                         # 绘制箱线图
plt.show()                             # 显示图表
```

运行程序，结果如图 3-39 所示。

【例 3-29】 例 3-28 绘制的是一组数据的箱线图，还可以绘制多组数据的箱线图（需要指定多组数据）。例如，为 3 组数据绘制箱线图，代码如下。（实例位置：资源包\Code\第 3 章\3-29）

```
import matplotlib.pyplot as plt        # 导入 pyplot 模块
x1=[1,2,3,5,7,9]                       # x 轴数据
x2=[10,22,13,15,8,19]
x3=[18,31,18,19,14,29]
plt.boxplot([x1,x2,x3])                # 绘制多组数据的箱线图
plt.show()                             # 显示图表
```

运行程序，结果如图 3-40 所示。

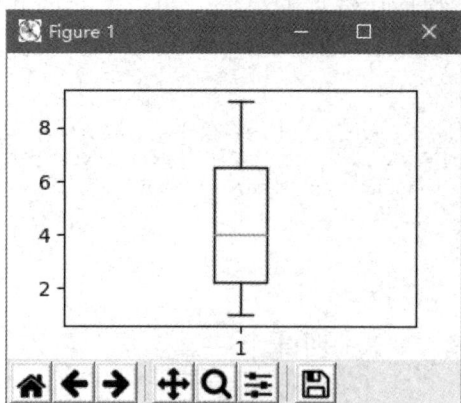

图 3-39　简单箱线图

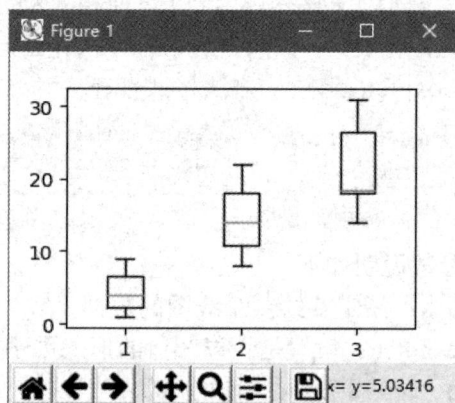

图 3-40　多组数据的箱线图

箱线图将数据切割分离（实际上就是将数据分为五大部分），如图 3-41 所示。

下面介绍箱线图每部分的具体含义以及如何通过箱线图识别异常值。

（1）下四分位数

下四分位数指的是数据的 25%分位点所对应的值（Q1）。计算分位数可以使用 pandas 的 DataFrame 对象的 quantile()方法。例如，Q1 = df['总消费'].quantile(q = 0.25)。

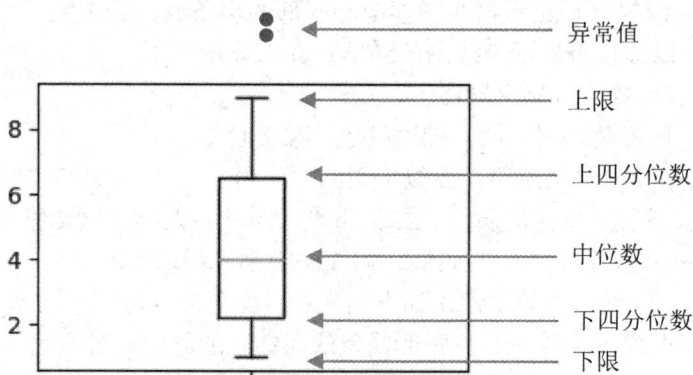

图 3-41　箱线图的组成

（2）中位数

中位数为数据的 50%分位点所对应的值（Q2）。

（3）上四分位数

上四分位数为数据的 75%分位点所对应的值（Q3）。

（4）上限

上限的计算公式为：$Q3 + 1.5 \times (Q3 - Q1)$。

（5）下限

下限的计算公式为：$Q1 - 1.5 \times (Q3 - Q1)$。

其中，Q3 – Q1 表示四分位差。使用箱线图识别异常值时，判断标准是，若变量的数据值大于箱线图的上限或者小于箱线图的下限，这样的数据就为异常值。

异常值的判断标准如图 3-42 所示。

判断标准	结论
$x > Q3+1.5\times(Q3-Q1)$或者$x < Q1-1.5\times(Q3-Q1)$	异常值
$x > Q3+3\times(Q3-Q1)$或者$x < Q1-3\times(Q3-Q1)$	极端异常值

图 3-42　异常值的判断标准

【例 3-30】　通过箱线图查找客人总消费数据中存在的异常值，代码如下。（实例位置：资源包\Code\第 3 章\3-30）

```python
import matplotlib.pyplot as plt          # 导入 pyplot 模块
import pandas as pd                       # 导入 pandas 模块
df=pd.read_excel('../datas/tips.xlsx')    # 读取 Excel 文件
plt.boxplot(x = df['总消费'],             # 指定绘制箱线图的数据
            whis = 1.5,                   # 指定 1.5 倍的四分位差
            widths = 0.3,                 # 指定箱线图中箱体的宽度为 0.3
            patch_artist = True,          # 要填充箱体的颜色
            showmeans = True,             # 显示均值
            boxprops = {'facecolor':'RoyalBlue'},   # 指定箱体的填充色为宝蓝色
# 指定异常值的填充色、边框色和大小
            flierprops={'markerfacecolor':'red','markeredgecolor':'red','markersize':3},
# 指定中位数的标记符号（六边形）、填充色和大小
            meanprops = {'marker':'h','markerfacecolor':'black', 'markersize':8},
# 指定均值点的标记符号（虚线）、颜色
            medianprops = {'linestyle':'--','color':'orange'},
            labels = [''])                # 去除 x 轴刻度值
plt.show()                                # 显示图表
# 计算下四分位数和上四分位数
Q1 = df['总消费'].quantile(q = 0.25)
Q3 = df['总消费'].quantile(q = 0.75)
# 基于 1.5 倍的四分位差计算上限、下限对应的值
low_limit = Q1 - 1.5*(Q3 - Q1)
up_limit = Q3 + 1.5*(Q3 - Q1)
# 查找异常值
val=df['总消费'][(df['总消费']>up_limit)|(df['总消费']<low_limit)]
print('异常值如下: ')
print(val)
```

运行程序，结果如图 3-43 和图 3-44 所示。

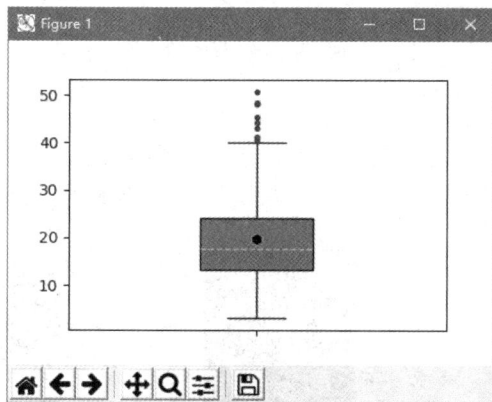

图 3-43　箱线图

```
异常值如下:
26     44.30
77     43.11
131    48.27
163    48.17
171    50.81
182    45.35
184    40.55
194    48.33
230    41.19
Name: 总消费, dtype: float64
```

图 3-44　异常值

3.3.8　绘制热力图

热力图是一种数据可视化技术，它通过颜色的变化来表示数据的密度、

绘制热力图

频率、强度或其他类型的数值信息。热力图通常用于展示二维数据集中值的分布情况，使观察者能够快速识别出数据中的模式、趋势和异常值。热力图广泛应用于多个领域，包括统计学、物理学、生物学、地理信息系统（GIS）、网页分析等。

【例 3-31】 绘制一个简单的热力图，代码如下。（实例位置：资源包\Code\第 3 章\3-31）

```
import matplotlib.pyplot as plt           # 导入 pyplot 模块
X = [[1,2],[3,4],[5,6],[7,8],[9,10]]      # 绘图数据
plt.imshow(X)                             # 绘制热力图
plt.show()                                # 显示图表
```

运行程序，结果如图 3-45 所示。

上述代码中，plt.imshow(X)中传入的数组 X=[[1,2],[3,4],[5,6],[7,8],[9,10]]是对应的颜色，如左上角颜色为蓝色，对应值为 1；右下角颜色为黄色，对应值为 10，具体如下。

```
[1,2]     [深蓝色,蓝色]
[3,4]     [蓝绿色,深绿色]
[5,6]     [海藻绿色,春绿色]
[7,8]     [绿色,浅绿色]
[9,10]    [草绿色,黄色]
```

【例 3-32】 基于学生成绩统计数据绘制热力图，通过热力图清晰直观地对比每个学生各科成绩的高低，代码如下。（实例位置：资源包\Code\第 3 章\3-32）

```
import pandas as pd                                          # 导入 pandas 模块
import matplotlib.pyplot as plt                             # 导入 pyplot 模块
# 读取 Excel 文件中名为"高二一班"的工作表中的数据
df = pd.read_excel('../datas/data1.xlsx',sheet_name='高二一班')
plt.rcParams['font.sans-serif']=['SimHei']                  # 解决中文乱码问题
X = df.loc[:,"语文":"生物"].values                           # 抽取"语文"至"生物"的成绩
name=df['姓名']                                             # 抽取"姓名"
plt.imshow(X)                                               # 绘制热力图
plt.xticks(range(0,6,1),['语文','数学','英语','物理','化学','生物'])  # 设置 x 轴刻度标签
plt.yticks(range(0,12,1),name)                             # 设置 y 轴刻度标签
plt.colorbar()                                             # 显示颜色条
plt.title('学生成绩统计热力图')                               # 设置图表标题
plt.show()                                                 # 显示图表
```

运行程序，结果如图 3-46 所示。

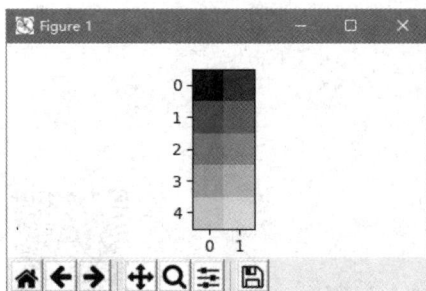

图 3-45 简单热力图

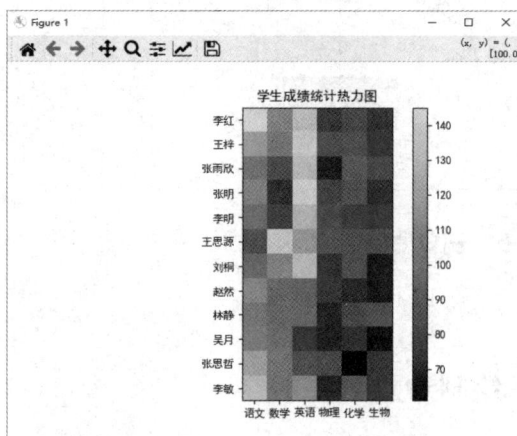

图 3-46 学生成绩统计热力图

图 3-45、图 3-46

从运行结果得知：颜色越亮，成绩越高，反之成绩越低。

3.3.9　绘制雷达图

雷达图是一种常用的数据可视化与展示技术，可以把多个维度的数据在同一个图表上展示出来，使得各项指标一目了然。雷达图比较适合表现整体水平，以及反映各部分之间的关系。

绘制雷达图主要使用 polar() 函数，该函数用于在极坐标系上绘制折线图，语法格式如下。

```
plt.polar(theta, r, **kwargs)
```

参数说明如下。

❑ theta：标量或标量序列，设置数据点的极径，必选参数。

❑ r：标量或标量序列，设置数据点的极角，可选参数。

❑ **kwargs：可选参数，指定线的标签（用于自动图例）、线宽，标记面的颜色等特性。

【例 3-33】 通过雷达图分析球员赛事成绩的差异，代码如下。（实例位置：资源包\Code\第 3 章\3-33）

```
import pandas as pd                                          # 导入 pandas 模块
import matplotlib.pyplot as plt                              # 导入 pyplot 模块
import numpy as np                                           # 导入 numpy 模块
# 读取 Excel 文件，设置"球员"为索引
df = pd.read_excel('../datas/成绩表.xlsx',sheet_name='Sheet2',index_col='球员')
# 解决中文乱码问题
plt.rcParams['font.sans-serif']=['SimHei']
# 设置类别标签
labels=np.array(['得分','篮板', '助攻','盖帽', '抢断','失误'])
# 获取列数
dataLenth = df.shape[1]
# 抽取球员成绩
y1=df.iloc[0,:]
y2=df.iloc[1,:]
# 生成与列数一样的角度
angles = np.linspace(0, 2*np.pi, dataLenth, endpoint=False)
# 通过 concatenate() 函数将数据与第一条数据合并，从而形成闭合的雷达图
y1=np.concatenate((y1,[y1.iloc[0]]))
y2=np.concatenate((y2,[y2.iloc[0]]))
# 将角度合并到一起
angles=np.concatenate((angles,[angles[0]]))
# 绘制雷达图
# 设置极坐标系，ro--代表红色带标记的虚线
plt.polar(angles, y1, 'ro--', linewidth=1,label='球员 1')
plt.polar(angles, y2,'b')                                    # 设置极坐标系，b 代表蓝色
# 填充，facecolor 代表前景色，alpha 代表透明度
plt.fill(angles, y1,facecolor='r',alpha=0.3)
plt.fill(angles, y2,facecolor='b',label='球员 2')
plt.thetagrids(range(0, 360, 60), labels)                    # 设置网格、标签
plt.ylim(0,35)                                               # 设置 y 轴区间
plt.legend(loc='upper right',bbox_to_anchor=(1.2,1.1))       # 设置图例及图例位置
plt.show()                                                   # 显示图表
```

运行程序，结果如图 3-47 所示。

需要注意的是，运行上述程序出现了如下警告信息。

```
FutureWarning:Series.__getitem__ treating keys as positions is deprecated.In a future
version, integer keys will always be treated as labels (consistent with DataFrame behavior).
To access a value by position, use `ser.iloc[pos]`
```

```
    y1=np.concatenate((y1,[y1[0]]))
    FutureWarning:Series.__getitem__ treating keys as positions is deprecated.In a future
version, integer keys will always be treated as labels (consistent with DataFrame behavior).To
access a value by position,use `ser.iloc[pos]`
    y2=np.concatenate((y2,[y2[0]]))
```

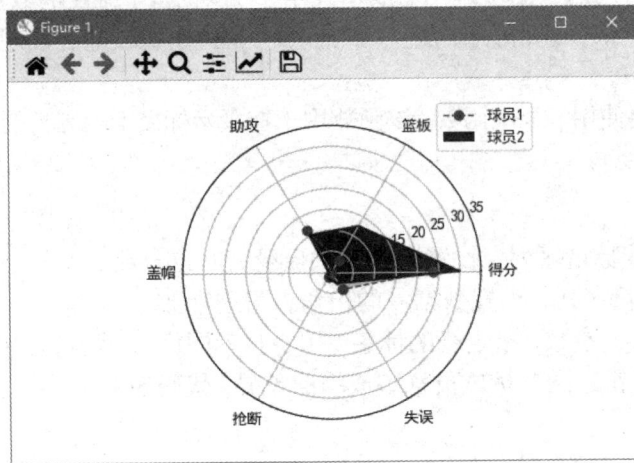

图 3-47　通过雷达图分析球员赛事成绩的差异

下面借助 AI 大模型工具——讯飞星火来解决这个警告信息。将上述警告信息粘贴到讯飞星火中，它将自动为我们提供解决方案，如图 3-48 所示。

图 3-48　讯飞星火提供的解决方案

按照讯飞星火提供的解决方案修改相应代码为如下代码。

```
y1=np.concatenate((y1,[y1.iloc[0]]))
y2=np.concatenate((y2,[y2.iloc[0]]))
```

再次运行程序，警告信息解决了，非常方便快捷。

3.3.10　绘制气泡图

气泡图用于展示两个或两个以上变量之间的关系，与散点图类似，主要使用 scatter()函数绘制。

绘制气泡图

【例 3-34】 绘制气泡图，观察成交商品件数与访客数，代码如下。（实例位置：资源包\Code\第 3 章\3-34）

```python
import pandas as pd                      # 导入 pandas 模块
import matplotlib.pyplot as plt          # 导入 pyplot 模块
import numpy as np                       # 导入 numpy 模块
# 读取 Excel 文件
df=pd.read_excel('../datas/JD202001.xlsx')
# x、y 轴数据
x=df['成交商品件数']
y=df['访客数']
# 数据行数
n=len(df)
# 气泡大小
s=df['成交商品件数']/5
# 解决中文乱码问题
plt.rcParams['font.sans-serif']=['SimHei']
# 绘制气泡图
# c 参数表示颜色
# cmap 参数表示颜色地图，YlOrRd 是 yellow-orange-red 的简写
plt.scatter(x,y,s,c=np.random.rand(n),cmap='YlOrRd')
plt.show()                               # 显示图表
```

运行程序，结果如图 3-49 所示。

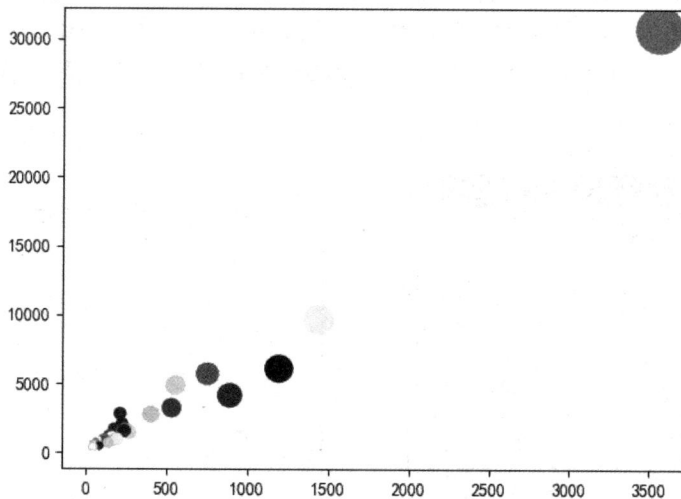

图 3-49

图 3-49   成交商品件数与访客数气泡图

3.4 AI 辅助编程

在开发工具中使用编程助手工具，可以帮助我们在开发时更加有效地编写代码，提高开发效率。例如，在开发工具中可以使用 AI 编程助手为代码添加注释、解释代码、优化代码等。

3.4.1 添加代码注释

1．为指定代码添加注释

在要添加注释的代码后输入符号"#"，此时将自动出现代码注释，如图 3-50 所示，按

Tab 键将自动添加代码注释。

```
import matplotlib.pyplot as plt  # 导入matplotlib.pyplot模块并重命名为plt
plt.plot([1, 2, 3, 4,5])
plt.show()
```

图 3-50　为指定的代码添加注释

2．批量添加代码注释

批量添加代码注释的操作如下。

（1）在代码窗口右侧单击"Baidu Comate"，如图 3-51 所示。

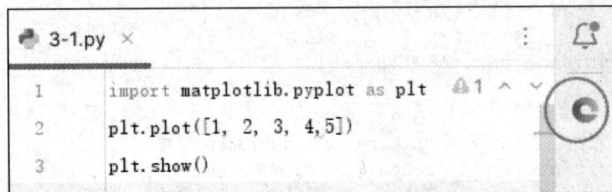

```
3-1.py ×
1    import matplotlib.pyplot as plt
2    plt.plot([1, 2, 3, 4,5])
3    plt.show()
```

图 3-51　单击"Baidu Comate"

（2）打开"Baidu Comate"对话窗口，首先单击"/指令"，然后单击"/行间注释"，如图 3-52 所示，选择需要批量添加注释的代码，然后按 Enter 键，或单击发送按钮，将自动生成带注释的代码，最后单击"采纳"按钮，如图 3-53 所示，带注释的代码即显示在代码窗口。

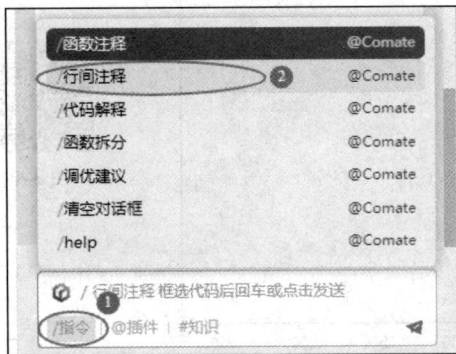

```
/函数注释              @Comate
/行间注释         ②   @Comate
/代码解释              @Comate
/函数拆分              @Comate
/调优建议              @Comate
/清空对话框            @Comate
/help                @Comate
   /行间注释 框选代码后回车或点击发送  ①
/指令   @插件  #知识
```

图 3-52　行间注释

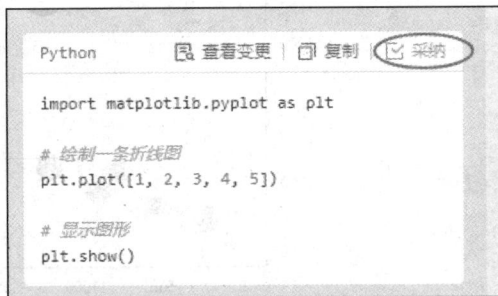

```
Python          查看变更  复制  采纳

import matplotlib.pyplot as plt

# 绘制一条折线图
plt.plot([1, 2, 3, 4, 5])

# 显示图形
plt.show()
```

图 3-53　AI 添加注释后的代码

3.4.2　解释代码

AI 编程助手不仅可以添加注释，还可以对代码做出解释。首先选择相应的代码，然后右键单击"百度 Comate 代码工具"并选择"代码解释"，如图 3-54 所示，即可生成相关的解释，结果如图 3-55 所示。

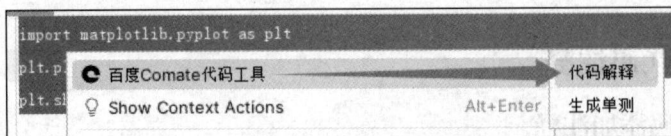

```
import matplotlib.pyplot as plt
plt.      百度Comate代码工具              代码解释
plt.s  Show Context Actions    Alt+Enter  生成单测
```

图 3-54　选择"代码解释"菜单项

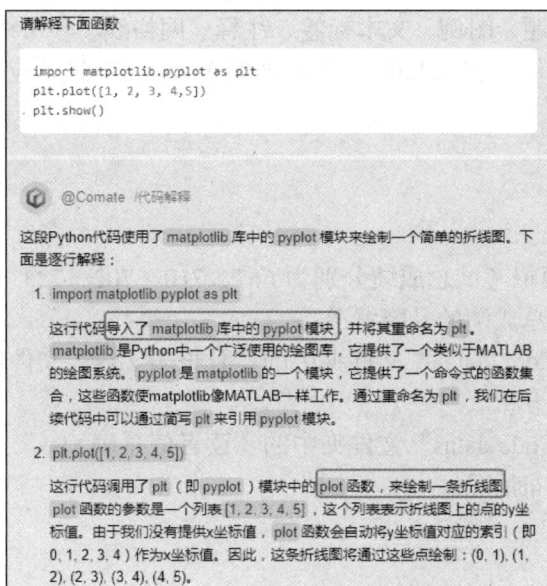

图 3-55　AI 进行代码解释

3.4.3　智能问答

在学习过程中，如果遇到不理解的术语或其他内容也可以向 AI 工具提问。例如，想要知道"什么是箱线图"，可以打开"Baidu Comate"对话窗口，选择"插件"→"飞桨"→"智能问答"，输入"什么是箱形图"，单击"发送"按钮，AI 工具便会快速作答，如图 3-56 所示。

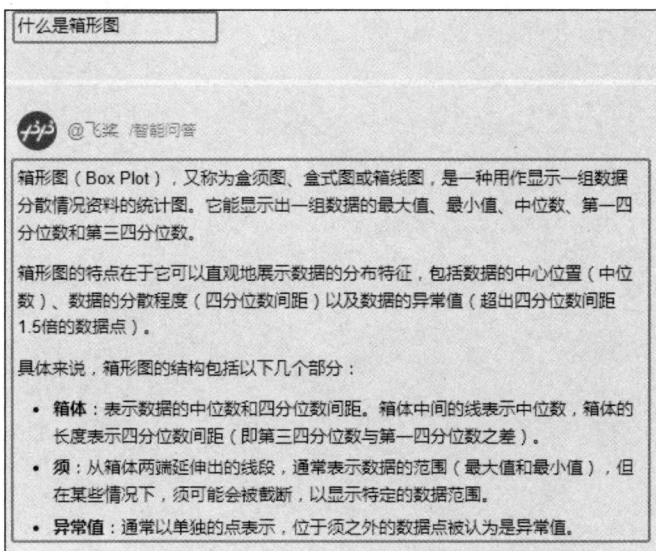

图 3-56　向 AI 工具请教不理解的术语

小结

本章用大量的实例详细地介绍了 Matplotlib 入门知识，从模块介绍与安装到图表的常用设置（如添加图表标题、图例、文本标签、注释、网格线、参考线等），以及各种类型图表的绘制。读者能全面掌握 Matplotlib，为后面的 Matplotlib 进阶应用以及学习其他可视化工具奠定坚实的基础。

习题

3-1 某学生 8 次模拟考试总成绩分别为 667、710、702、723、699、690、709、728，绘制折线图分析该学生总成绩的升降情况。

3-2 将"资源包\Code\datas"文件夹中的"月报表.xlsx"文件作为数据集，绘制柱形图以分析季度销量对比分析。

3-3 将"资源包\Code\datas"文件夹中的"读者信息表.xlsx"文件作为数据集，绘制饼图以分析读者学历分布情况。

第4章 Matplotlib 进阶

学习目标

- 掌握用 Matplotlib 处理日期数据的方法
- 掌握双 y 轴图表的绘制
- 掌握多个子图表的绘制
- 了解形状与路径
- 掌握 3D 图表的绘制

4.1 Matplotlib 处理日期数据

数据分析过程中，经常会遇到日期数据，而图表也经常需要在坐标轴上显示日期，将日期作为标签。本节就将介绍如何用 Matplotlib 处理日期数据。

Matplotlib 处理日期数据

4.1.1 dates 模块

Matplotlib 日期用浮点数表示，其计算规则如下：

（1）基准点为公元 1 年 1 月 1 日 UTC 时间 00:00。

（2）数值表示从基准点开始计算的天数+1。

（3）时间精度通过小数部分表示（如 06:00 对应 0.25 天）。

（4）限制条件：不支持小于 1 的数值，即无法表示公元 1 年之前的日期。

例如：

- 0001-01-01 UTC 00:00=1.0
- 0001-01-01 UTC 06:00=1.25

Matplotlib 的 dates 模块提供了一些函数，用于实现 datetime 对象和 Matplotlib 日期之间的相互转换，如表 4-1 所示。

表 4-1　dates 模块提供的转换函数

函数	说明
datestr2num()	使用 dateutil.parser.parse 将日期字符串转换为数据
date2num()	将 datetime 对象转换为 Matplotlib 日期
num2date()	将 Matplotlib 日期转换为 datetime 对象

函数	说明
num2timedelta()	将天数转换为 timedelta 对象
epoch2num()	将一个纪元或纪元序列转换为新的日期格式，即自 0001 起的天数
num2epoch()	将 0001 年以来的天数转换为纪元
mx2num()	将 mx datetime 实例或 mx 实例序列转换为新的日期格式
drange()	返回一个等间距的 Matplotlib 日期序列

Matplotlib 自动管理刻度，尤其是刻度的标签，这导致显示的日期有时会出现可读性很差、两个数据点之间的时间间隔不清晰或者日期标签重叠等现象。此时可以使用 dates 模块，该模块提供了一些专门用于管理日期刻度的函数，如表 4-2 所示。

表 4-2　dates 模块提供的管理日期刻度函数

函数	说明
MicrosecondLocator()	定位微秒
SecondLocator()	定位秒
MinuteLocator()	定位分钟
HourLocator()	定位小时
DayLocator()	定位一个月中指定的日，例如 10 表示 10 日
WeekdayLocator()	定位星期
MonthLocator()	定位月份，例如 7 表示 7 月
YearLocator()	用于指定 x 轴或 y 轴上的刻度位置，使刻度按照一定的年份间隔显示
RRuleLocator()	dateutil.rrule 的一个简单包装器，它允许任意的日期刻度规范
AutoDateLocator()	用于自动确定日期刻度的最佳位置，即根据数据的时间跨度自动选择合适的刻度间隔

显示日期的过程中，有时需要将日期格式化为需要的格式，dates 模块提供了一些关于日期格式化的函数和类，如表 4-3 所示。

表 4-3　dates 模块提供的日期格式化函数和类

函数和类	说明
AutoDateFormatter	自动选择合适的日期格式，并且基于刻度间隔自动调整格式
ConciseDateFormatter	提供简洁但信息丰富的日期格式，适用于紧凑布局的需求
DateFormatter	可以直接指定日期的显示格式
IndexDateFormatter	将数值索引转换为日期标签，用于非连续或不规则的时间序列数据

4.1.2　设置坐标轴日期的显示格式

绘图过程中，可能会出现因日期显示过长而影响图表外观的情况。此时可以通过设置 x 轴日期的显示格式来解决，主要使用 dates 模块的 DateFormatter()函数实现，该函数可以将任意格式的日期按要求进行格式化。时间日期格式化符号说明如下。

- %y：两位数的年份（00～99）。
- %Y：4 位数的年份（000～9999）。
- %m：月份（01～12）。
- %d：一个月内的一天（0～31）。
- %H：24 小时制小时（0～23）。

- %I：12 小时制小时（01～12）。
- %M：分钟（00～59）。
- %S：秒（00～59）。
- %a：本地简化的星期名称。
- %A：本地完整的星期名称。
- %b：本地简化的月份名称。
- %B：本地完整的月份名称。
- %c：本地相应的日期表示和时间表示。
- %j：一年内的一天（001～366）。
- %p：本地 A.M.或 P.M.的等价符。
- %U：一年中的星期数（00～53），星期天为一个星期的开头。
- %w：星期几（0～6），星期天为一个星期的开头。
- %W：一年中的星期数（00～53），星期一为一个星期的开头。
- %x：本地相应的日期表示。
- %X：本地相应的时间表示。
- %Z：当前时区的名称。
- %%%：百分号字符。

【例 4-1】 使用 DateFormatter()函数将格式为月/日/年的日期（如 01/01/2024）格式化为月-日（如 01-01），代码如下。（实例位置：资源包\Code\第 4 章\4-1）

```python
import matplotlib.dates as mdates          # 导入 dates 模块
import matplotlib.pyplot as plt            # 导入 pyplot 模块
# 生成 x、y 轴数据，x 轴为日期字符串
x = ['01/02/2024','01/03/2024','01/04/2024']
y=[12,22,45]
print(x)
# 配置横坐标格式化日期
plt.gca().xaxis.set_major_formatter(mdates.DateFormatter('%m-%d'))
# 绘制图表
plt.plot(x,y)
# 显示图表
plt.show()
```

运行程序，结果如图 4-1 所示。

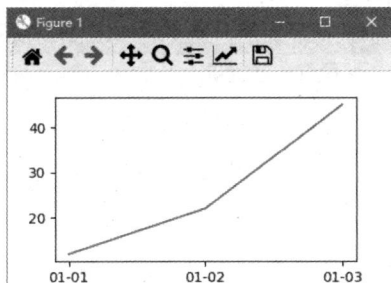

图 4-1　设置日期显示格式

4.1.3　设置坐标轴日期刻度标签

dates 模块的日期刻度函数可以帮助我们快速地完成坐标轴日期刻度的设置，如

YearLocator()函数设置以年为刻度、MonthLocator()函数设置以月为刻度、WeekdayLocator()函数设置以星期为刻度等。

例如在 x 轴上显示日期，问题很多，尤其是日期作为标签时难以管理，如图 4-2 所示，x 轴日期刻度自动显示为半个月一个刻度，这不符合我们的需求。

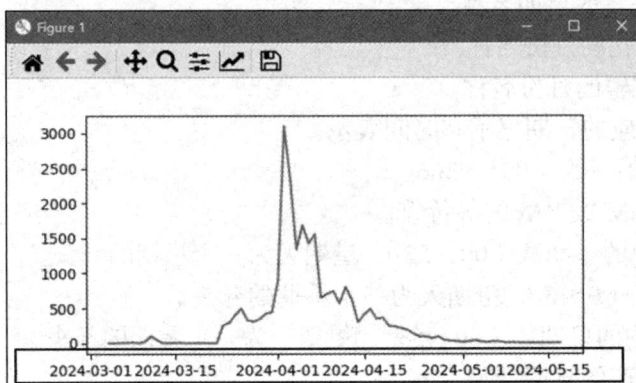

图 4-2　日期以半个月为刻度的图表

【例 4-2】 绘制日期以星期为刻度的图表，代码如下。（实例位置：资源包\Code\第 4 章\4-2）

```python
import pandas as pd                                        # 导入 pandas 模块
import matplotlib.pyplot as plt                            # 导入 pyplot 模块
import matplotlib.dates as mdates                          # 导入 dates 模块
# 读取 Excel 文件
df=pd.read_excel("../datas/data1.xlsx")
# x、y 轴数据
x=df['日期']
y=df['数据 1']
# 设置 x 轴日期刻度的位置
# 日期显示格式为年-月-日
plt.gca().xaxis.set_major_formatter(mdates.DateFormatter('%Y-%m-%d'))
# 日期刻度定位为星期
plt.gca().xaxis.set_major_locator(mdates.WeekdayLocator())
plt.gcf().autofmt_xdate()   # 自动旋转日期标签
# 绘制图表
plt.plot(x,y)
# 显示图表
plt.show()
```

运行程序，结果如图 4-3 所示。

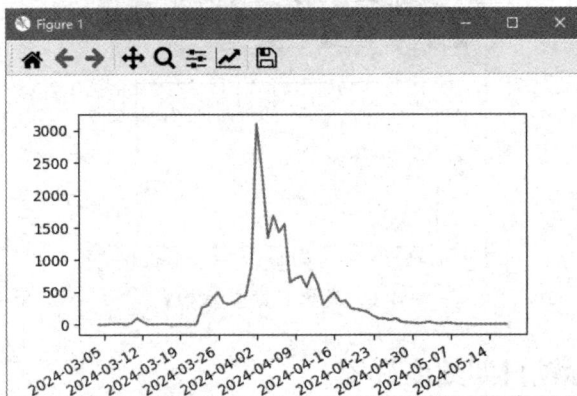

图 4-3　日期以星期为刻度的图表

4.2 次坐标轴

次坐标轴也被称为第二坐标轴或副坐标轴，主要用于在一个图表中显示第二个坐标轴。此类图表由 Matplotlib 模块的 twinx() 函数和 twiny() 函数创建。

4.2.1 共享 x 轴

twinx() 函数用于创建双 y 轴图表，返回一个共享 x 轴、两个 y 轴，第二个 y 轴的刻度在子图表的右侧显示，函数语法格式如下。

```
plt.twinx(ax=None)
```

参数说明如下。

❑ ax：值的类型为 Axes 对象，默认值为 None，即当前子图表。

返回值为 Axes 对象，即新建的子图表。

什么时候需要用到双 y 轴图表呢？例如，想要在图表中看到商品的销售金额和销售数量随日期的变化，这种情况下用双 y 轴图表可使信息更加清晰、直观。

【例 4-3】 绘制双 y 轴图表，代码如下。（实例位置：资源包\Code\第 4 章\4-3）

```python
import pandas as pd                          # 导入 pandas 模块
import matplotlib.pyplot as plt              # 导入 pyplot 模块
# 创建数据
df=pd.DataFrame({'日期':['9月1日','9月2日','9月3日','9月4日','9月5日','9月6日','9月7日',
'9月8日','9月9日'],
                '销售数量':[29,31,33,34,35,37,36,32,30],
                '销售金额':[2880,2980,3100,2850,3212,3180,2830,3200,3090]})
# 设置 x 轴和两个 y 轴的数据
x=df['日期']
y1=df['销售金额']
y2=df['销售数量']
# 解决中文乱码问题
plt.rcParams['font.sans-serif']=['SimHei']
# 设置画布大小
fig = plt.figure(figsize=(8,5))
# 创建子图表
ax1 = fig.add_subplot(111)
# 第一个折线图
ax1.plot(x,y1,color='red')
# 第一个 y 轴标签
ax1.set_ylabel('销售金额')
# 第二个折线图
# 共享 x 轴添加一条 y 轴
ax2 = ax1.twinx()
ax2.plot(x,y2,color='blue')
# 第二个 y 轴标签
ax2.set_ylabel('销售数量')
# 销售金额文本标签
for a,b in zip(x,y1):
    ax1.text(a,b,b)
# 销售数量文本标签
for a,b in zip(x,y2):
    ax2.text(a,b+0.2,b)
plt.show()                                   # 显示图表
```

运行程序，结果如图 4-4 所示。

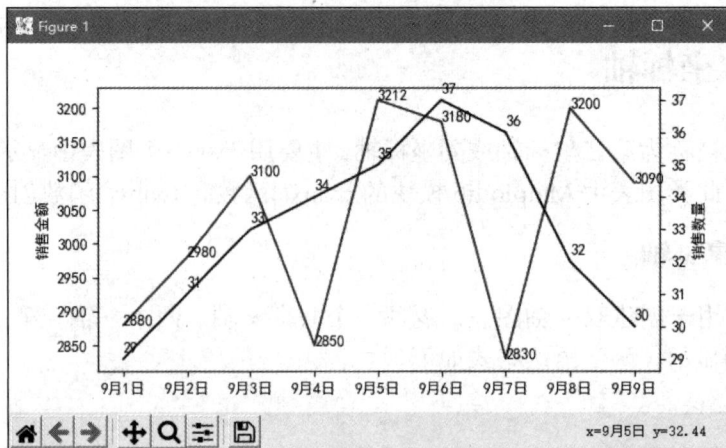

图 4-4 双 y 轴图表

4.2.2 共享 y 轴

twiny()函数用于创建双 x 轴图表,返回一个共享 y 轴、两个 x 轴,第二个 x 轴的刻度在子图表的顶部显示,函数语法格式如下。

```
plt.twiny(ax=None)
```

参数说明如下。

❑ ax:值的类型为 Axes 对象,默认值为 None,即当前子图表。

返回值为 Axes 对象,即新建的子图表。

【例 4-4】 绘制双 x 轴图表,代码如下。(实例位置:资源包\Code\第 4 章\4-4)

```
import matplotlib.pylab as plt          # 导入 pyplot 模块
# 创建 x 轴和 y 轴数据
x = [1,2,3,4,5]
y = [10,20,30,40,50]
# 创建画布
fig = plt.figure()
# 创建子图表
ax1 = fig.add_subplot(111)
# 绘制折线图
ax1.plot(x, y)
# 共享 y 轴,添加一条 x 轴
ax2 = ax1.twiny()
plt.show()                              # 显示图表
```

运行程序,结果如图 4-5 所示。

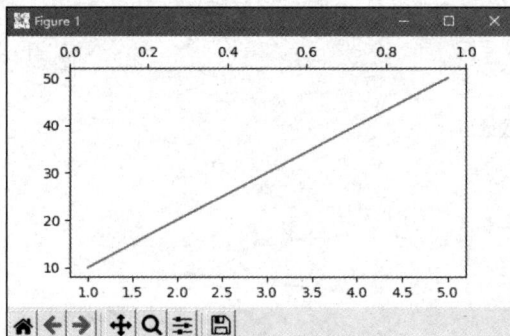

图 4-5 双 x 轴图表

4.3 绘制多个子图表

Matplotlib 提供了 3 个函数，用于实现在一个图表上绘制多个子图表，分别是 subplot()函数、subplots()函数和 add_subplot()函数，下面分别介绍。

绘制多个子图表

4.3.1 subplot()函数

subplot()函数用于划分画布并指定子图表的绘图位置（从 $1\sim n$ 编号，n 表示子图表总数），包括行数、列数和绘图位置。例如，subplot(2,3,3)表示将画布分成 2 行 3 列，在第 3 个位置绘制子图表。

如果行和列的值都小于 10，那么可以把它们缩写为一个整数，例如，subplot(233)。

另外，subplot()函数可在指定的区域中创建一个轴对象，如果新建的轴和之前创建的轴重叠，那么之前创建的轴将被删除。

【例 4-5】 使用 subplot()函数绘制一个 2 行 3 列、包含 6 个子图表的空图表，代码如下。（实例位置：资源包\Code\第 4 章\4-5）

```
import matplotlib.pyplot as plt              # 导入 pyplot 模块
# 绘制包含 6 个子图表的空图表
plt.subplot(2,3,1)
plt.subplot(2,3,2)
plt.subplot(2,3,3)
plt.subplot(2,3,4)
plt.subplot(2,3,5)
plt.subplot(2,3,6)
plt.show()                                   # 显示图表
```

运行程序，结果如图 4-6 所示。

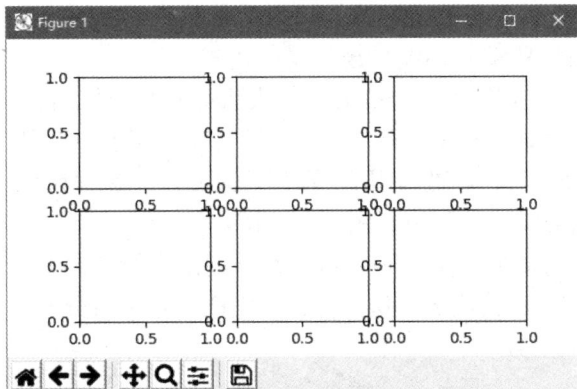

图 4-6　包含 6 个子图表的空图表

【例 4-6】 通过例 4-5 了解了 subplot()函数的基本用法，本例将前面所学的简单图表整合到一个图表上，代码如下。（实例位置：资源包\Code\第 4 章\4-6）

```
import matplotlib.pyplot as plt              # 导入 pyplot 模块
# 第 1 个子图表——折线图
plt.subplot(2,2,1)
plt.plot([1, 2, 3, 4,5])
# 第 2 个子图表——散点图
plt.subplot(2,2,2)
plt.plot([1,2,3,4,5],[2,5,8,12,18],'ro')
```

```
# 第 3 个子图表——柱形图
plt.subplot(2,1,2)
x=[1,2,3,4,5,6]
height=[10,20,30,40,50,60]
plt.bar(x,height)
plt.show()                                  # 显示图表
```

运行程序，结果如图 4-7 所示。

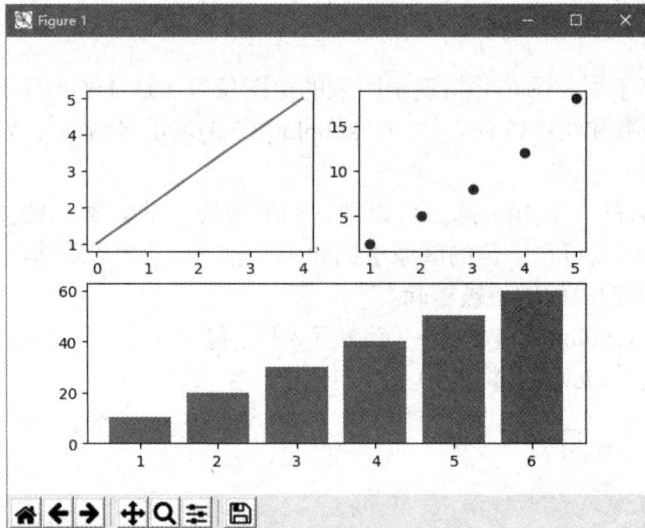

图 4-7　多个子图表

此例有两个关键点，一定要掌握。

（1）每绘制一个子图表都要调用一次 subplot()函数。

（2）确定绘图位置。

subplot()函数的前面两个参数指定的是一个画布被分割成的行数和列数，后面一个参数则指的是当前绘制区域位置编号，编号规则是行优先。

例如，图 4-7 中有 3 个子图表，subplot(2,2,1)表示将画布分成 2 行 2 列，在第 1 个子图表中绘图；subplot(2,2,2)表示将画布分成 2 行 2 列，在第 2 个子图表中绘图；subplot(2,1,2)表示将画布分成 2 行 1 列，由于第 1 行已经被占用了，所以在第 2 行也就是第 3 个子图表中绘图。3 个子图表排布示意如图 4-8 所示。

用 subpot()函数绘制多个子图表时，每次都要调用它指定绘图区域非常麻烦，而 subplots()函数更直接，它会事先把画布区域分割好。下面介绍 subplots()函数。

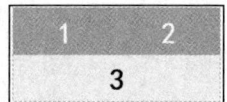

图 4-8　3 个子图表排布示意

4.3.2　subplots()函数

subplots()函数用于创建画布和子图表，语法格式如下。

```
matplotlib.pyplot.subplots(nrows,ncols,sharex,sharey,squeeze,subplot_kw,gridspec_kw,**fig_kw)
```

参数说明如下。

❑ nrows 和 ncols：表示将画布分割成几行几列，例如，nrows=2、ncols=2 表示将画布分割为 2 行 2 列，起始值都为 0。当调用画布中的坐标轴时，ax[0,0]表示调用左上角的坐标轴，ax[1,1]表示调用右下角的坐标轴。

- sharex 和 sharey：布尔值，或者值为 none、all、row、col，默认值为 False，用于控制 *x* 或 *y* 轴之间的属性共享。具体参数值说明如下。
  - True 或者 all：表示 *x* 或 *y* 轴属性在所有子图表中共享。
  - False 或者 none：每个子图表的 *x* 或 *y* 轴都是独立的部分。
  - row：每个子图表在一个 *x* 或 *y* 轴共享行（row）。
  - col：每个子图表在一个 *x* 或 *y* 轴共享列（column）。
- squeeze：布尔值，默认值为 True，额外的维度从返回的 Axes（轴）对象中挤出，对于 *n*×1 或 1×*n* 个子图表，返回一个一维数组，对于 *n*×*m*（*n* > 1 和 *m* > 1）个子图表，返回一个二维数组；如果值为 False，则表示不进行挤压操作，返回一个元素为 Axes 实例的二维数组，即使它最终是 1×1。
- subplot_kw：字典，可选参数。把字典的关键字传递给 add_subplot()函数来创建每个子图表。
- gridspec_kw：字典，可选参数。把字典的关键字传递给 GridSpec 构造函数创建子图表并放在网格（grid）里。
- **fig_kw：把所有详细的关键字参数传给 figure。

subplots()函数的返回值是一个元组，包括一个画布对象 figure 和一个坐标轴对象 axes，其中 axes 对象的数量等于 nrows×ncols，且每个 axes 对象都可以通过索引值访问。

【例 4-7】 使用 subplots()函数绘制一个 2 行 3 列、包含 6 个子图表的空图表，只需要以下 3 行代码。（实例位置：资源包\Code\第 4 章\4-7）

```
import matplotlib.pyplot as plt        # 导入 pyplot 模块
figure,axes=plt.subplots(2,3)          # 绘制 2 行 3 列的子图表
plt.show()                             # 显示图表
```

上述代码中，figure 和 axes 是两个关键字参数。

（1）figure：画布对象。

（2）axes：坐标轴对象，可以理解为在 figure（画布）上绘图的坐标轴对象，它帮我们规划出了一个个科学作图的坐标系。

通过图 4-9 所示的坐标系示意图你就会明白，绿色的是画布对象 figure，白色带坐标轴的是坐标轴对象 axes。

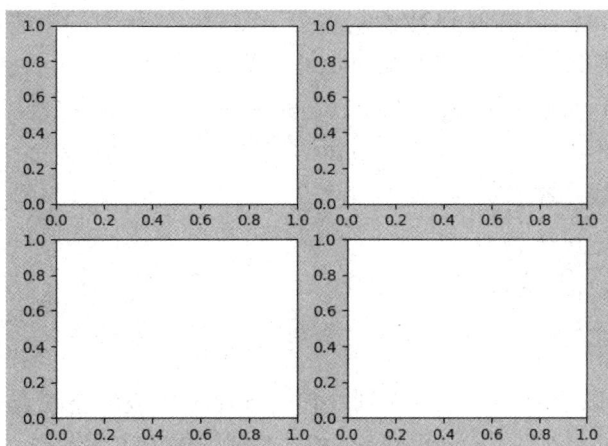

图 4-9

图 4-9　坐标系示意图

【例 4-8】 使用 subplots()函数绘制多个子图表，代码如下。（实例位置：资源包\Code\第 4 章\4-8）

```
import matplotlib.pyplot as plt                      # 导入 pyplot 模块
figure,axes=plt.subplots(2,2)                        # 绘制 2 行 2 列的子图表
axes[0,0].plot([1,2,3,4,5])                          # 第 1 个子图表——折线图
axes[0,1].plot([1,2,3,4,5],[2,5,8,12,18],'ro')       # 第 2 个子图表——散点图
# 第 3 个子图表——柱形图
x=[1,2,3,4,5,6]
height=[10,20,30,40,50,60]
axes[1,0].bar(x,height)
# 第 4 个子图表——饼图
x = [2,5,12,70,2,9]
axes[1,1].pie(x,autopct='%1.1f%%')
plt.show()                                           # 显示图表
```

运行程序，结果如图 4-10 所示。

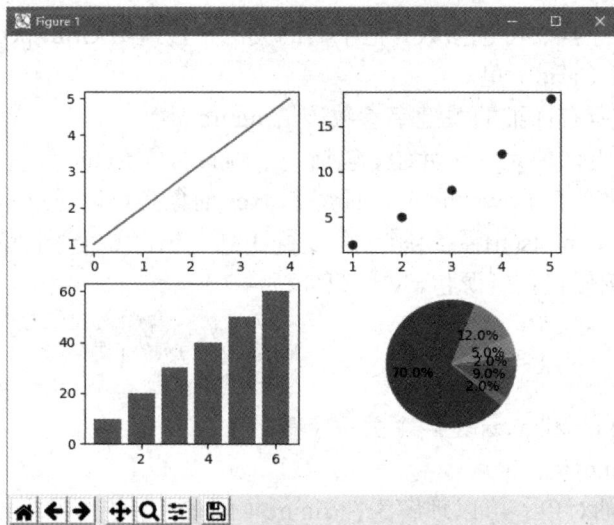

图 4-10

图 4-10 多个子图表

4.3.3 add_subplot()函数

【例 4-9】 使用 add_subplot()函数绘制多个子图表，该函数的用法与 subplot()函数基本相同，代码如下。（实例位置：资源包\Code\第 4 章\4-9）

```
import matplotlib.pyplot as plt              # 导入 pyplot 模块
fig = plt.figure()                           # 创建画布
# 绘制多个子图表
ax1 = fig.add_subplot(2,3,1)
ax2 = fig.add_subplot(2,3,2)
ax3 = fig.add_subplot(2,3,3)
ax4 = fig.add_subplot(2,3,4)
ax5 = fig.add_subplot(2,3,5)
ax6 = fig.add_subplot(2,3,6)
plt.show()                                   # 显示图表
```

上述代码同样可以绘制一个 2 行 3 列、包含 6 个子图表的空图表。首先创建 figure 实例（画布），然后通过 ax1 = fig.add_subplot(2,3,1)创建第 1 个子图表，返回 Axes 实例（坐标轴对象），第 1 个参数为行数，第 2 个参数为列数，第 3 个参数为子图表的位置。

以上用 3 个函数实现了在一个图表上绘制多个子图表，3 个函数各有所长。subplot()
函数和 add_subplot()函数比较灵活，定制化效果比较好，可以实现子图表在图表中的各种
布局（如一个图表上 3 个子图表或 5 个子图表可以随意摆放），而 subplots()函数则不那么
灵活，但它可以用较少的代码绘制出多个子图表。

4.3.4　多个子图表共用一个坐标轴

绘图过程中，经常会遇到多个子图表共用一个坐标轴的情况，例如共用横轴（x 轴）
或者共用纵轴（y 轴），此时可以通过 sharex 和 sharey 参数进行设置。

【例 4-10】绘制两个子图表，一个折线图、一个散点图，共用一个 y 轴。首先使用 subplots()
函数创建子图表，然后设置 sharey 为 True，代码如下。（实例位置：资源包\Code\第 4 章\4-10）

```
import matplotlib.pyplot as plt                    # 导入 pyplot 模块
# 解决中文乱码问题
plt.rcParams['font.sans-serif']=['SimHei']
# 为 x、y 轴指定数据
x=[1,2,3,4,5]
y= [2,5,8,12,18]
# 绘制 1 行 2 列的子图表，sharey=True 表示共用 y 轴
fig,ax=plt.subplots(nrows=1,ncols=2,sharey=True)
# 绘制第 1 个子图表——折线图
ax1=ax[0]
ax1.plot(x,y)
ax1.set_title("折线图")
# 绘制第 2 个子图表——散点图
ax2=ax[1]
ax2.scatter(x,y,color='red')
ax2.set_title("散点图")
plt.show()                                         # 显示图表
```

运行程序，结果如图 4-11 所示。

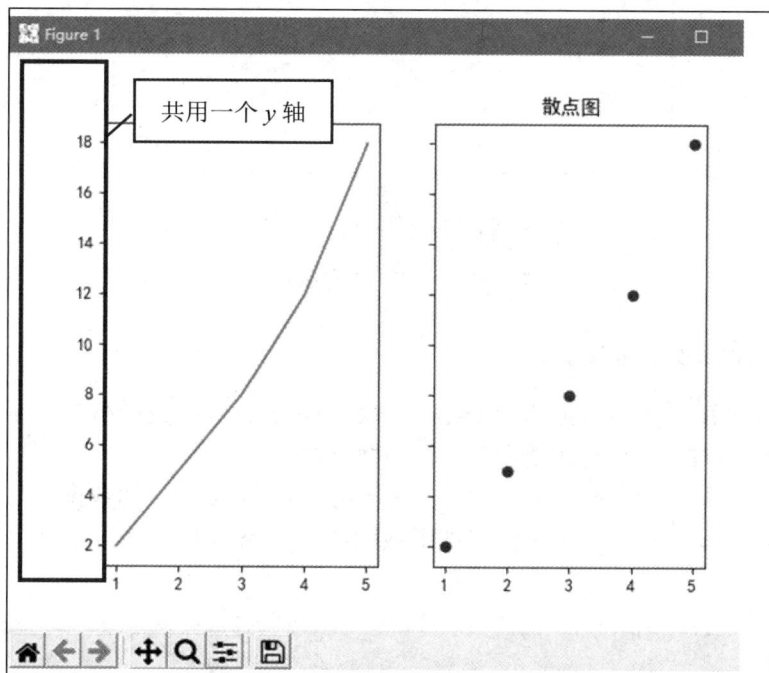

图 4-11　多个子图表共用一个 y 轴

4.4 绘制函数图像

研究数学问题时经常需要绘制函数图像，在 Python 中通过 Matplotlib 模块并结合 NumPy 数据计算模块可以绘制出各种函数图像。

4.4.1 一元一次函数图像

形如 $y=kx+b$（$k\neq0$）的函数称为一元一次函数，而在平面直角坐标系中，一元一次函数图像是一条直线。当 $k>0$ 时，函数是严格增函数；当 $k<0$ 时，函数是严格减函数。

【例 4-11】绘制一元一次函数图像。首先使用 NumPy 创建 x 轴数据，然后通过一元一次函数计算 y 轴数据，最后绘制一元一次函数图像，代码如下。（实例位置：资源包\Code\第 4 章\4-11）

```python
import matplotlib.pyplot as plt       # 导入 pyplot 模块
import numpy as np                     # 导入 numpy 模块
# 创建 x 轴数据
x=np.arange(-5,5,0.1)
# 通过一元一次函数计算 y 轴数据
y=2*x+1
plt.plot(x,y)                          # 绘制一元一次函数图像
plt.show()                             # 显示一元一次函数图像
```

运行程序，结果如图 4-12 所示。

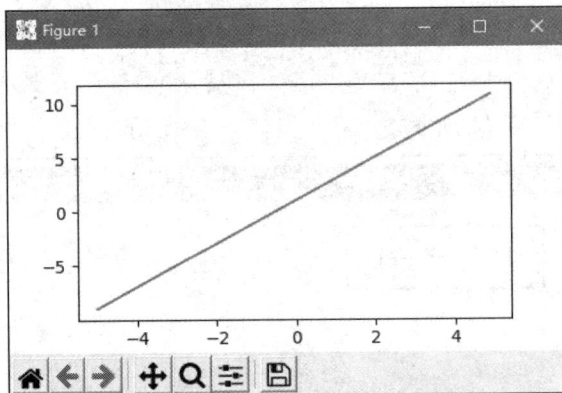

图 4-12　一元一次函数图像

4.4.2 一元二次函数图像

一元二次函数的基本表示形式为 $y=ax^2+bx+c$（$a\neq0$），该函数最高次必须为二次，它的图像是一条对称轴与 y 轴平行或重合于 y 轴的抛物线。

【例 4-12】绘制一元二次函数图像。首先使用 NumPy 创建 x 轴数据，然后通过一元二次函数计算 y 轴数据，最后绘制一元二次函数图像，代码如下。（实例位置：资源包\Code\第 4 章\4-12）

```python
import matplotlib.pyplot as plt       # 导入 pyplot 模块
import numpy as np                     # 导入 numpy 模块
x=np.arange(-5,5,0.1)                  # 创建 x 轴数据
# 通过一元二次函数计算 y 轴数据
```

```
y=x**2+1
plt.plot(x,y)                                    # 绘制一元二次函数图像
plt.show()                                       # 显示一元二次函数图像
```

运行程序，结果如图 4-13 所示。

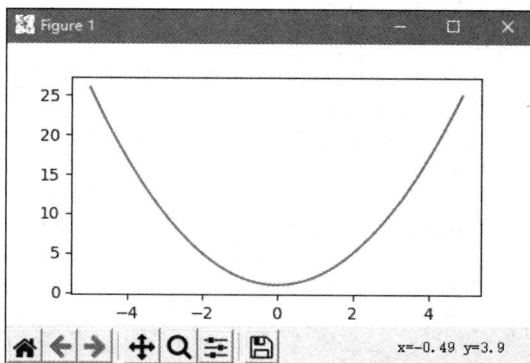

图 4-13　一元二次函数图像

4.4.3　正弦函数图像

正弦函数是实践中应用广泛的一类重要函数。在 Python 中主要使用 sin() 函数绘制正弦函数图像。

【例 4-13】　绘制正弦函数图像。主要使用 NumPy 中的 sin() 函数计算 y 轴数据，然后绘制正弦函数图像，代码如下。（实例位置：资源包\Code\第 4 章\4-13）

```
import numpy as np                               # 导入 numpy 模块
import matplotlib.pyplot as plt                  # 导入 pyplot 模块
x = np.arange(0, 360)                            # x 轴数据（0~360 的数组，不包含 360）
# 通过 sin() 函数计算 y 轴数据
y = np.sin(x * np.pi / 180)
# 解决中文乱码问题
plt.rcParams['font.sans-serif']=['SimHei']
# 正常显示负号
plt.rcParams['axes.unicode_minus']=False
plt.plot(x, y)                                   # 绘制正弦函数图像
plt.title("正弦函数图像")                         # 设置图表标题
plt.show()                                       # 显示正弦函数图像
```

运行程序，结果如图 4-14 所示。

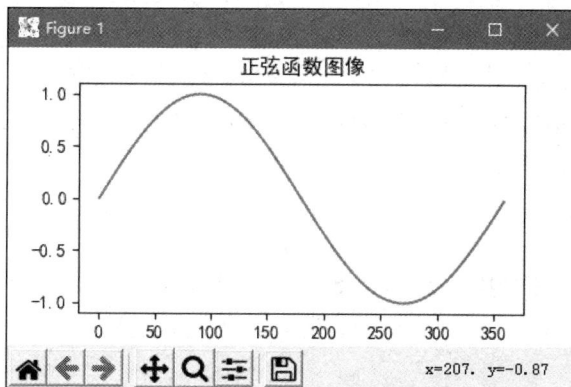

图 4-14　正弦函数图像

4.4.4 余弦函数图像

余弦函数是三角函数的一种。在 Python 中主要使用 cos() 函数来绘制余弦函数图像。

【例 4-14】 绘制余弦函数图像。主要使用 NumPy 中的 cos() 函数计算 y 轴数据，然后绘制余弦函数图像，代码如下。（实例位置：资源包\Code\第 4 章\4-14）

```python
import numpy as np                              # 导入 numpy 模块
import matplotlib.pyplot as plt                 # 导入 pyplot 模块
x = np.arange(0, 360)                           # 生成 0 ~ 360（不包含 360）的一维数组
y = np.cos(x * np.pi / 180)                     # 计算数组中角度的余弦值
# 解决中文乱码问题
plt.rcParams['font.sans-serif']=['SimHei']
# 正常显示负号
plt.rcParams['axes.unicode_minus']=False
plt.plot(x, y, color='red')                     # 绘制余弦函数图像
plt.xlim(0, 360)                                # 指定 x 轴数值显示范围
plt.ylim(-1.2, 1.2)                             # 指定 y 轴数值显示范围
plt.title("余弦函数图像")                         # 设置图表标题
plt.show()                                      # 显示余弦函数图像
```

运行程序，结果如图 4-15 所示。

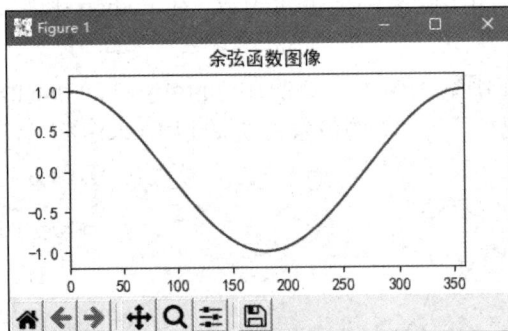

图 4-15 余弦函数图像

4.5 绘制形状与路径

在使用 Matplotlib 进行绘图时，比较常绘制的是折线图、柱形图、饼图、箱线图等。有时也需要绘制一些特殊的形状和路径，例如绘制一个椭圆形，可以通过椭圆形的函数表达式，然后选取一系列的坐标依次相连。但是这样效率低下，而且不太好看。本节介绍两个非常好用的模块，借助这两个模块，我们可以绘制出想要的图形。

绘制形状与
路径

4.5.1 绘制形状

patches 模块提供了多种用于创建二维形状的函数，这些形状可以添加到图表中，以增强视觉效果或提供额外的信息。例如，圆形、矩形、多边形、弧、箭头等，它们可以被填充颜色、设置边缘颜色和宽度等。

patches 模块中的函数及说明如表 4-4 所示。

表 4-4　patches 模块中的函数及说明

函数	说明
Arc(xy, width, height[, angle, theta1, theta2])	绘制圆弧
Arrow(x, y, dx, dy[, width])	绘制箭头
Circle(xy[, radius])	绘制圆形
CirclePolygon(xy[, radius, resolution])	绘制由多边形近似表示的圆形
ConnectionPatch(xyA, xyB, coordsA[, ...])	在图表的不同子区之间绘制连接线
Ellipse(xy, width, height[, angle])	绘制椭圆
FancyArrow(x, y, dx, dy[, width, ...])	绘制多样式的箭头
FancyArrowPatch([posA, posB, path, ...])	绘制具有丰富样式的箭头连接。相比于 FancyArrow，提供了更大的灵活性和更多的自定义选项
FancyBboxPatch(xy, width, height[, ...])	绘制带有装饰边框的矩形。例如，圆角、不同线条风格和背景填充的复杂边框效果等
Patch([edgecolor, facecolor, color, ...])	用于设置形状的填充颜色、边缘颜色、边缘线的宽度、透明度等
PathPatch(path, **kwargs)	通过路径绘制任意形状的图形
Polygon(xy[, closed])	绘制多边形
Rectangle(xy, width, height[, angle])	绘制矩形
RegularPolygon(xy, numVertices[, radius, ...])	绘制正多边形
Wedge(center, r, theta1, theta2[, width])	绘制楔形（即圆的一部分，类似于饼图中的一个部分）

若想画出想要的几何图形，首先需要导入 patches 模块，代码如下。

```
import matplotlib.patches as patches
```

绘制几何图形的具体步骤如下。

（1）导入 patches 模块。

（2）利用表 4-4 中的函数绘制一个几何图形。

（3）使用 add_patch()函数将绘制完成的几何图形添加到图表上。

4.5.2　绘制路径

path 模块提供了一个用于描述复杂形状的基础类 Path，它支持创建和操作二维图形路径。这个模块对于绘制任意形状（如自定义多边形、曲线等）都非常有用，是多种高级图形对象的基础。例如，绘制一个心形，就需要通过 path 模块的 Path 类完成，Path 类的语法格式如下。

```
class matplotlib.path.Path(vertices,codes=None,_interpolation_steps=1,closed=False,readonly= False)
```

参数说明如下。

❑ vertices：浮点型数组，指路径中所经过的点的一系列坐标(x,y)。

❑ codes：每个点对应的操作指令数组，指的是点与点之间的连接方式，例如直线连接、曲线连接等。常见的操作如下。

➢ Path.MOVETO：移动到指定点。一般指的是起始点。

➢ Path.LINETO：从当前位置绘制线段到指定点。

➢ Path.CURVE3：从当前位置画两次贝赛尔曲线到指定点，需要一个控制点。

➢ Path.CURVE4：从当前位置画 3 次贝塞尔曲线到指定点，需要两个控制点。

➢ Path.CLOSEPOLY：关闭当前路径，回到起始点。

□ _interpolation_steps：整型，可选参数。

□ closed：布尔值，可选参数，如果为 True，路径将被当作封闭多边形。

□ readonly：布尔值，可选参数，设置路径是否不可变。

path 模块所涉及的内容比较多，这里只介绍简单的应用。

【例 4-15】绘制一个简单的矩形路径，代码如下。（实例位置：资源包\Code\第 4 章\4-15）

```python
import matplotlib.pyplot as plt              # 导入 pyplot 模块
from matplotlib.path import Path             # 导入 path 模块
import matplotlib.patches as patches         # 导入 patches 模块
verts = [
    (0.,0.),# 矩形左下角的坐标(left,bottom)
    (0.,1.),# 矩形左上角的坐标(left,top)
    (1.,1.),# 矩形右上角的坐标(right,top)
    (1.,0.),# 矩形右下角的坐标(right,bottom)
    (0.,0.)]# 封闭到起始点
codes = [Path.MOVETO,
        Path.LINETO,
        Path.LINETO,
        Path.LINETO,
        Path.CLOSEPOLY]
path = Path(verts, codes)     #创建一个路径对象
# 创建作图对象，创建子图表对象
fig = plt.figure()
ax = fig.add_subplot(111)
# 创建一个 patch 对象
patch = patches.PathPatch(path, facecolor='red', lw=2)
# 将创建的 patch 添加到 axes 对象中
ax.add_patch(patch)
# 设置 x 轴、y 轴的取值范围
ax.axis([-1,2,-1,2])
# 显示图表
plt.show()
```

运行程序，结果如图 4-16 所示。

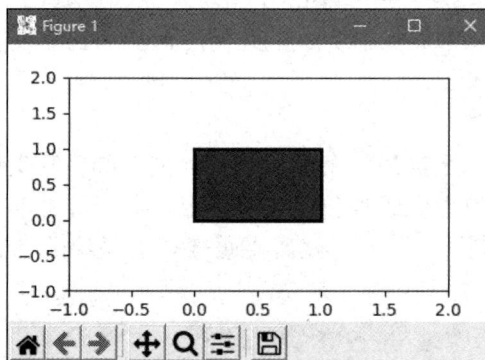

图 4-16　绘制矩形路径

4.5.3　绘制圆形

绘制圆形主要使用 patches 模块中的 Circle 模块，语法格式如下。

```python
class matplotlib.patches.Circle(xy, radius=5, **kwargs)
```

在 Matplotlib 中绘制圆形时，xy=(x,y)为圆心；radius 为半径，默认值为 5。Circle 模块提供了多种关键字参数，允许用户自定义圆的外观和位置。以下是一些常用的关键字参数，如表 4-5 所示。

表 4-5　关键字参数

关键字参数	描述
alpha	透明度，值的范围为 0~1
capstyle	端点样式，可选值有 butt、round、projecting，默认值为 butt
clip_box	Bbox（剪切框基类），裁剪边界框，限制补丁的可见区域
clip_on	布尔值，表示是否启用裁剪，默认值为 True
edgecolor 或 ec	设置边框颜色，可以是任何有效的颜色描述符（如名称、十六进制码等），默认值为 black
facecolor 或 fc	设置填充颜色，同样支持各种颜色描述符，默认值为 none（无填充）
fill	布尔值，表示是否填充圆形，默认值为 True
in_layout	布尔值，设置 Artist 对象是否应被视为布局的一部分，默认值为 True
joinstyle	设置连接点样式，可选值有 miter、round、bevel，默认值为 round
linestyle 或 ls	设置线条样式，可以是-、--、-.、:或它们的完整形式 solid、dashed、dashdot、dotted，也可以设置为 None 来移除边框线，默认值为 solid
linewidth 或 lw	设置线条宽度，默认值为 None，表示使用当前的 rcParams['patch.linewidth']设置
path_effects	表示可应用的效果列表，例如阴影效果等
picker	设置控制拾取行为的参数，可以是一个布尔值或一个浮点数，具体取决于所需的拾取精度，默认值为 False
rasterized	布尔值，表示是否用于矢量图形输出的栅格化（位图）绘图
sketch_params	草图参数，用于给补丁添加草图效果
snap	布尔值或 None，表示是否对补丁进行像素级对齐以提高渲染质量，默认值为 None
transform	matplotlib.transforms.Transform，控制坐标系统如何转换，默认情况下是数据坐标系
zorder	浮点数，表示图形元素的绘图顺序，较高的值会在较低的值之上绘制，默认值为 1

【例 4-16】使用 Circle 模块绘制圆形，代码如下。(实例位置：资源包\Code\第 4 章\4-16)

```
import matplotlib.pyplot as plt              # 导入 pyplot 模块
import matplotlib.patches as patches         # 导入 patches 模块
# 使用 subplots()函数创建子图表，返回值是一个元组，包括一个图形对象和一个 axes 对象
fig, ax= plt.subplots()
# 绘制圆形
circle = patches.Circle((0.5,0.5),0.25,alpha=0.5,color='green')
# 使用 add_patch()方法在 axes 对象中添加圆形
ax.add_patch(circle)
ax.set_aspect('equal')#设置 x 轴和 y 轴比例相同以正确显示圆形
# 显示图表
plt.show()
```

运行程序，结果如图 4-17 所示。

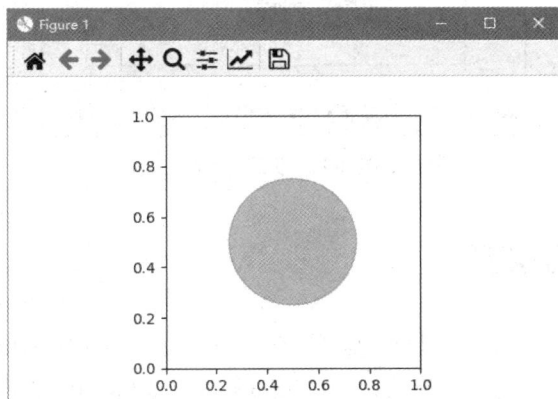

图 4-17　绘制圆形

4.5.4　绘制矩形

绘制矩形主要使用 patches 模块中的 Rectangle 模块，该模块用于绘制一个由定位点 xy 及宽度 width 和高度 height 定义的矩形，语法格式如下。

```
class matplotlib.patches.Rectangle(xy, width, height, angle=0.0, **kwargs)
```

主要参数说明如下。

- ❑ xy：浮点数，xy=(x,y)，矩形在 x 轴方向上从 xy[0]扩展为 xy[0] +width，在 y 轴方向上从 xy[1]扩展为 xy[1] +height。
- ❑ width：浮点数，矩形的宽度。
- ❑ height：浮点数，矩形的高度。
- ❑ angle：浮点数，默认为 0.0，矩形旋转的角度。

其他关键字参数介绍可以参考 Circle 模块官方文档。

【例 4-17】　使用 Rectangle 模块绘制矩形，代码如下。(实例位置：资源包\Code\第 4 章\4-17)

```
import matplotlib.pyplot as plt                    # 导入 pyplot 模块
import matplotlib.patches as patches               # 导入 patches 模块
# 使用 subplots()函数创建子图表，返回值是一个元组，包括一个图形对象和一个 axes 对象
fig, ax= plt.subplots()
# 使用 axis()函数设置 x 轴和 y 轴的取值范围
ax.axis([0,5,0,5])
# 绘制矩形
rectangle = patches.Rectangle((1, 1),2,3,color='green')
# 使用 add_patch()方法在 axes 对象中添加矩形
ax.add_patch(rectangle)
# 显示图表
plt.show()
```

运行程序，结果如图 4-18 所示。

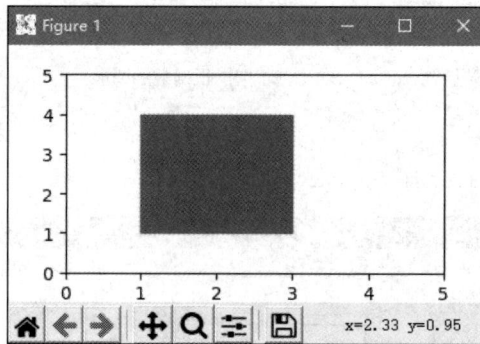

图 4-18　绘制矩形

4.6　AI 辅助编程

3D 图表有立体感，美观且看起来比较高级。下面介绍 3D 柱形图和 3D 曲面图的绘制。绘制 3D 图表，依旧可以使用 Matplotlib，但需要设置 projection 参数为 3d，具体代码如下。

```
fig.add_subplot(projection='3d')
```

下面让 AI 工具帮我们绘制一个 3D 柱形图和一个 3D 曲面图。

4.6.1 绘制 3D 柱形图

利用 AI 工具绘制 3D 柱形图时，可能会出现 AI 工具给出的代码运行后结果不理想的情况，如图 4-19 所示。

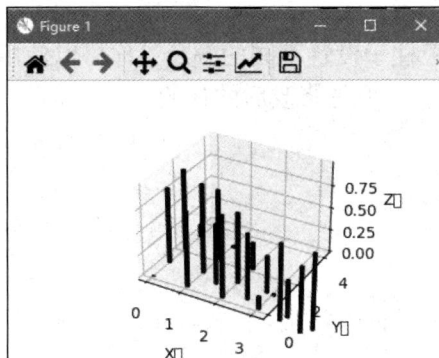

图 4-19 利用 AI 工具得到的 3D 柱形图

这时可以换另外一种 AI 工具再次询问。例如，利用"讯飞星火"绘制 3D 柱形图。

【问题】

使用 Python 中的 Matplotlib 模块绘制一个 3D 柱形图。

【AI 回答】

要使用 Python 中的 Matplotlib 模块绘制一个 3D 柱形图，你需要首先确保已经安装了 Matplotlib 库。如果还没有安装，可以使用 pip 来安装。

```
pip install matplotlib
```

接下来，你可以使用以下代码来创建一个简单的 3D 柱形图。

```
import numpy as np
import matplotlib.pyplot as plt
from mpl_toolkits.mplot3d import Axes3D
# 创建数据
x = np.array([1, 2, 3, 4, 5])
y = np.array([1, 2, 3, 4, 5])
z = np.zeros(5)
dx = np.ones(5)
dy = np.ones(5)
dz = np.array([10, 20, 30, 40, 50])
# 创建图形和轴
fig = plt.figure()
ax = fig.add_subplot(111, projection='3d')
# 绘制 3D 柱形图
ax.bar3d(x, y, z, dx, dy, dz)
# 设置坐标轴标签
ax.set_xlabel('X axis')
ax.set_ylabel('Y axis')
ax.set_zlabel('Z axis')
# 显示图形
plt.show()
```

这段代码首先导入必要的库，然后创建了一组数据用于绘制柱形图。x、y、z 是柱形图的底部位置，而 dx、dy、dz 分别是柱形图在 *x*、*y*、*z* 方向上的长度。

fig.add_subplot(111, projection='3d') 创建一个 3D 坐标轴，然后使用 ax.bar3d() 方法绘制 3D 柱形图。最后，通过 plt.show()显示图形。

运行程序，结果如图 4-20 所示。

【追加问题】

请将上述绘制的柱形图中的每根柱子设置成不同的颜色。

【AI 回答】

要为 3D 柱形图中的每根柱子设置不同的颜色，你可以使用循环来逐个绘制每个柱子，并为每个柱子指定一个颜色。以下是修改后的代码。

```python
import numpy as np
import matplotlib.pyplot as plt
from mpl_toolkits.mplot3d import Axes3D

# 创建数据
x = np.array([1, 2, 3, 4, 5])
y = np.array([1, 2, 3, 4, 5])
z = np.zeros(5)
dx = np.ones(5)
dy = np.ones(5)
dz = np.array([10, 20, 30, 40, 50])
colors = ['r', 'g', 'b', 'c', 'm']  # 定义不同颜色

# 创建图形和轴
fig = plt.figure()
ax = fig.add_subplot(111, projection='3d')

# 绘制 3D 柱形图，每个柱子使用不同的颜色
for i in range(len(x)):
    ax.bar3d(x[i], y[i], z[i], dx[i], dy[i], dz[i], color=colors[i])

# 设置坐标轴标签
ax.set_xlabel('X axis')
ax.set_ylabel('Y axis')
ax.set_zlabel('Z axis')
# 显示图形
plt.show()
```

再次运行程序，结果如图 4-21 所示。

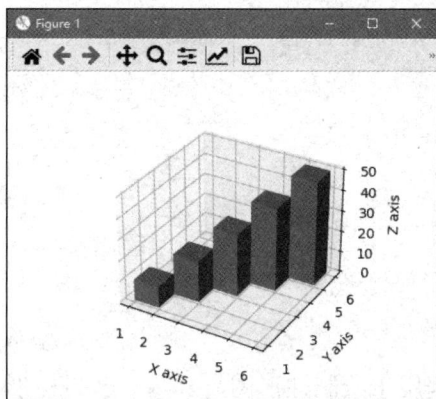

图 4-20 3D 柱形图

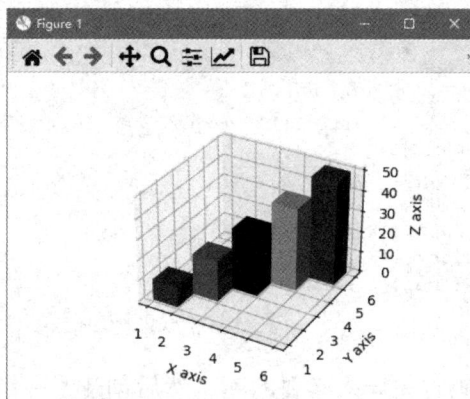

图 4-21 改变柱子颜色的 3D 柱形图

图 4-20、
图 4-21

4.6.2 绘制 3D 曲面图

【问题】

使用 Python 中的 Matplotlib 模块绘制一个 3D 曲面图。

【AI 回答】

使用 Python 中的 Matplotlib 模块绘制一个 3D 曲面图是一个常见的任务。为了实现这个任务，我们通常还会用到 Numpy 库来生成数据。以下是一个简单的示例代码，展示如何绘制一个 3D 曲面图。

```python
import numpy as np
import matplotlib.pyplot as plt
from mpl_toolkits.mplot3d import Axes3D
# 创建一个新的图形
fig = plt.figure()
ax = fig.add_subplot(111, projection='3d')
# 生成 x 和 y 数据，假设我们有一个 10×10 的网格
x = np.linspace(-5, 5, 100)
y = np.linspace(-5, 5, 100)
x, y = np.meshgrid(x, y)
# 计算 z 数据，这里我们使用一个简单的函数 z = sin(sqrt(x^2 + y^2))
z = np.sin(np.sqrt(x**2 + y**2))
# 绘制 3D 曲面图
surf = ax.plot_surface(x, y, z, cmap='viridis')
# 添加颜色条，以显示高度信息
fig.colorbar(surf, ax=ax, shrink=0.5, aspect=5)
# 设置轴标签
ax.set_xlabel('X Label')
ax.set_ylabel('Y Label')
ax.set_zlabel('Z Label')
# 设置标题
ax.set_title('3D Surface Plot')
# 显示图形
plt.show()
```

【追加问题】

上述代码 z 轴标签显示不全，请问如何解决？

【AI 回答】

如果 z 轴标签显示不全，这通常是 Matplotlib 自动调整的轴标签位置与 3D 图形的视角或布局不兼容所导致的。为了解决这个问题，你可以尝试以下几种方法。

（1）调整标签位置：使用 ax.set_zlabel() 的 labelpad 参数来调整 z 轴标签与 z 轴之间的距离，增加 labelpad 的值可以让标签向外移动，从而避免与图形重叠。

```python
ax.set_zlabel('z 轴', labelpad=15)  # 增加 labelpad 的值
```

（2）改变视角：通过调整视角（即相机的位置和朝向）来改善标签的可见性，使用 ax.view_init() 方法来设置仰角和方位角。

```python
ax.view_init(elev=20., azim=30)  # elev 是仰角，azim 是方位角
```

（3）调整字体大小：如果标签太长或字体太大，可能会导致显示不全，尝试减小字体大小来改善显示效果。

```python
ax.set_zlabel('z 轴', fontsize=10)  # 减小字体大小
```

（4）使用紧凑布局：虽然紧凑布局在 3D 图中可能不如在 2D 图中那么有效，但你可以尝试使用 plt.tight_layout() 来自动调整子图参数，以减少或消除标签与图形之间的重叠。

```
plt.tight_layout()
```

⚠ 注意：在 3D 图中，plt.tight_layout() 可能不会总是产生理想的效果。

（5）手动调整子图位置：如果自动调整不起作用，你可以尝试手动调整子图的位置和大小，通过 fig.add_subplot() 的 position 参数或者 fig.subplots_adjust() 来实现。

```
fig.subplots_adjust(left=0.1, right=0.9, bottom=0.1, top=0.9)  # 调整子图边界
```

请根据你的具体情况尝试上述方法，有时可能需要结合使用它们以获得最佳效果。如果问题依然存在，你可能需要进一步检查你的数据和标签内容，以确保它们与图形的尺寸和布局相适应。

以上是 AI 工具给出的建议，根据 AI 工具给出的建议，我们使用方法 1 进行尝试，即使用 ax.set_zlabel() 的 labelpad 参数来调整 z 轴标签与 z 轴之间的距离，代码如下。

```
ax.set_zlabel('Z Label', labelpad=40)  # 增加 labelpad 的值
```

再次运行程序，问题解决了！

小结

通过上一章的学习，读者应该已经掌握了 Matplotlib 基础知识，学会了如何绘制各种类型的图表。本章是 Matplotlib 的进阶，介绍了如何处理图表中的日期数据、绘制双坐标轴图表、绘制多个子图表以及通过 Matplotlib 绘制函数图像和一些形状等。

习题

4-1 将例 4-2 的坐标轴日期刻度修改为以月份为标签。

4-2 使用 matplotlib.patches.Ellipse 在画布中(0.5,0.5)的位置绘制一个宽度为 0.8、高度为 0.3、颜色为蓝色的椭圆形。

4-3 结合第 3 章的绘制饼图实例和本章的绘制多个子图表的实例，绘制一个 2 行 2 列、包含 3 个环形图的图表，统计分析"性别""学历""年龄"。数据集为"资源包\Code\datas"文件夹中的"读者信息表.xlsx"文件。

第 5 章   pandas 内置绘图

学习目标

- 学会安装 pandas 模块
- 掌握 pandas 模块中的 Series 对象和 DataFrame 对象
- 学会使用 pandas 处理数据
- 掌握使用 pandas 实现数据可视化的方法

5.1   pandas 入门

5.1.1   pandas 简介

pandas 入门

美国纽约一家量化投资公司的分析师在日常数据分析工作中备受 Excel 与 SQL 等工具的折磨，于是他于 2008 年构建了项目 pandas，以期能便捷完成数据处理任务。

那么，什么是 pandas？

这里的 pandas 是面板数据（Panel Data）和 Python 数据分析（Python Data Analysis）的简称。作为 Python 的核心数据分析库，pandas 提供了快速、灵活、明确的数据结构，能够帮助用户简单、直观、快速地处理、分析各种类型的数据，而且还内置了绘图函数。前面我们学习了 Matplotlib，为什么还要使用 pandas 内置的绘图函数来绘制图表呢？主要是因为 pandas 内置的绘图函数的参数可以直接是数据处理结果，例如下面的代码。

```
# 绘制阅读量折线图
df=df[['阅读','日期']]
df.plot(x='日期',kind='line',legend=True,figsize=(5,3))
```

pandas 内置绘图函数简单，用起来方便、快捷，如果想快速出图，它是理想之选。

5.1.2   安装 pandas

下面介绍两种安装 pandas 的方法。

（1）使用 pip 命令安装

在桌面左下方的搜索框中输入"cmd"，打开命令提示符窗口，输入如下安装命令。

```
pip install pandas
```

（2）在 PyCharm 开发环境中安装

运行 PyCharm，在菜单栏中选择 File→Settings，打开 Settings 对话框，选择当前工程下的 Python Interpreter，然后单击添加模块的按钮 + ，如图 5-1 所示。这里要注意，在 Python Interprter 列表中应选择当前工程项目使用的 Python 版本。

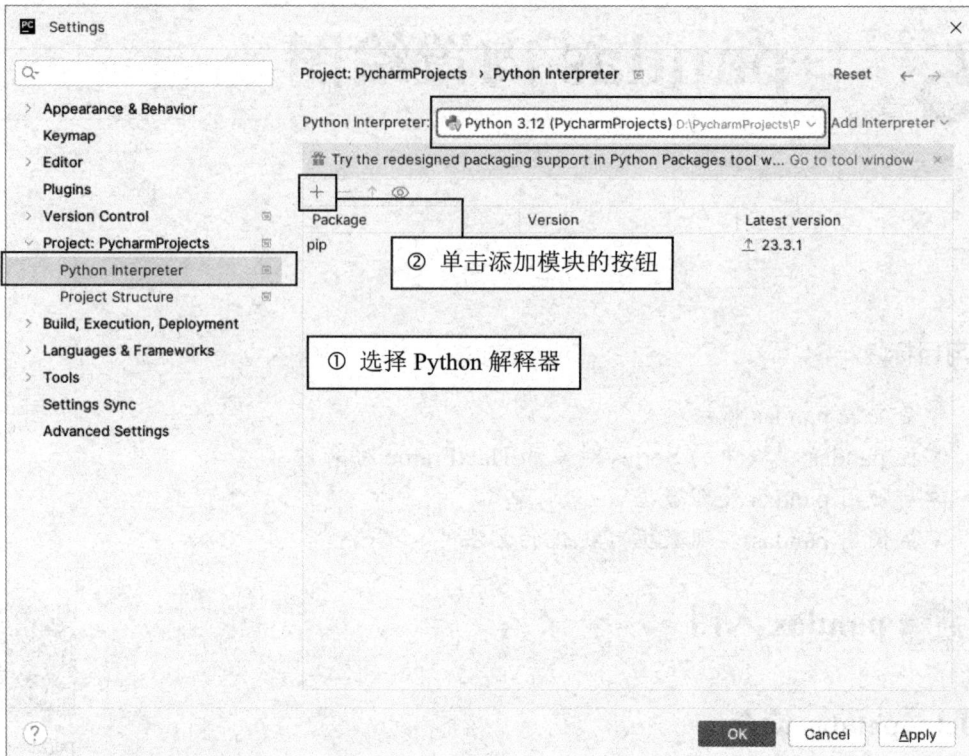

图 5-1　Settings 对话框

单击添加模块的按钮 + 后，打开 Available Packages 对话框，首先在搜索框中输入需要安装的模块的名称，这里输入"pandas"；然后选择需要安装的模块，最后单击 Install Package 按钮，如图 5-2 所示，即可实现 pandas 模块的安装。

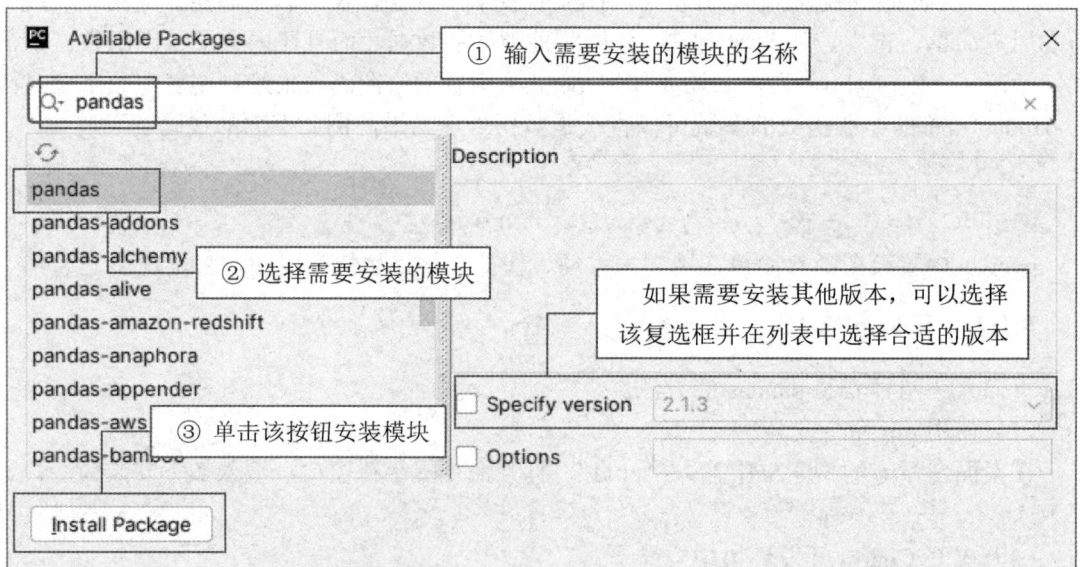

图 5-2　在 PyCharm 开发环境中安装 pandas 模块

pandas 家族有两大核心成员 Series 对象和 DataFrame 对象。Series 对象是带索引的一维数组结构，表示一列数据，可以自行创建，也可以通过 pandas 读取；DataFrame 对象是带索引的二维数组结构，表示表格型数据，包括行和列（类似于 Excel 表格），可以自行创建，也可以通过 pandas 读取。

以"学生成绩表"为例，DataFrame 对象和 Series 对象如图 5-3 所示。

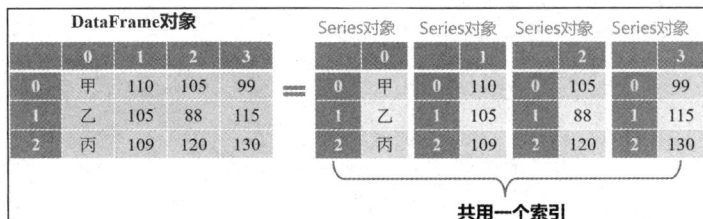

图 5-3　DataFrame 对象和 Series 对象

Series 对象包含一些属性和函数，主要用于对每一列数据进行操作，包括查找、替换、切分等。

DataFrame 对象主要用于对表格数据进行操作，如底层数据和属性（如行数、列数、数据维数等），包括数据的输入/输出、数据类型转换、缺失数据检测和处理、索引设置、数据筛选、数据计算、数据分组统计、数据重塑排序与转换、数据增加与合并、日期与时间数据的处理，以及通过 DataFrame 绘制图表等。

5.2.1　Series 对象

Series 对象类似于一维数组，由一组数据及与这组数据相关的索引组成（仅有一组数据、没有索引也可以创建一个简单的 Series 对象）。Series 对象可以存储整数、浮点数、字符串、Python 对象等多种类型的数据。

Series 对象可以通过 pandas 模块的 Series 类来创建，也可以是 DataFrame 对象的一些方法的返回值，具体要看应用程序接口（Application Program Interface，API）文档对该方法返回值的描述。

创建 Series 对象也就是创建一列数据，主要使用 pandas 模块的 Series 类实现，语法格式如下。

```
pandas.Series(data,index=index)
```

参数说明如下。

❑ data：数据，支持 Python 列表、字典、NumPy 数组、标量值（即只有大小，没有方向的量。也就是说，只是一个数值，如 s=pd.Series(5)）。

❑ index：行标签（索引）。

> 说明：当 data 参数是多维数组时，index 长度必须与 data 长度一致。如果没有指定 index 参数，会自动创建数值型索引（0～data 长度−1）。

【例5-1】 分别使用列表和字典创建 Series 对象，代码如下。（实例位置：资源包\Code\第 5 章\5-1）

```
# 导入 pandas 模块
import pandas as pd
# 使用列表创建 Series 对象
s1=pd.Series([1,2,3])
print(s1)
# 使用字典创建 Series 对象
s2 = pd.Series({"A":1,"B":2,"C":3})
print(s2)
```

运行程序，结果如下。

```
0    1
1    2
2    3
dtype: int64
A    1
B    2
C    3
dtype: int64
```

【例5-2】 创建一列"物理"成绩，代码如下。（实例位置：资源包\Code\第 5 章\5-2）

```
import pandas as pd
wl=pd.Series([88,60,75])
print(wl)
```

运行程序，结果如下。

```
0    88
1    60
2    75
dtype: int64
```

此例如果通过 pandas 模块引入 Series 对象，就可以直接在程序中使用 Series 对象，代码如下。

```
from pandas import Series
wl=Series([88,60,75])
```

5.2.2 DataFrame 对象

DataFrame 对象类似于二维数组，既有行索引，也有列索引，可以看作由 Series 对象组成的字典，不过这些 Series 对象共用一个索引，如图 5-4 所示。

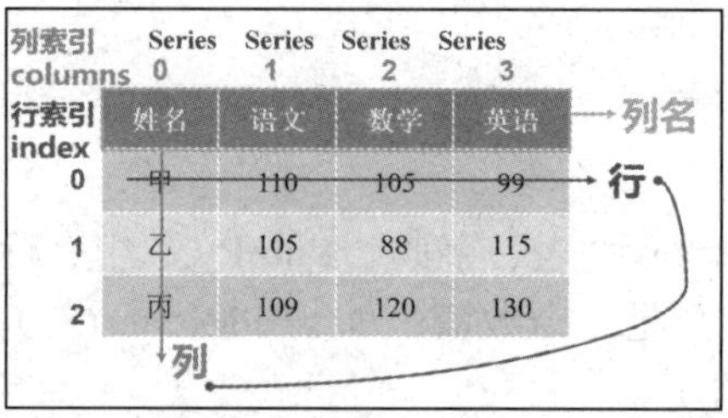

图 5-4 DataFrame 对象（成绩表）

创建 DataFrame 对象也就是创建表格数据，主要使用 pandas 模块的 DataFrame 类实现，语法格式如下。

```
pandas.DataFrame(data,index,columns,dtype,copy)
```

参数说明如下。

- ❑ data：数据，可以是 ndarray 数组、Series 对象、列表、字典等。
- ❑ index：行标签（索引）。
- ❑ columns：列标签（索引）。
- ❑ dtype：每一列数据的数据类型，其与 Python 数据类型有所不同，如 object 数据类型对应的是 Python 的字符型。表 5-1 所示为 pandas 数据类型对应的 Python 数据类型。

表 5-1　数据类型对应表

pandas 数据类型	Python 数据类型
object	str
int64	int
float64	float
bool	bool
datetime64	datetime64[ns]
timedelta[ns]	NA
category	NA

- ❑ copy：用于复制数据。

下面分别使用列表和字典创建 DataFrame 对象。

（1）使用列表创建 DataFrame 对象

【例5-3】　使用列表创建成绩表，科目包括语文、数学和英语，代码如下。（实例位置：资源包\Code\第 5 章\5-3）

```python
import pandas as pd
# 解决数据输出时列名对不齐的问题
pd.set_option('display.u nicode.east_asian_width', True)
# 创建数据
data = [['甲',110,105,99],
        ['乙',105,88,115],
        ['丙',109,120,130]]
# 指定列名
columns = ['姓名','语文','数学','英语']
# 创建 DataFrame 数据
df = pd.DataFrame(data=data,columns=columns)
print(df)
```

运行程序，结果如下。

```
   姓名  语文   数学   英语
0   甲  110  105    99
1   乙  105   88   115
2   丙  109  120   130
```

（2）使用字典创建 DataFrame 对象

使用字典创建 DataFrame 对象时，需要注意：字典中的 value 值只能是一维数组或单个数据类型。如果是数组，则要求所有数组长度一致；如果是单个数据，则每行都添加相同数据类型的数据。

【例5-4】　使用字典创建成绩表，科目包括语文、数学、英语，代码如下。（实例位置：资源包\Code\第 5 章\5-4）

```
import pandas as pd
# 解决数据输出时列对不齐的问题
pd.set_option('display.unicode.east_asian_width', True)
# 创建数据
df = pd.DataFrame({
    '姓名':['甲','乙','丙'],
    '语文':[110,105,109],
    '数学':[105,88,120],
    '英语':[99,115,130]})
print(df)
```

运行程序，结果如下。

```
   姓名  语文  数学  英语
0   甲   110   105    99
1   乙   105    88   115
2   丙   109   120   130
```

通过对比以上两种方法可知，使用字典创建 DataFrame 对象的代码看上去更直观。

5.3 pandas 处理数据

5.3.1 读取数据

在 pandas 中除了可以自行创建数据以外，还可以从其他渠道读取数据并转换成 DataFrame 数据，以便使用 pandas 进行处理和分析。从其他渠道读取的数据包括 Excel 文件、CSV 文件、数据库中的数据等。常用的是 Excel 文件，主要使用 pandas 的 read_excel()方法来读取。

【例 5-5】读取 Excel 日报表中的数据，代码如下。（实例位置：资源包\Code\第 5 章\5-5）

```
import pandas as pd
# 设置数据编码格式，以使列对齐
pd.set_option('display.unicode.east_asian_width', True)
# 读取 Excel 文件
df=pd.read_excel('../datas/日报表.xlsx')
print(df.head())           #输出前 5 条数据
```

运行程序，结果如图 5-5 所示。

	日期	阅读	播放	点赞	喜欢	评论	收藏	分享
0	2024-05-26	209	116	100	87	45	23	2
1	2024-05-25	172	34	79	45	34	18	12
2	2024-05-24	169	100	90	56	23	7	0
3	2024-05-23	185	3	8	0	3	0	0
4	2024-05-22	156	56	0	0	0	0	0

图 5-5 读取 Excel 文件中的数据

5.3.2 抽取数据

在数据分析过程中，尽管数据读取进来了，但并不是所有的数据都是我们需要的，此时可以抽取部分数据，方法如下。

（1）直接使用列名抽取数据

如果只抽取指定列的数据，可以直接使用列名。例如抽取"阅读""点赞""收藏"列的数据，代码如下。

```
df=df[['阅读','点赞','收藏']]
```

（2）抽取任意行、列数据

抽取任意行、列数据主要使用 DataFrame 对象的 loc 属性和 iloc 属性，具体说明如下。

□ loc 属性：以列名（columns）和行名（index）为参数，当只有一个参数时，默认是行名，即抽取整行数据（包括该行的所有列）。例如 df.loc['2022-05-01']是设置日期为行索引。

□ iloc 属性：以行和列索引（即 0,1,2,...）为参数，0 表示第 1 行，1 表示第 2 行，以此类推。当只有一个参数时，默认是行索引，即抽取整行数据（包括该行的所有列）。例如抽取第 1 行数据用 df.iloc[0]实现。

下面举例介绍抽取数据的方法，代码如下。

```
# 抽取"阅读""点赞""收藏"列
df[['阅读','点赞','收藏']]
df.loc[:,'阅读']              # 抽取"阅读"列的所有行
df.iloc[0:3,[0]]             # 抽取第 1 列的第 1 到第 3 行
df.iloc[[1],[2]]             # 抽取第 2 行第 3 列
df.iloc[1:,[2]]             # 抽取第 3 列的第 2 行到最后一行
df.iloc[1:,[0,2]])          # 抽取第 1 列和第 3 列的第 2 行到最后一行
df.iloc[:,2])              # 抽取第 3 列的所有行
```

【例 5-6】 抽取"阅读""点赞""收藏"列，代码如下。（实例位置：资源包\Code\第 5 章\5-6）

```
import pandas as pd
# 设置数据编码格式，以使列对齐
pd.set_option('display.unicode.east_asian_width', True)
# 读取 Excel 文件
df=pd.read_excel('../datas/日报表.xlsx')
# 抽取"阅读""点赞""收藏"列
df=df[['阅读','点赞','收藏']]
# 输出前 5 条数据
print(df.head())
```

运行程序，结果如图 5-6 所示。

	阅读	点赞	收藏
0	209	100	23
1	172	79	18
2	169	90	7
3	185	8	0
4	156	0	0

图 5-6 抽取"阅读""点赞""收藏"列

5.4 pandas 实现数据可视化

pandas 实现
数据可视化

5.4.1 DataFrame.plot()函数

pandas 实现数据可视化主要使用 DataFrame.plot()函数，该函数用于绘制 Series 对象和

DataFrame 对象图像，语法格式如下。

```
DataFrame.plot(*args,**kwargs)
```

上述语法中，**kwargs 表示关键字参数，DataFrame.plot()函数的一些关键字参数说明如下。

- data：数据，Series 对象或 DataFrame 对象。
- x，y：可选参数，指定作为 x 轴和 y 轴的数据列名或列索引。如果未指定，则使用所有数值列。
- kind：绘图类别，字符串类型，参数值如下。
  - line：折线图（默认值）。
  - bar：柱形图。
  - barh：水平条形图。
  - hist：直方图。
  - box：箱线图。
  - kde：核密度图。
  - density：密度图。
  - area：面积图。
  - pie：饼图。
  - scatter：散点图，仅适用于 DataFrame。
  - hexbin：HexBin 图，仅适用于 DataFrame。
- ax：子图表。
- subplots：布尔值，设置是否为子图表，默认值为 False。
- sharex：布尔值，在 subplot=True 的情况下，共享 x 轴，并设置 x 轴标签为不可见。如果传入一个 ax，则默认值为 True，否则为 False。
- sharey：布尔值，在 subplot=True 的情况下，共享 y 轴，并设置 y 轴标签为不可见。
- layout：元组，(rows,columns) 表示行数和列数，用于设置子图表的布局。
- figsize：元组，(width,height) 表示宽度和高度，用于设置画布大小。
- use_index：布尔值，默认为 True，设置是否使用索引作为 x 轴的刻度。
- title：字符串或列表，设置图表的标题。
- grid：布尔值，设置是否显示网格线。
- legend：布尔值，设置是否显示图例。
- style：列表或字典，设置线条样式等。
- xticks：设置 x 轴刻度值，刻度值为序列形式（如列表）。
- yticks：设置 y 轴刻度值，刻度值为序列形式（如列表）。
- xlim：元组或列表，设置 x 轴的取值范围。
- ylim：元组或列表，设置 y 轴的取值范围。
- xlabel：设置 x 轴标题。
- ylabel：设置 y 轴标题。
- rot：整数，设置轴标签（轴刻度）的显式旋转度数。
- fontsize：整数，设置轴刻度的字体大小。
- colormap：字符串，设置颜色地图。

- colorbar：布尔值，设置是否显示颜色条，仅适合散点图和 HexBin 图。
- position：浮点数，指定柱形图的柱形在坐标轴上的对齐方式。取值为 0（左/底端）到 1（右/顶端），默认值为 0.5（中间位置）。
- table：布尔值，设置是否显示表格数据。
- stacked：布尔值，设置是否填充为面积图，仅适合折线图和柱形图。
- sort_columns：布尔值，设置是否按列名排序，默认值为 False。
- secondary_y：设置第二个 y 轴。
- mark_right：布尔值，默认为 True，当使用第二个 y 轴时（即 secondary_y=True），设置图例是否自动加上 "(right)" 字样，以说明右侧的 y 轴是该图的 y 轴。
- include_bool：对于箱线图，是否包括布尔类型的列，默认值为 False。

5.4.2 绘制折线图

绘制折线图主要使用 plot()函数中的 kind 参数，设置该参数值为'line'。

【例 5-7】 绘制阅读量折线图，代码如下。（实例位置：资源包\Code\第 5 章\5-7）

```python
import pandas as pd
import matplotlib.pyplot as plt
# 读取 Excel 文件
df=pd.read_excel("../datas/日报表.xlsx")
# 解决中文乱码问题
plt.rcParams['font.sans-serif']=['SimHei']
# 绘制阅读量折线图
df=df[['阅读','日期']]
df.plot(x='日期',               # 设置 x 轴为日期
        kind='line',            # 指定图表类型
        legend=True,            # 显示图例
        figsize=(5,3))          # 指定画布大小
# 解决图形元素显示不全的问题
plt.tight_layout()
# 显示图表
plt.show()
```

运行程序，结果如图 5-7 所示。

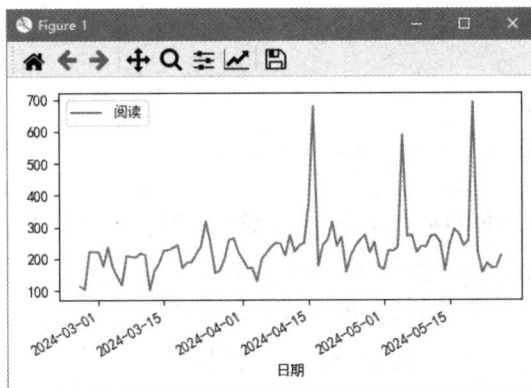

图 5-7　阅读量折线图

> 说明：在例 5-7 中，虽然绘制图表使用的是 pandas 内置的绘图函数，但是一些关于图表的设置还是要用到 Matplotlib，因此程序中引入了 Matplotlib 模块。

【例 5-8】 绘制多折线图。绘制多折线图需要用到多列数据，例如将所有特征数据绘制成多折线图，代码如下。（实例位置：资源包\Code\第 5 章\5-8）

```python
import pandas as pd
import matplotlib.pyplot as plt
# 读取 Excel 文件
df=pd.read_excel("../datas/日报表.xlsx")
# 解决中文乱码问题
plt.rcParams['font.sans-serif']=['SimHei']
df.plot(x='日期',              # 设置 x 轴为日期
        kind='line',           # 指定图表类型
        legend=True,           # 显示图例
        figsize=(6,4))         # 指定画布大小
# 解决图形元素显示不全的问题
plt.tight_layout()
# 显示图表
plt.show()
```

运行程序，结果如图 5-8 所示。

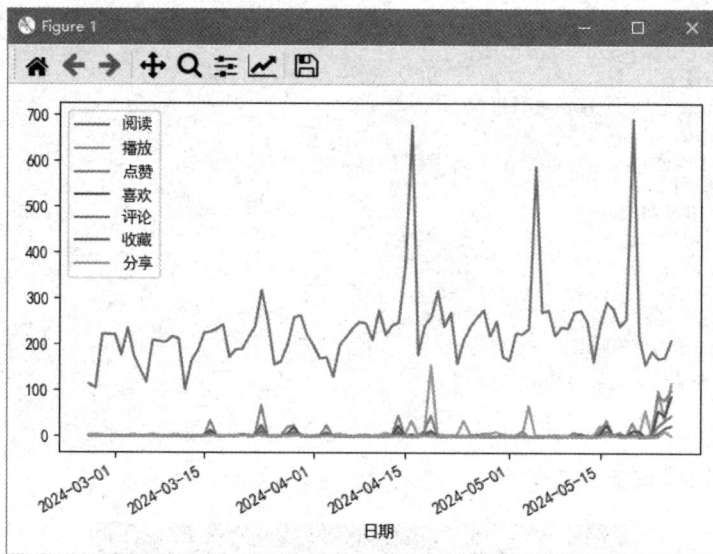

图 5-8

图 5-8　多折线图

5.4.3　绘制柱形图

绘制柱形图主要使用 plot()函数中的 kind 参数，设置该参数值为'bar'，示例代码如下。

```python
df['阅读'].plot( kind='bar',legend=True,figsize=(5,3))
```

【例 5-9】 绘制带日期的柱形图。首先按星期统计阅读量，然后将统计结果绘制成柱形图，代码如下。（实例位置：资源包\Code\第 5 章\5-9）

```python
import pandas as pd
import matplotlib.pyplot as plt
# 读取 Excel 文件
df=pd.read_excel("../datas/日报表.xlsx")
df=df.set_index('日期')    # 设置日期为索引
```

```
df=df.resample('W').sum()  # 按星期统计数据
# 解决中文乱码问题
plt.rcParams['font.sans-serif']=['SimHei']
# 创建子图表，返回画布对象 fig 和坐标轴对象 ax
fig, ax = plt.subplots()
# 绘制阅读量柱形图
df['阅读'].plot( kind='bar',           # 指定图表类型
                color='orange',        # 指定柱形的颜色
                legend=True,           # 显示图例
                figsize=(5,3),         # 指定画布大小
                ax=ax)                 # 子图表
# 设置 x 轴标签的格式并旋转 45°
ax.set_xticklabels([x.strftime("%Y-%m-%d") for x in df.index], rotation=45)
# 解决图形元素显示不全的问题
plt.tight_layout()
# 显示图表
plt.show()
```

运行程序，结果如图 5-9 所示。

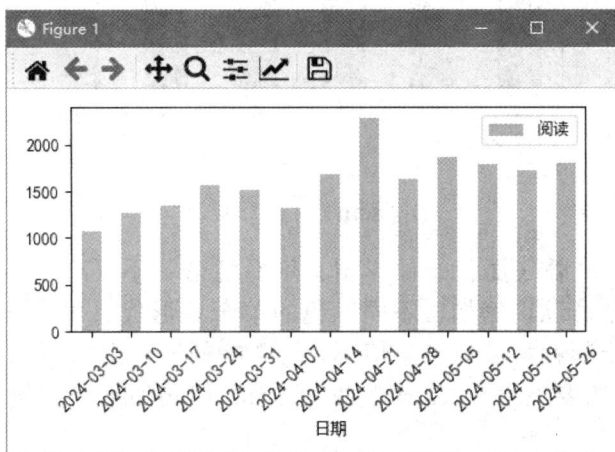

图 5-9 带日期的柱形图

【例 5-10】 绘制多柱形图。多柱形图就是通过柱形图显示多列数据，例如将各门店销售数据通过多柱形图展示，月份作为 x 轴，代码如下。（实例位置：资源包\Code\第 5 章\5-10）

```
import pandas as pd
import matplotlib.pyplot as plt
# 解决数据输出时列对不齐的问题
pd.set_option('display.unicode.east_asian_width', True)
# 创建 DataFrame 数据
df = pd.DataFrame({'月份':['1月','2月','3月','4月','5月','6月'],
                   '总店':[20,14,23,34,56,28],
                   '二道分店':[45,34,56,38,49,60],
                   '南关分店':[28,38,32,43,26,45],
                   '朝阳分店':[55,34,28,36,48,55]})
print(df)
# 解决中文乱码问题
plt.rcParams['font.sans-serif']=['SimHei']
# 绘制多柱形图
df.plot(x='月份',
        kind='bar',           # 指定图表类型
```

```
            legend=True,            # 显示图例
            figsize=(5,3))          # 指定画布大小
# 解决图形元素显示不全的问题
plt.tight_layout()
# 显示图表
plt.show()
```

运行程序，结果如图 5-10 所示。

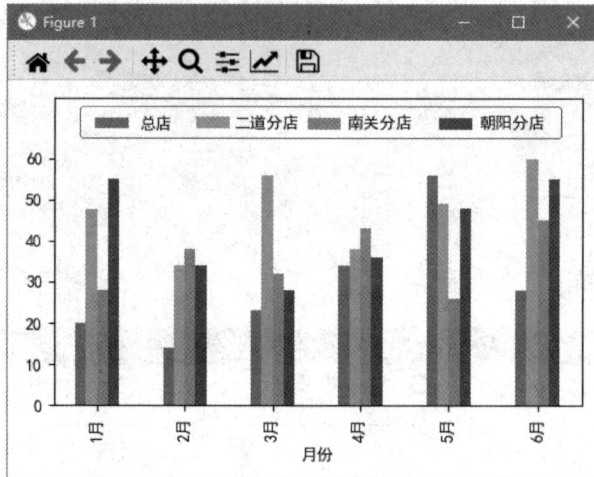

图 5-10 多柱形图

【例 5-11】 绘制堆叠（面积）柱形图。堆叠柱形图不仅可以展示个体数据情况，还可以展示总体数据情况。例如，不同颜色的单个柱形代表每个分店的销量情况，那么多个柱形堆叠在一起就是总体销量情况，这样的图表看上去更加具体、清晰和直观。要绘制堆叠柱形图，需要设置 stacked 参数为 True，代码如下。（实例位置：资源包\Code\第 5 章\5-11）

```
import pandas as pd
import matplotlib.pyplot as plt
# 解决数据输出时列对不齐的问题
pd.set_option('display.unicode.east_asian_width', True)
# 创建 DataFrame 数据
df = pd.DataFrame({'月份':['1月', '2月', '3月','4月','5月','6月'],
                   '总店':[20,14,23,34,56,28],
                   '二道分店':[45,34,56,38,49,60],
                   '南关分店':[28,38,32,43,26,45],
                   '朝阳分店':[55,34,28,36,48,55]})
print(df)
# 解决中文乱码问题
plt.rcParams['font.sans-serif']=['SimHei']
plt.style.use('ggplot')                     # 设置作图风格
# 绘制堆叠柱形图
bars=df.plot(x='月份',                        # x 轴数据
            kind='bar',                      # 指定图表类型
            stacked=True,                    # 指定填充为面积图
            colormap='Set3',                 # 颜色图名称为 "Set3"
            figsize=(5,3))                   # 指定画布大小
# 设置图例，bbox_to_anchor 微调图例位置，loc 设为左上方
```

```
plt.legend(bbox_to_anchor=(1.05,1),loc='upper left')
bars.set_facecolor('white')              # 设置柱形图背景颜色
plt.grid(False)                          # 不显示网格
# 解决图形元素显示不全的问题
plt.tight_layout()
# 显示图表
plt.show()
```

运行程序，结果如图 5-11 所示。

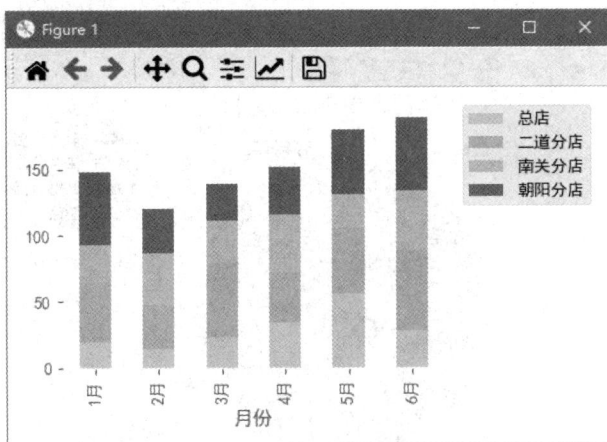

图 5-11

图 5-11　堆叠柱形图

5.4.4　绘制饼图

绘制饼图主要使用 plot()函数中的 kind 参数，设置该参数值为'pie'。

【例 5-12】　绘制标准饼图，以查看各门店销量占比情况，代码如下。（实例位置：资源包\Code\第 5 章\5-12）

```
import pandas as pd
import matplotlib.pyplot as plt
# 解决数据输出时列对不齐的问题
pd.set_option('display.unicode.east_asian_width',True)
# 创建 DataFrame 数据
df=pd.DataFrame({'月份':['1月','2月','3月','1月','2月','3月','1月','2月','3月','1月','2月','3月'],
                '店铺名称':['总店','总店','总店',
                            '南关分店','南关分店','南关分店',
                            '二道分店','二道分店','二道分店',
                            '朝阳分店','朝阳分店','朝阳分店'],
                '销量':[50,88,42,64,128,98,34,99,67,52,255,233]})
print(df)
# 解决中文乱码问题
plt.rcParams['font.sans-serif']=['SimHei']
# 统计结果按销量降序排列，绘制饼图
df.groupby('门店名称').sum().\
    sort_values(by='销量',ascending=False)\
    .plot(y='销量',# y 轴数据
          kind='pie', # 类型为饼图
          autopct='%.1f%%', # 百分比保留小数点后一位
          colormap='tab10') # 每块扇形的颜色
# 设置图例
```

```
plt.legend(bbox_to_anchor=(1.05,1),loc='upper left',borderaxespad=0.)
# 设置图表标题
plt.title('不同门店销量占比分析', fontsize=14, fontweight='bold')
# 解决图形元素显示不全的问题
plt.tight_layout()
# 显示图表
plt.show()
```

运行程序，结果如图 5-12 所示。

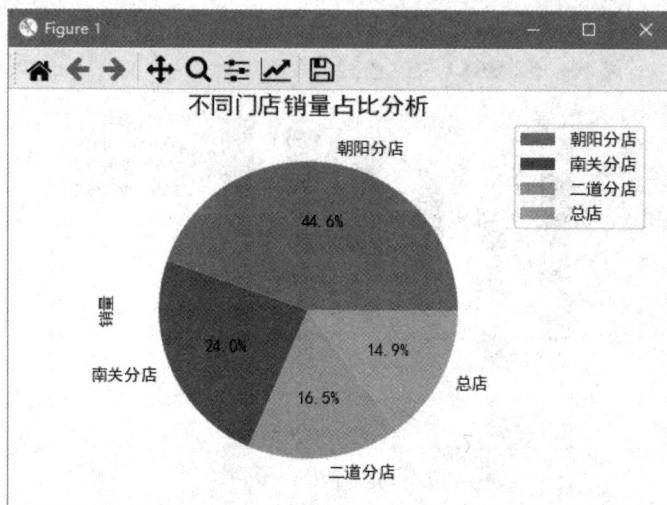

图 5-12　标准饼图

5.4.5　绘制直方图

绘制直方图主要使用 DataFrame 对象的 hist()函数实现，语法格式如下。

```
DataFrame.hist(column=None,by=None,grid=True,xlabelsize=None,xrot=None,ylabelsize=None,
yrot=None,ax=None,sharex=False,sharey=False,figsize=None,layout=None,bins=10,backend=None,
legend=False,**kwargs)
```

主要参数说明如下。

- □ column：默认值为 None，字符串或字符串构成的列表，指定要进行直方图分析的列。
- □ by：默认值为 None，字符串或数组，通过指定列进行分组，实现多组合直方图分析。
- □ grid：布尔值，是否显示网格线。
- □ ax：matplotlib.axes.Axes 的对象。
- □ bins：整数或序列，直方图被分割后的区间，默认值为 10。

【例 5-13】　绘制得分直方图。下面将"英语成绩报告.csv"文件中的"得分"绘制成直方图，代码如下。（实例位置：资源包\Code\第 5 章\5-13）

```
import pandas as pd
import matplotlib.pyplot as plt
# 读取 CSV 文件（encoding 编码格式为 gbk）
df=pd.read_csv("../datas/英语成绩报告.csv",encoding='gbk')
# 输出前 5 条数据
print(df.head())
```

```
# 解决中文乱码问题
plt.rcParams['font.sans-serif']=['SimHei']
# 绘制得分直方图，分为 5 个区间，不显示网格
df['得分'].hist(bins=5,grid=False)
# 设置 x、y 轴标题
plt.xlabel("分数")
plt.ylabel("人数")
# 显示图表
plt.show()
```

运行程序，结果如图 5-13 所示。

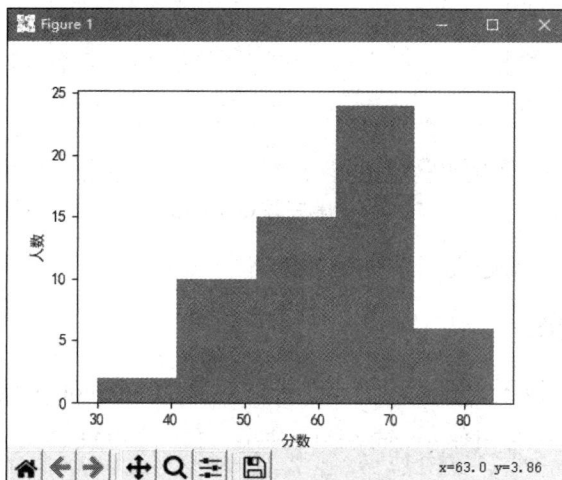

图 5-13　得分直方图

从运行结果得知：分数呈正态分布，即两边低、中间高，分数主要集中在 62~74 分，说明这个区间的人数最多。

5.4.6　绘制散点图

绘制散点图主要使用 plot()函数中的 kind 参数，设置该参数值为'scatter'。通过散点图可以观察数据的相关性。

【例 5-14】　绘制学历与薪资散点图，通过该散点图观察学历与薪资的相关性，代码如下。（实例位置：资源包\Code\第 5 章\5-14）

```
import pandas as pd
import matplotlib.pyplot as plt
# 读取 Excel 文件
df=pd.read_excel("../datas/data2.xlsx")
# 输出前 5 条数据
print(df.head())
# 创建学历字典
xl_mapping = {'硕士':5,'本科':4,'大专':3,'高中':2,'中专':1}
# 将学历映射为数字
df['学历']=df['学历'].map(xl_mapping)
# 绘制学历与薪资散点图
df.plot(x='学历',y='薪资',kind='scatter')
# 解决中文乱码问题
plt.rcParams['font.sans-serif']=['SimHei']
# 显示图表
plt.show()
```

运行程序，结果如图 5-14 所示。

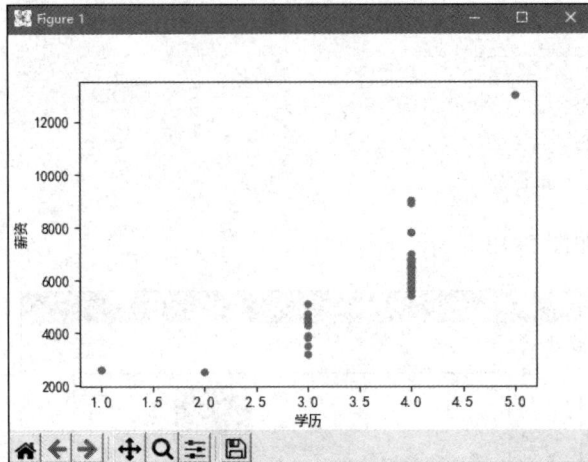

图 5-14 学历与薪资散点图

从运行结果得知：学历越高，薪资相对越高。

5.4.7 绘制箱线图

通过 pandas 绘制箱线图主要使用 DataFrame 对象的 boxplot()函数，语法格式如下。

```
DataFrame.boxplot(column=None,by=None,ax=None,fontsize=None,rot=0,grid=True,figsize=None,
layout=None,return_type=None,**kwds)
```

主要参数说明如下。

❑ column：默认值为 None，字符串或由字符串构成的列表，指定要进行箱线图分析的列。

❑ by：默认值为 None，字符串或数组，通过指定 by='columns'进行多组合箱线图分析。

❑ ax：matplotlib.axes.Axes 的对象。

❑ fontsize：箱线图坐标轴的字体大小。

❑ rot：箱线图坐标轴的旋转角度。

❑ grid：设置是否显示网格线。

❑ figsize：箱线图的画布大小。

❑ layout：必须配合 by 参数使用，功能类似于 subplot()的画布分区域。

❑ return_type：返回对象的类型，默认值为 None，可设置的值有'axes'、'dict'、'both'，当与参数 by 一起使用时，返回的对象为 Series 或 array 数组。

❑ 返回值：当 return_type='dict'时，其结果值为一个字典，字典索引为固定的'whiskers'、'caps'、'boxes'、'fliers'或'means'。

【例 5-15】 使用 boxplot()函数绘制箱线图，代码如下。（实例位置：资源包\Code\第 5 章\5-15）

```
import matplotlib.pyplot as plt
import pandas as pd
# 读取 Excel 文件
df = pd.read_excel('../datas/all.xlsx')
# 筛选数据
df1=df[df['商品名称']=='Python 数据分析从入门到实践（全彩版）']
# 解决中文乱码问题
plt.rcParams['font.sans-serif']=['SimHei']
# 绘制箱线图
df1.boxplot(column='成交商品件数',grid=False)
```

```
# 显示图表
plt.show()
```

运行程序，结果如图 5-15 所示。

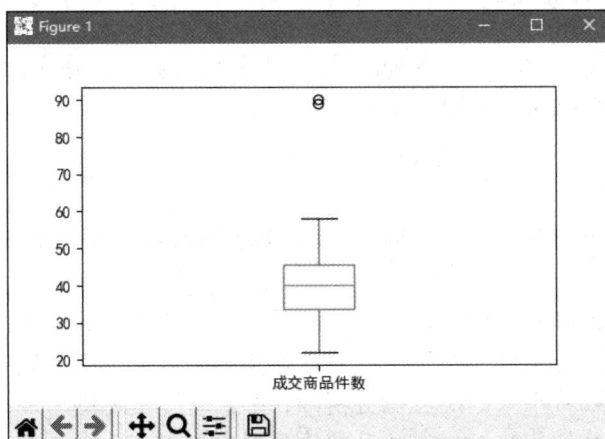

图 5-15　箱线图

从运行结果得知：某图书单品成交商品件数存在异常数据。

【例 5-16】绘制箱线图，按学历分析薪资异常数据，代码如下。（实例位置：资源包\Code\第 5 章\5-16）

```
import matplotlib.pyplot as plt
import pandas as pd
# 读取 Excel 文件
df = pd.read_excel('../datas/data2.xlsx')
# 解决中文乱码问题
plt.rcParams['font.sans-serif']=['SimHei']
# 绘制箱线图
df.boxplot(column='薪资',by='学历',grid=False)
# 显示图表
plt.show()
```

运行程序，结果如图 5-16 所示。

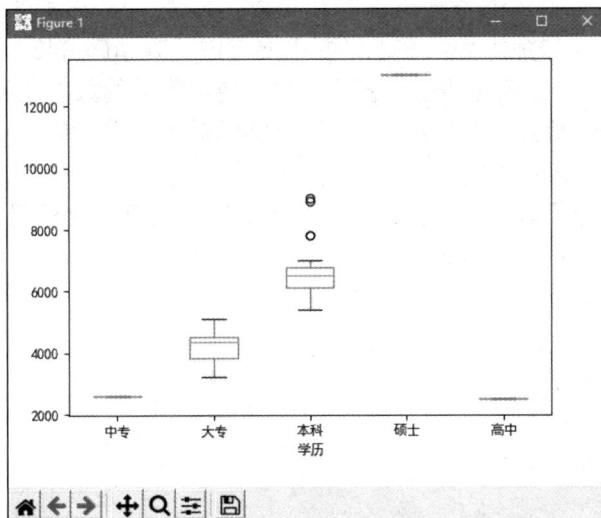

图 5-16　按学历分析薪资异常数据的箱线图

从运行结果得知：本科学历的员工的薪资存在异常数据。

5.5　AI 辅助编程——"动物森友会"季节性数据可视化

在学习使用 pandas 内置绘图函数时，AI 可以提供有趣的数据可视化案例，帮助我们巩固所学的知识，并应用到不同领域中。

以下是一个在 AI 工具中的可能的对话示例。

【问题】

设计一个有趣的可视化图表，巩固 pandas.DataFrame.plot 绘图函数的使用。

【AI 回答】

首先，我得考虑用户的需求是什么。他们可能已经学了 pandas 的绘图功能，但需要实践来巩固。所以，我需要设计一个例子，涵盖常用的图表类型，同时有趣能吸引人。

用户可能是学生或者刚入门的数据分析师，希望通过实际例子加深对 pandas 绘图的理解。他们可能不太清楚如何将数据结构和绘图函数结合起来，或者如何调整图表样式。深层需求可能包括学习如何创建多种图表，自定义样式，处理数据以及如何将图表组合在一起展示。接下来，我需要选一个有趣的主题。动物森友会可能比较受欢迎，容易引起兴趣。然后确定数据集的结构，包含月份、温度、降雨天数、昆虫种类和鱼类种类。这样的数据集可以展示折线图、柱状图、面积图、散点图和箱线图。然后，考虑如何生成模拟数据。用 numpy 的随机函数生成温度、降雨天数等数据，并添加趋势，比如温度随月份变化，降雨天数在夏季多，昆虫和鱼类在温暖月份更多。这样数据看起来更真实。

接下来，使用 DataFrame.plot 的不同参数来绘制各种图表。折线图展示温度和降雨天数，柱状图比较昆虫和鱼类，面积图显示降雨分布，散点图探索两个变量之间的关系，箱线图展示温度分布。每个图表都要调整颜色、标题、标签等，让可视化更清晰。还要注意图表的布局，使用 subplots 将多个图表放在一张图上，这样用户可以看到不同图表类型的对比。同时，保存图表为图片，方便用户查看结果。最后，添加注释解释每个图表的作用，帮助用户理解设计思路。在实现过程中，可能会遇到数据生成不合理的情况，比如温度范围是否符合游戏设定，需要调整随机种子和参数。另外，图表之间的布局可能需要调整 figsize 和 subplot 参数，避免重叠。颜色搭配也要考虑美观和区分度。

总结下来，这个例子需要覆盖多种图表类型，使用有趣的数据主题，详细的代码注释，以及最终的可视化效果展示。这样用户可以通过实际动手练习，掌握 pandas.DataFrame.plot 的各种功能，同时保持学习的兴趣。

我将为你设计一个【动物森友会】主题的季节性数据可视化项目，通过这个有趣的案例可以练习以下 pandas.DataFrame.plot 功能：

（1）折线图（温度趋势）

（2）堆叠柱状图（生物分布）

（3）面积图（降雨分布）

（4）散点图（物种相关性）

（5）箱线图（温度分布）

数据集特征：

　　　　月份（1—12 月）

平均温度
降雨天数
昆虫种类数量
鱼类种类数量

示例代码：

```python
import pandas as pd
import numpy as np
import matplotlib.pyplot as plt
# 生成模拟数据
np.random.seed(2023)
months = np.arange(1, 13)
temperature = 5 + 15 * np.abs(np.sin(np.linspace(0, 2*np.pi, 12)))  # 正弦波温度变化
rain_days = np.random.randint(8, 18, 12) *
np.array([0.6,0.8,1.2,1.5,1.3,1.1,0.9,0.7,0.5,0.4,0.6,0.9])  # 季节降雨模式
insects = np.clip(np.round(30 + 10*np.sin(months/1.5) + np.random.normal(0, 3, 12)), 20, 45)
fish = np.clip(np.round(25 + 8*np.cos(months/2) + np.random.normal(0, 4, 12)), 15, 40)
df = pd.DataFrame({
    'Month': months,
    'Temperature(℃)': temperature,
    'Rainy Days': rain_days,
    'Insects': insects,
    'Fish': fish
}).set_index('Month')

# 设置森友会主题样式
plt.style.use('ggplot')
colors = ['#88CCEE', '#117733', '#DDCC77', '#CC6677']
# 创建组合图表
fig, axes = plt.subplots(3, 2, figsize=(16, 14))
plt.suptitle('Animal Crossing Seasonal Guide', fontsize=20, y=1.02, fontfamily='cursive')

# 1. 温度趋势折线图
df['Temperature(℃)'].plot(
    ax=axes[0,0],
    marker='o',
    color=colors[0],
    title='Temperature Trend',
    ylabel='℃',
    grid=True,
    linestyle='--'
)
# 2. 生物分布柱状图
df[['Insects', 'Fish']].plot.bar(
    ax=axes[0,1],
    color=[colors[1], colors[2]],
    stacked=True,
    title='Creatures Distribution',
    ylabel='Species Count',
    edgecolor='white'
)
# 3. 降雨分布面积图
df['Rainy Days'].plot.area(
    ax=axes[1,0],
    color=colors[3],
    alpha=0.4,
    title='Rainfall Distribution',
    ylabel='Rainy Days',
    grid=True
)
```

```
# 4. 物种相关性散点图
df.plot.scatter(
    ax=axes[1,1],
    x='Insects',
    y='Fish',
    color=colors[1],
    s=df['Temperature(℃)']*8,    # 点大小反映温度
    title='Species Correlation',
    edgecolors='w'
)
# 5. 温度分布箱线图
df[['Temperature(℃)']].T.plot.box(
    ax=axes[2,0],
    color=dict(boxes=colors[0], whiskers=colors[0], medians='red'),
    title='Temperature Distribution',
    patch_artist=True,
    vert=False
)
# 添加趣味注释
axes[2,1].axis('off')
axes[2,1].text(0.1, 0.7,
            "Catch more creatures\nin warm months! ❀\n"
            "Rainy days peak in\nsummer months ☂\n"
            "Best fishing season:\nApril-September 🎣",
            fontsize=12,
            fontfamily='cursive',
            color='#445577')
plt.tight_layout()
plt.savefig('animal_crossing_charts.png', bbox_inches='tight')
plt.show()
```

小结

本章主要介绍了 pandas 入门的必备知识，包括 pandas 模块的简介及安装、pandas 家族的两大成员 Series 对象和 DataFrame 对象，以及通过 pandas 模块绘制各种图表的方法。

习题

5-1 分别使用 Series 对象和 DataFrame 对象创建一列数据和表格数据。

5-2 构建一组学生成绩数据，科目包括语文、数学、英语、物理、化学和生物。

5-3 读取"资源包\Code\datas"文件夹中的"tips.xlsx"数据集并输出。

5-4 将"资源包\Code\datas"文件夹中的"tips.xlsx"作为数据集，绘制饼图以实现按星期分析小费占比情况。

第6章 Seaborn 绘图

学习目标

- 掌握如何安装 Seaborn 模块
- 了解 Seaborn 自带的数据集
- 掌握 Seaborn 绘图的基本设置
- 掌握 Seaborn 常用图表的绘制方法

6.1 Seaborn 入门

Seaborn 入门

Seaborn 模块是基于 Matplotlib 的高级可视化工具，擅长生成统计图表。因此，Seaborn 适用于数据挖掘和机器学习中的变量特征选取。相较于 Matplotlib，Seaborn 的语法相对简洁，但是它的绘图方式比较局限，不够灵活。

6.1.1 Seaborn 简介

Seaborn 是基于 Matplotlib 的 Python 可视化库。它提供了一种高级界面来绘制有吸引力的统计图表。Seaborn 其实是在 Matplotlib 的基础上进行了更高级的 API 封装，使得作图更加容易，不需要经过大量的调整就能使图表变得非常精致。

Seaborn 主要有以下功能。

- 计算多变量间关系的面向数据集接口。
- 可视化类别变量的观测与统计。
- 可视化单变量或多变量分布并与其子数据集比较。
- 控制线性回归的不同因变量并进行参数估计与作图。
- 对复杂数据进行整体结构可视化。
- 对多表统计图的制作高度抽象并简化了可视化过程。
- 提供多个主题渲染 Matplotlib 图表的样式。
- 提供调色板工具生动再现数据。

Seaborn 是基于 Matplotlib 的图形可视化 Python 包。它提供了一种高度交互式界面，便于用户绘制出各种有吸引力的统计图表，如图 6-1 所示。

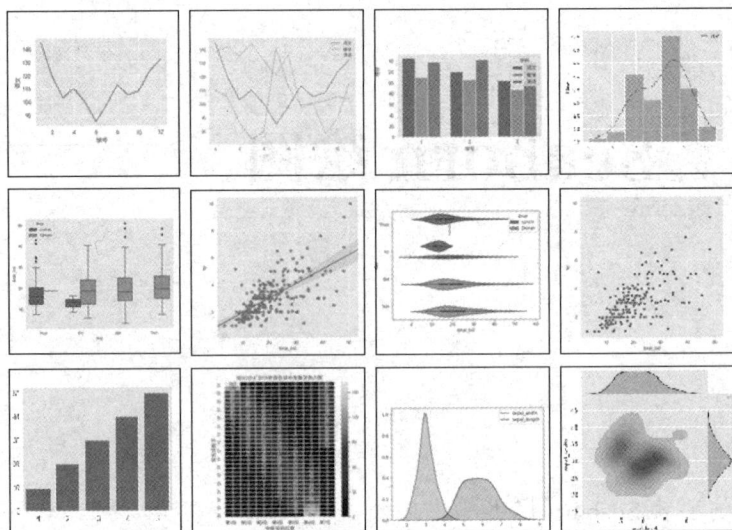

图 6-1　Seaborn 统计图表

6.1.2　安装 Seaborn

Seaborn 模块可以使用 pip 命令安装，命令如下。

```
pip install seaborn
```

也可以在 PyCharm 开发环境中安装 Seaborn。需要注意的是，如果安装时报错，可能是因为你没有安装 SciPy 模块。Seaborn 依赖于 SciPy，所以应先安装 SciPy。

6.1.3　Seaborn 自带的数据集

Seaborn 模块是基于 Matplotlib 模块的数据可视化库，它自带了一些数据集，可以用于学习和实践，有助于初学者更快地上手。而对有经验的程序员来说，这些数据集也是不错的参考资源。这些数据集均为.csv 格式，默认存放在 GitHub 上。

默认情况下，可以通过 Seaborn 模块的 load_dataset()函数来获取 Seaborn 模块自带的数据集。该函数返回 DataFrame 对象，其语法格式如下。

```
seaborn.load_dataset(name, cache=True, data_home=None, **kws)
```

参数说明如下。

- name：数据集的名称，字符串。
- cache：设置是从本地加载还是从网络下载数据集，布尔值，默认为 True，表示从本地加载数据集；如果为 False，则表示从网络下载数据集，下载的数据会缓存在本地。
- data_home：缓存路径，字符串，可选参数，默认值为 None。可以使用 get_data_home()函数获取该缓存路径。
- kws：键值对，可选参数，传递给 pandas 模块 read_csv()函数的附加参数。

接下来介绍如何使用 load_dataset()函数加载数据集。需要说明的是，在使用 load_dataset()函数加载数据集时，可能会因为网络不稳定或者没有网络，出现类似图 6-2 所示的错误提示。

```
File "D:\Python\Python3.12\Lib\urllib\request.py", line 1392, in https_open
    return self.do_open(http.client.HTTPSConnection, req,
                        ^^^^^^^^^^^^^^^^^^^^^^^^^^^^^^^^^^^^
File "D:\Python\Python3.12\Lib\urllib\request.py", line 1347, in do_open
    raise URLError(err)
urllib.error.URLError: <urlopen error [Errno 11001] getaddrinfo failed>
```

图 6-2　load_dataset()函数加载数据集时的错误提示

因此这里建议加载本地数据集，load_dataset()函数会自动在本地路径找数据集，实现过程如下。

（1）使用 get_data_home()函数来获取数据集默认的存放路径，代码如下。

```
print(sns.get_data_home())
```

运行程序，结果如下。

```
C:\Users\Administrator\AppData\Local\seaborn\seaborn\Cache
```

（2）打开 Seaborn 数据集默认存放路径，如图 6-3 所示。

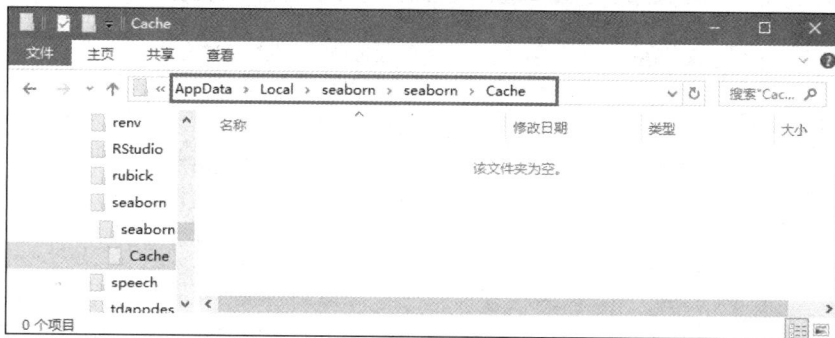

图 6-3　Seaborn 数据集默认存放路径

从图 6-3 可以看出 Cache 文件夹是空的，因此加载数据集会出现错误提示。

（3）从官网下载数据集，如图 6-4 所示。打开"新建下载任务"对话框，单击"下载"按钮，如图 6-5 所示，下载到本地磁盘。

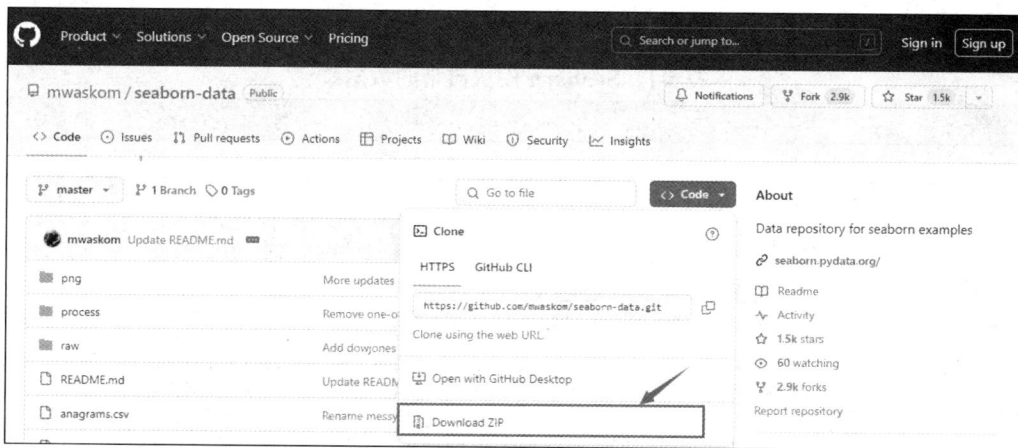

图 6-4　下载数据集

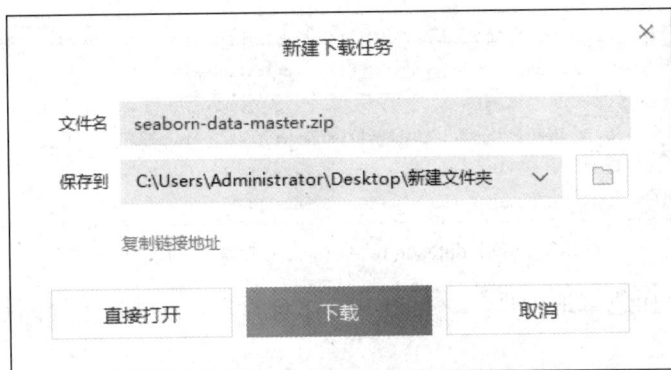

图 6-5 "新建下载任务"对话框

（4）在指定下载位置找到 seaborn-data-master.zip 压缩文件进行解压，然后将文件夹中的所有文件复制到步骤（2）Seaborn 数据集默认存放路径下的 Cache 文件夹中，如图 6-6 所示。之后便可以在程序中顺利地使用 load_dataset()函数来加载 Seaborn 模块自带的数据集了。

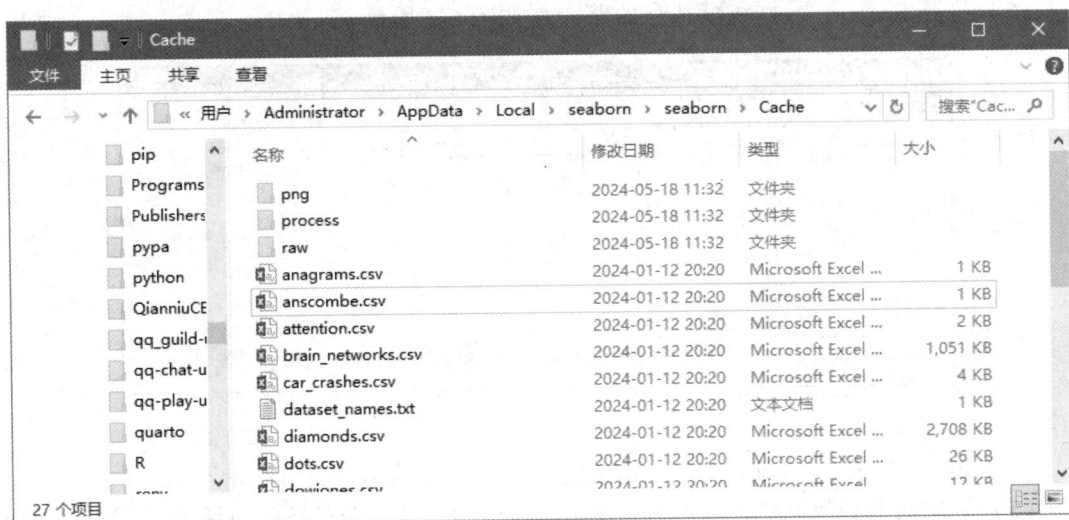

图 6-6 复制文件到 Cache 文件夹中

下面简单介绍一下 Seaborn 模块自带的数据集，如表 6-1 所示。

表 6-1 Seaborn 模块自带的数据集

数据集名称	说明
anagrams	字谜数据集
anscombe	安斯库姆数据集，强调数据分析中图形化的重要性
attention	注意力数据集
brain_networks	大脑网络数据集
car_crashes	车祸数据集，通过该数据集可进行成对关系的探索，绘制散点图、核密度图等，实现交通事故分析与预防
diamonds	钻石数据集，该数据集收集了约 54000 颗钻石的价格和质量信息。每条记录由 10 个变量构成，分别描述钻石的重量、切工、颜色、净度、深度、砖石的宽度、单价等。可用于多项式回归分析与预测
dots	罗伊特曼数据集
exercise	练习数据集

数据集名称	说明
dowjones	道琼斯数据集
flights	航班数据集，该数据集记录了 1949 年到 1960 年期间，每个月的航班数量和乘客数量，可进行时间序列分析与预测
fmri	功能性磁共振成像部分数据，仅用于演示和学习
geyser	间歇泉数据集
glue	用于自然语言处理研究的数据集
healthexp	预期寿命与卫生支出数据集
iris	鸢尾花数据集，该数据集针对每一个品种都有 50 个数据，每个数据包括 4 个属性，分别是花萼长度、花萼宽度、花瓣长度和花瓣宽度。通过这些数据，可以预测鸢尾花卉属于 3 个品种中的哪一种
mpg	汽车数据集
penguins	企鹅数据集
planets	行星数据集
seaice	海冰相关数据集
taxis	出租车数据集
tips	小费数据集，该数据集记录了不同顾客在餐厅的消费账单及小费情况，可用于探索两个变量之间的关系，绘制散点图和核密度图
titanic	泰坦尼克号数据集

6.2 Seaborn 绘图的基本设置

Seaborn 绘图的
基本设置

6.2.1 背景风格

设置 Seaborn 背景风格主要使用 axes_style()函数和 set_style()函数。Seaborn 有 5 个主题，适用于不同的场景和人群，具体如下。

❏ darkgrid：灰色网格（默认值）。

❏ whitegrid：白色网格。

❏ dark：灰色背景。

❏ white：白色背景。

❏ ticks：四周带刻度线的白色背景。

网格能够帮助我们查找图表中的定量信息，而灰色网格中的白线能避免影响数据的表现，白色网格则更适合打印。

6.2.2 边框控制

控制边框显示方式主要使用 despine()函数。

（1）移除顶部和右侧边框。

```
sns.despine()
```

（2）使两坐标轴分开一段距离。

```
sns.despine(offset=10, trim=True)
```

（3）移除左侧边框，与用 set_style()设置的白色网格配合效果更佳。

```
sns.set_style("whitegrid")
sns.despine(left=True)
```

（4）移除指定边框，将 top、right、left、bottom 的值设置为 True。

```
sns.despine(fig=None, ax=None,top=True,right=True, left=True, bottom=True, offset=None, trim=False)
```

6.3 常用图表的绘制

6.3.1 绘制折线图

用 Seaborn 绘制折线图有两种方法：一种是在 relplot()函数中设置 kind 参数为 line，另一种是使用 lineplot()函数直接绘制。

绘制折线图

【例 6-1】 使用 relplot()函数绘制学生语文成绩折线图，代码如下。（实例位置：资源包 \Code\第 6 章\6-1）

```
# 导入相关模块
import pandas as pd
import matplotlib.pyplot as plt
import seaborn as sns
sns.set_style('darkgrid')                          # 背景为灰色网格
plt.rcParams['font.sans-serif']=['SimHei']         # 解决中文乱码问题
df1=pd.read_excel('../datas/data5.xlsx')           # 读取 Excel 文件
sns.relplot(x="学号", y="语文", kind="line",data=df1)   # 绘制折线图
plt.subplots_adjust(left=0.2, right=0.9, top=0.9, bottom=0.1)  # 调整子图表布局
plt.show()                                         # 显示图表
```

运行程序，结果如图 6-7 所示。

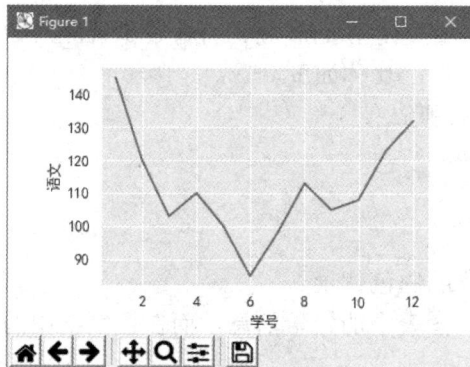

图 6-7　折线图

【例 6-2】 使用 lineplot()函数绘制学生语文成绩折线图，主要代码如下。（实例位置：资源包\Code\第 6 章\6-2）

```
df1=pd.read_excel('../datas/data5.xlsx')           # 读取 Excel 文件
sns.lineplot(x="学号", y="语文",data=df1)           # 绘制折线图
plt.subplots_adjust(left=0.2, right=0.9, top=0.9, bottom=0.1)  # 调整子图表布局
plt.show()                                         # 显示图表
```

【例 6-3】 绘制多折线图，主要代码如下。（实例位置：资源包\Code\第 6 章\6-3）

```
dfs=[df1['语文'],df1['数学'],df1['英语']]
sns.lineplot(data=dfs)                             # 绘制多折线图
```

运行程序，结果如图 6-8 所示。

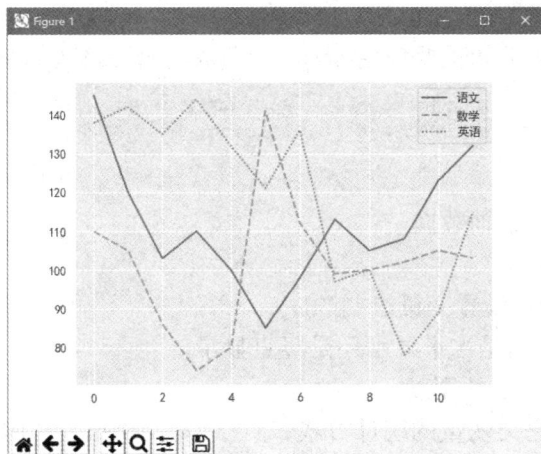

图 6-8

图 6-8　多折线图

6.3.2　绘制直方图

通过 Seaborn 绘制直方图主要使用 histplot()函数。

【例 6-4】　绘制一个简单的直方图并拟合，代码如下。（实例位置：资源包
\Code\第 6 章\6-4）

绘制直方图

```python
# 导入相关模块
import pandas as pd
import matplotlib.pyplot as plt
import seaborn as sns
sns.set_style('darkgrid')                        # 背景为灰色网格
plt.rcParams['font.sans-serif']=['SimHei']       # 解决中文乱码问题
df1=pd.read_excel(io='../datas/data5.xlsx',sheet_name='英语')  # 读取 Excel 文件
data=df1[['得分']]                                # 数据
sns.histplot(data,kde=True)                       # 绘制直方图并拟合
plt.show()                                        # 显示图表
```

运行程序，结果如图 6-9 所示。

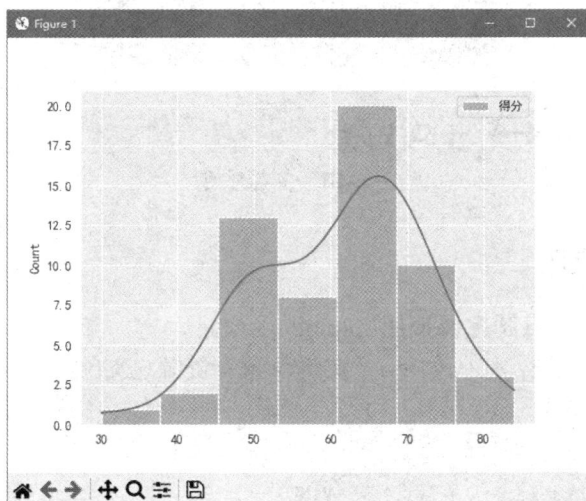

图 6-9　拟合后的直方图

6.3.3　绘制条形图

通过 Seaborn 绘制条形图主要使用 barplot()函数，语法格式如下。

```
sns.barplot(x=None,y=None,hue=None,data=None,order=None,hue_order=None,orient=
None,color=None, palette=None,capsize=None,estimator=mean)
```

绘制条形图

常用参数说明如下。

- ❑ x、y：设置 *x* 轴、*y* 轴数据。
- ❑ hue：设置分类字段。
- ❑ order、hue_order：设置变量绘制顺序。
- ❑ orient：设置条形图是水平显示还是竖直显示。
- ❑ capsize：设置误差线的宽度。
- ❑ estimator：设置每类变量的统计方式，默认值为 mean（平均值）。

【例 6-5】　绘制学生成绩多条形图，代码如下。（实例位置：资源包\Code\第 6 章\6-5）

```python
import pandas as pd
import matplotlib.pyplot as plt
import seaborn as sns
sns.set_style('darkgrid')                      # 背景为灰色网格
plt.rcParams['font.sans-serif']=['SimHei']     # 解决中文乱码问题
df1=pd.read_excel('../datas/data5.xlsx',sheet_name='sheet2')   # 读取 Excel 文件
sns.barplot(x='学号',y='得分',hue='学科',data=df1)            # 绘制条形图
plt.show()#显示图表
```

运行程序，结果如图 6-10 所示。

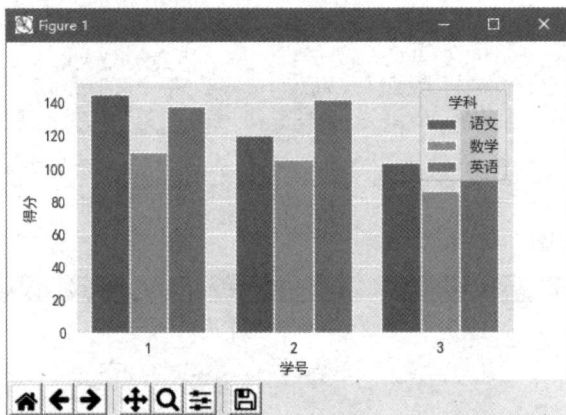

图 6-10　多条形图

6.3.4　绘制散点图

通过 Seaborn 绘制散点图主要使用 relplot()函数。

绘制散点图

【例 6-6】　绘制散点图，代码如下。（实例位置：资源包\Code\第 6 章\6-6）

```python
# 导入相关模块
import matplotlib.pyplot as plt
import seaborn as sns
sns.set_style('darkgrid')    # 背景为灰色网格
# 加载内置数据集 tips（小费数据集），并对 total_bill 和 tip 字段绘制散点图
tips=sns.load_dataset('tips')
```

```
sns.relplot(x='total_bill',y='tip',data=tips,color='r')        # 绘制散点图
plt.show()# 显示图表
```

运行程序，结果如图 6-11 所示。

上述代码使用了 Seaborn 内置数据集 tips，下面简单介绍一下该数据集。通过 tips.head()
显示部分数据，如图 6-12 所示。

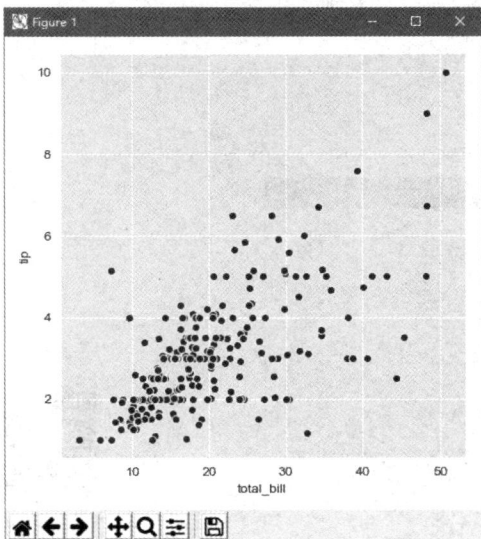

图 6-11

图 6-11　散点图

```
   total_bill    tip     sex smoker  day    time  size
0       16.99   1.01  Female     No  Sun  Dinner     2
1       10.34   1.66    Male     No  Sun  Dinner     3
2       21.01   3.50    Male     No  Sun  Dinner     3
3       23.68   3.31    Male     No  Sun  Dinner     2
4       24.59   3.61  Female     No  Sun  Dinner     4
```

图 6-12　tips 的部分数据

字段说明如下。

❑ total_bill：总消费。

❑ tip：小费。

❑ sex：性别。

❑ smoker：是否吸烟。

❑ day：星期几。

❑ time：用餐类型。如早餐、午餐、晚餐（即 Breakfast、Lunch、Dinner）。

❑ size：用餐人数。

6.3.5　绘制线性回归模型

绘制线性回归
模型

Seaborn 可以直接绘制线性回归模型，用以描述线性关系，主要使用
lmplot()函数实现，语法格式如下。

```
sns.lmplot(x,y,data,hue=None,col=None,row=None,palette=None,col_wrap=3,size=5,markers='o')
```

常用参数说明如下。

❑ hue：设置散点图中的分类字段。

❑ col：列分类变量，构成子集。

❑ row：行分类变量。

❑ col_wrap：控制每行子图表数量。

❑ size：控制子图表高度。

❑ markers：设置点的形状。

【例 6-7】 绘制线性回归模型分析小费数据集，代码如下。（实例位置：资源包\Code\第 6 章\6-7）

```python
# 导入相关模块
import matplotlib.pyplot as plt
import seaborn as sns
sns.set_style('darkgrid')    # 背景为灰色网格
# 加载内置数据集 tips（小费数据集），并对 total_bill 和 tip 字段绘制散点图
tips=sns.load_dataset('tips')
sns.lmplot(x='total_bill',y='tip',data=tips)
plt.show()# 显示图表
```

运行程序，结果如图 6-13 所示。

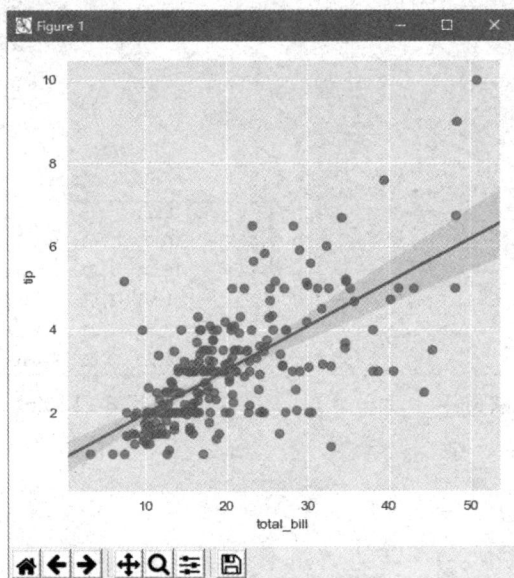

图 6-13

图 6-13　线性回归模型

6.3.6　绘制箱线图

通过 Seaborn 绘制箱线图主要使用 boxplot()函数，语法格式如下。

```python
sns.boxplot(x=None,y=None,hue=None,data=None,order=None,hue_order=None, orient=None,
color=None,palette=None, width=0.8,notch=False)
```

常用参数说明如下。

☐ hue：设置分类字段。

☐ width：设置箱线图宽度。

☐ notch：设置中间箱体是否显示缺口，默认值为 False，即不显示。

【例 6-8】 绘制箱线图分析小费数据集中的异常数据，代码如下。（实例位置：资源包\Code\第 6 章\6-8）

```python
# 导入相关模块
import matplotlib.pyplot as plt
import seaborn as sns
sns.set_style('darkgrid')    # 背景为灰色网格
# 加载内置数据集 tips（小费数据集），并对 total_bill 和 tip 字段绘制散点图
tips=sns.load_dataset('tips')
```

```
sns.boxplot(x='day',y='total_bill',hue='time',data=tips)
plt.show()# 显示图表
```

运行程序，结果如图 6-14 所示。

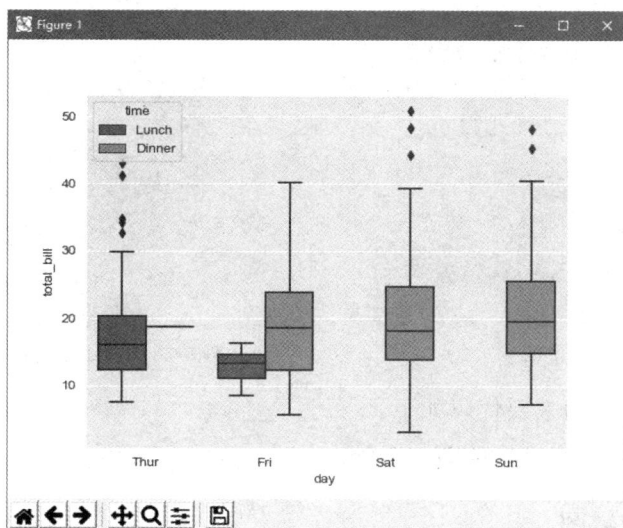

图 6-14

图 6-14　箱线图

从运行结果得知：数据存在异常值。箱线图实际上就是利用数据的分位数来识别异常数据，这一特点使得箱线图在学术界和工业界广泛应用。

6.3.7　绘制核密度图

核密度估计是概率论中用于估计未知的密度函数的方法，属于非参数检验方法之一。通过核密度图可以比较直观地看出数据样本本身的分布特征。

绘制核密度图

通过 Seaborn 绘制核密度图主要使用 kdeplot()函数，语法格式如下。

```
sns.kdeplot(data,shade=True)
```

参数说明如下。

❑ data：设置数据。

❑ shade：设置是否带阴影，默认值为 True，即带阴影。

【例 6-9】　绘制核密度图分析鸢尾花数据集，代码如下。（实例位置：资源包\Code\第 6 章\6-9）

```
# 导入相关模块
import matplotlib.pyplot as plt
import seaborn as sns
sns.set_style('darkgrid')        # 背景为灰色网格
# 加载 Seaborn 自带的数据集 iris
df = sns.load_dataset('iris')
# 绘制多个变量的核密度图
sns.kdeplot(df['sepal_width'], fill=True, color="r")
sns.kdeplot(df['sepal_length'], fill=True, color="b")
plt.show()# 显示图表
```

运行程序，结果如图 6-15 所示。图 6-16 所示为边际核密度图，该图可以更好地体现两个变量之间的关系。

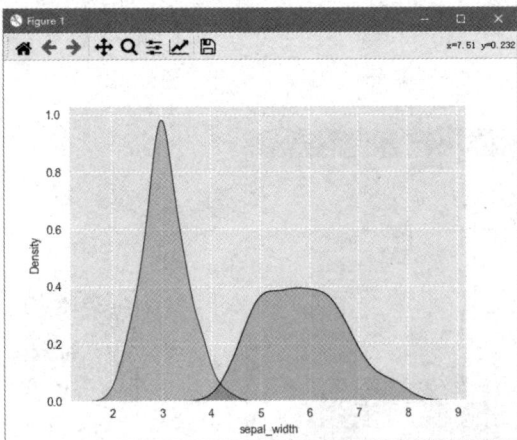

图 6-15　核密度图

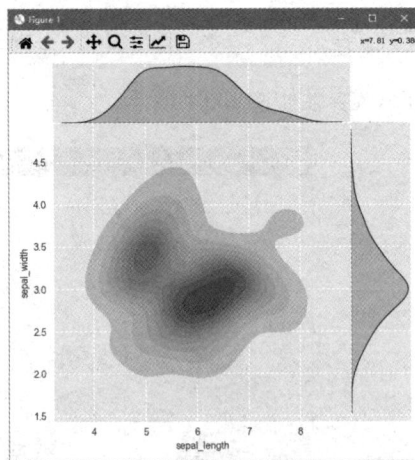

图 6-16、
图 6-16

图 6-16　边际核密度图

绘制边际核密度图的主要代码如下。

```python
sns.jointplot(x=df["sepal_length"],y=df["sepal_width"],kind='kde',space=0,fill=True,color="b")
```

6.3.8　绘制提琴图

绘制提琴图

● 提琴图结合了箱线图和核密度图的特征，用于展示数据的分布形状。粗黑线表示四分位数范围，延伸的细线表示 95% 的置信区间，白点为中位数，如图 6-17 所示。提琴图弥补了箱线图的不足，可以展示数据分布是双模还是多模。提琴图主要使用 violinplot() 函数绘制。

【例 6-10】 绘制提琴图分析小费数据集，代码如下。（实例位置：资源包\Code\第 6 章\6-10）

```python
# 导入相关模块
import matplotlib.pyplot as plt
import seaborn as sns
sns.set_style('darkgrid')        # 背景为灰色网格
# 加载 Seaborn 自带的数据集 tips
tips=sns.load_dataset('tips')
# 绘制提琴图
sns.violinplot(x='total_bill',y='day',hue='time',data=tips)
plt.show()# 显示图表
```

运行程序，结果如图 6-17 所示。

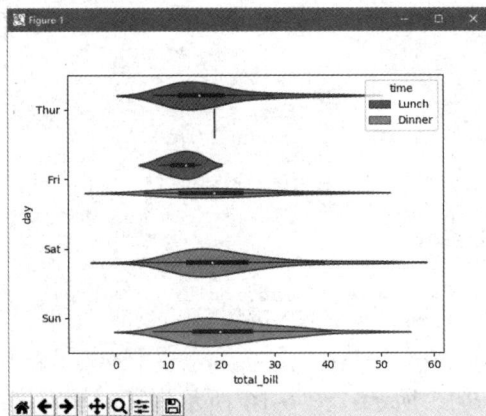

图 6-17

图 6-17　提琴图

6.4　AI 辅助编程

6.4.1　加载 Seaborn 模块绘制柱形图

【问题】

如何加载 Seaborn 模块的 tips 数据集并绘制柱形图?

【AI 回答】

Seaborn 是一个基于 Matplotlib 的高级数据可视化库,它提供了一个高级接口来绘制各种吸引人的统计图形。Seaborn 自带了一些数据集,tips 数据集就是其中之一,它包含了餐厅账单的小费数据。

以下是加载 tips 数据集并绘制柱形图的步骤。

(1)导入必要的库。

(2)加载 tips 数据集。

(3)使用 Seaborn 或 pandas 的绘图功能绘制柱形图。

下面是具体的代码示例:

```
import seaborn as sns
import matplotlib.pyplot as plt
# 加载 tips 数据集
tips = sns.load_dataset('tips')
#查看数据集的前几行(可选)
print(tips.head())
# 绘制柱形图
# 例如,我们可以按'day'列(星期几)来计算总消费('total_bill')的平均值,并绘制柱形图
# 使用 seaborn 的 catplot()或 barplot()函数
sns.catplot(x='day', y='total_bill', data=tips, kind='bar', estimator=np.mean)
# 显示图表
plt.show()
```

上述实例中,AI 工具给了我们两种方案,第二种方案是使用 pandas 模块的 barplot() 函数,这里就不再介绍了。另外,上述代码在计算变量均值时使用了 numpy 模块的 mean() 函数,但是代码中没有导入 numpy 模块,需要手动添加,代码如下:

```
import numpy as np
```

6.4.2　使用 Seaborn 模块进行可视化

【问题】

如何使用 Seaborn 模块对 mpg 数据集进行可视化?

【AI 回答】

使用 Seaborn 模块对 mpg 数据集进行可视化是一个很好的练习,因为 mpg 数据集(通常指汽车的英里每加仑数据)包含了丰富的信息,可以用来绘制各种类型的图表。以下是一个基本的示例,展示了如何加载 mpg 数据集并使用 Seaborn 绘制几个不同类型的图表。

首先,确保你已经安装了 Seaborn 和相关的库,如果还没有安装,使用下面代码安装。

```
pip install seaborn pandas matplotlib
```

然后，你可以使用以下代码来加载 mpg 数据集并进行可视化。

```python
import seaborn as sns
import pandas as pd
import matplotlib.pyplot as plt
# Seaborn 自带的 mpg 数据集是以'mpg'命名的，但注意它可能与你从其他地方找到的 mpg 数据集不同
# 这里我们假设使用 Seaborn 自带的 mpg 数据集
mpg = sns.load_dataset('mpg')
# 查看数据集的前几行以了解其内容
print(mpg.head())
# 设置 Seaborn 的样式（可选）
sns.set(style="whitegrid")
# 绘制散点图: horsepower 与 mpg（每加仑英里数）之间的关系
plt.figure(figsize=(10, 6))
sns.scatterplot(x='horsepower', y='mpg', data=mpg)
plt.title('Horsepower vs MPG')
plt.xlabel('Horsepower')
plt.ylabel('MPG')
plt.show()
# 绘制箱线图: 按 origin（原产地）分组查看 mpg 的分布情况
plt.figure(figsize=(10, 6))
sns.boxplot(x='origin', y='mpg', data=mpg)
plt.title('MPG Distribution by Origin')
plt.xlabel('Origin')
plt.ylabel('MPG')
plt.show()
# 绘制计数图: 查看不同 origin 的车辆数量
plt.figure(figsize=(8, 6))
sns.countplot(x='origin', data=mpg)
plt.title('Count of Cars by Origin')
plt.xlabel('Origin')
plt.ylabel('Count')
plt.show()
# 绘制热力图: 查看不同变量之间的相关性（需要先计算相关性矩阵）
# 注意: 这里我们使用 pandas 的 corr()方法来计算相关性
correlation_matrix = mpg.corr()
plt.figure(figsize=(12, 10))
sns.heatmap(correlation_matrix, annot=True, cmap='coolwarm', linewidths=0.5)
plt.title('Correlation Matrix of MPG Dataset')
plt.show()
```

运行上述代码，出现了下面的错误提示。

```
ValueError: could not convert string to float: 'usa'
```

【追加问题 1】

运行上述代码，出现了如下错误提示。

```
ValueError: could not convert string to float: 'usa'
```

请问如何解决？

【AI 回答】

出现这个错误提示是因为在计算相关性矩阵时，mpg 数据集中的一些列包含字符串数据（例如 origin 列），而 corr()方法只能处理数值数据。因此，我们需要先对非数值列进行处理，然后再计算相关性矩阵。

一种常见的方法是使用独热编码（One-Hot Encoding）将分类变量转换为数值变量。我们可以使用 pandas 的 get_dummies()函数来实现这一点。以下是修改后的代码。

```
import seaborn as sns
import pandas as pd
import matplotlib.pyplot as plt

# 加载 Seaborn 自带的 mpg 数据集
mpg = sns.load_dataset('mpg')

# 查看数据集的前几行以了解其内容
print(mpg.head())

# 设置 Seaborn 的样式（可选）
sns.set(style="whitegrid")

# 绘制散点图：horsepower 与 mpg（每加仑英里数）之间的关系
plt.figure(figsize=(10, 6))
sns.scatterplot(x='horsepower', y='mpg', data=mpg)
plt.title('Horsepower vs MPG')
plt.xlabel('Horsepower')
plt.ylabel('MPG')
plt.show()

# 绘制箱线图：按 origin（原产地）分组查看 mpg 的分布情况
plt.figure(figsize=(10, 6))
sns.boxplot(x='origin', y='mpg', data=mpg)
plt.title('MPG Distribution by Origin')
plt.xlabel('Origin')
plt.ylabel('MPG')
plt.show()

# 绘制计数图：查看不同 origin 的车辆数量
plt.figure(figsize=(8, 6))
sns.countplot(x='origin', data=mpg)
plt.title('Count of Cars by Origin')
plt.xlabel('Origin')
plt.ylabel('Count')
plt.show()

# 使用独热编码将分类变量转换为数值变量
mpg_encoded = pd.get_dummies(mpg, columns=['origin'])

# 绘制热力图：查看不同变量之间的相关性（需要先计算相关性矩阵）
correlation_matrix = mpg_encoded.corr()
plt.figure(figsize=(12, 10))
sns.heatmap(correlation_matrix, annot=True, cmap='coolwarm', linewidths=0.5)
plt.title('Correlation Matrix of MPG Dataset')
plt.show()
```

上述代码使用独热编码将分类变量转换为了数值变量，运行程序依然出现同样的错误。但是，AI 工具分析出了错误的原因："出现这个错误是因为在计算相关性矩阵时，mpg 数据集中的一些列包含字符串数据"。接下来，从字符串列入手，继续追问 AI 工具。

【追加问题 2】
绘制热力图时去掉 mpg 数据集中的字符串列。

【AI 回答】
为了绘制热力图时去掉 mpg 数据集中的所有字符串列，我们可以先选择数值列，然后计算这些数值列之间的相关性矩阵。以下是修改后的代码。

```python
import seaborn as sns
import pandas as pd
import matplotlib.pyplot as plt

# 加载 Seaborn 自带的 mpg 数据集
mpg = sns.load_dataset('mpg')

# 查看数据集的前几行以了解其内容
print(mpg.head())

# 设置 Seaborn 的样式（可选）
sns.set(style="whitegrid")

# 绘制散点图: horsepower 与 mpg（每加仑英里数）之间的关系
plt.figure(figsize=(10, 6))
sns.scatterplot(x='horsepower', y='mpg', data=mpg)
plt.title('Horsepower vs MPG')
plt.xlabel('Horsepower')
plt.ylabel('MPG')
plt.show()

# 绘制箱线图: 按 origin（原产地）分组查看 mpg 的分布情况
plt.figure(figsize=(10, 6))
sns.boxplot(x='origin', y='mpg', data=mpg)
plt.title('MPG Distribution by Origin')
plt.xlabel('Origin')
plt.ylabel('MPG')
plt.show()

# 绘制计数图: 查看不同 origin 的车辆数量
plt.figure(figsize=(8, 6))
sns.countplot(x='origin', data=mpg)
plt.title('Count of Cars by Origin')
plt.xlabel('Origin')
plt.ylabel('Count')
plt.show()

# 选择数值列
numerical_columns = mpg.select_dtypes(include=['float64', 'int64']).columns

# 计算相关性矩阵
correlation_matrix = mpg[numerical_columns].corr()

# 绘制热力图: 查看不同变量之间的相关性
plt.figure(figsize=(12, 10))
sns.heatmap(correlation_matrix, annot=True, cmap='coolwarm', linewidths=0.5)
plt.title('Correlation Matrix of Numerical Features in MPG Dataset')
plt.show()
```

运行程序，问题解决了！

小结

Seaborn 是基于 Matplotlib 的 Python 可视化库。它提供了一种高级界面来绘制有吸引力的统计图表。本章主要介绍了 Seaborn 的安装、Seaborn 自带的数据集、Seaborn 绘图的基本设置以及常用图表的绘制，包括折线图、直方图、条形图、散点图、箱线图等。

习题

6-1 将"资源包\Code\datas"文件夹中的"data2024.xlsx"作为数据集,绘制球员薪资数据的直方图和核密度图。

6-2 将"资源包\Code\datas"文件夹中的"tips.xlsx"作为数据集,绘制箱线图分析不同用餐类型小费的异常值。

第 **7** 章   第三方图表 pyecharts

学习目标

- 掌握 pyecharts 的安装
- 掌握 pyecharts 对方法的链式调用
- 了解 pyecharts 的功能
- 掌握 pyecharts 常用图表的绘制

7.1   pyecharts 入门

7.1.1   pyecharts 简介

pyecharts 是一个基于 ECharts 的 Pyhon 数据可视化工具，用于生成交互式的、动态的图表，简单易用、交互性强、图表类型丰富，可以生成独立的网页格式的图表，也可以嵌入 Jupyter Notebook、HTML 文件和 Web 应用中。

7.1.2   安装 pyecharts

在命令提示符窗口中安装 pyecharts 库。在桌面左下方的搜索框中输入"cmd"并按 Enter 键，打开命令提示符窗口，使用 pip 命令进行安装，命令如下。

```
pip install pyecharts==2.0.5
```

pyecharts 目前有 3 个版本，即 V0.5X、V1.X、V2.X，各个版本之间的差别比较大，这里安装的是 2.0.5 版本，建议你安装与本书相同的版本，以避免麻烦。对于已经安装好的 pyecharts 模块，可以使用如下方法查看 pyecharts 模块的版本。

```
import pyecharts
print(pyecharts._version_)
```

运行程序，输出为：2.0.5。

如果你的安装版本与此处不同，建议卸载，重新安装 pyecharts 2.0.5。

7.1.3   绘制第一个图表

下面使用 pyecharts 绘制一个简单的柱形图，具体步骤如下。

（1）从 pyecharts.charts 库中导入 Bar 模块，代码如下。

```
from pyecharts.charts import Bar  # 导入Bar模块
```

（2）创建一个空的 Bar()对象（柱形图对象），代码如下。

```
bar = Bar()
```

（3）定义 *x* 轴和 *y* 轴数据，其中 *x* 轴为月份、*y* 轴为销量，代码如下。

```
bar.add_xaxis(["1月","2月","3月","4月","5月","6月"])
bar.add_yaxis("零基础学 Python",[2567,1888,1359,3400,4050,5500])
bar.add_yaxis("Python 数据分析技术手册",[1567,988,2270,3900,2750,3600])
```

（4）渲染图表到 HTML 文件，并存放在程序所在目录下，代码如下。

```
bar.render("mycharts.html")
```

运行程序，程序所在目录下会生成一个名为 mycharts.html 的 HTML 文件，打开该文件，效果如图 7-1 所示。

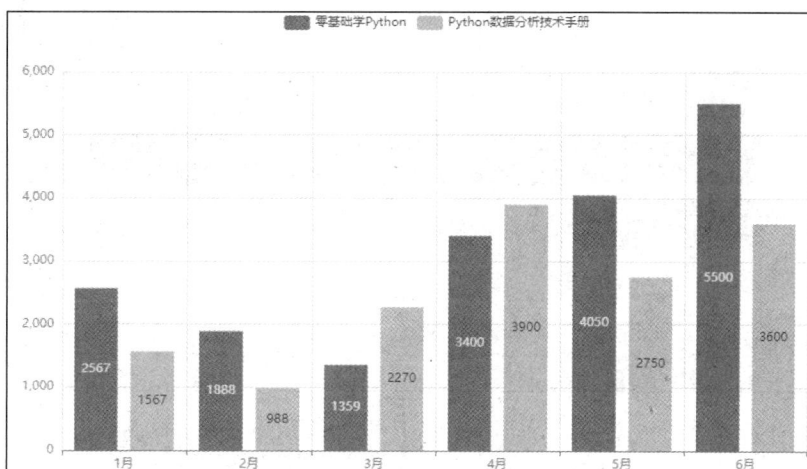

图 7-1

图 7-1　绘制第一个图表

以上就是我们用 pyecharts 绘制的第一个图表。

7.1.4　pyecharts 对方法的链式调用

pyecharts 对方法的调用分为单独调用和链式调用。单独调用就是常规的一个方法接一个方法地调用，如上一小节绘制第一个图表；而链式调用的关键在于方法化，现在很多开源库或者代码都使用链式调用。链式调用将所有需要调用的方法写在一个方法里，这样代码看上去更加简洁，也更易懂。

【例 7-1】 以上一小节"绘制第一个图表"为例，在调用 Bar 模块的各个方法时使用链式调用方式，代码如下。（实例位置：资源包\Code\第 7 章\7-1）

```
bar = (
    Bar()
    .add_xaxis(["1月","2月","3月","4月","5月","6月"])
    .add_yaxis("零基础学 Python",[2567,1888,1359,3400,4050,5500])
    .add_yaxis("Python 数据分析技术手册",[1567,988,2270,3900,2750,3600])
    .render("mycharts1.html")
)
```

7.2 pyecharts 的功能

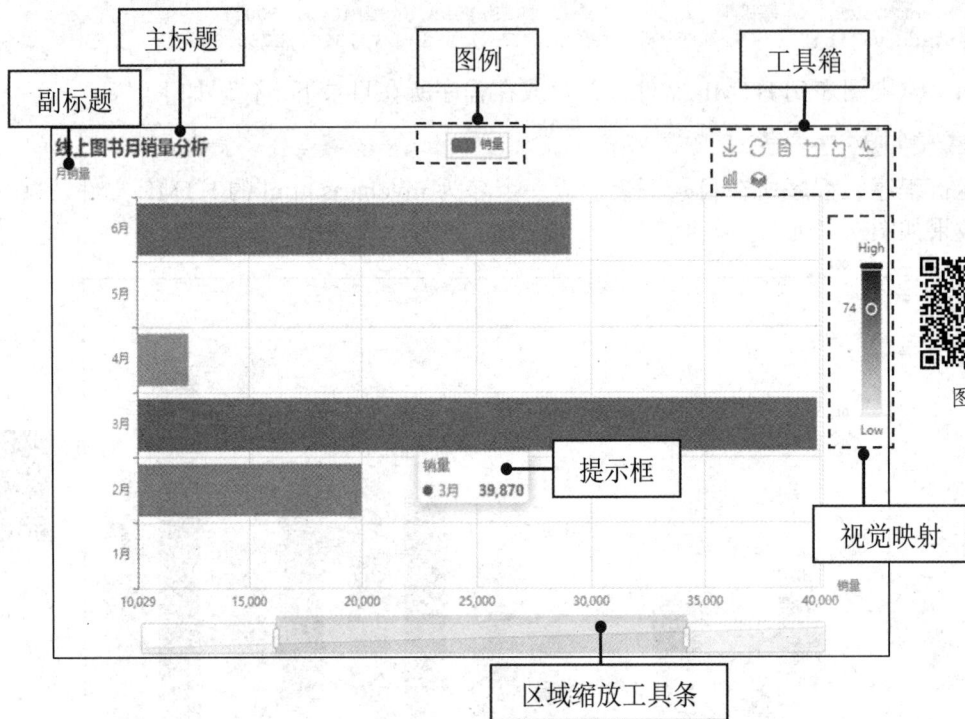

pyecharts 不仅具备 Matplotlib 的一些常用功能，还有一些别具特色的功能，主要包括设置主题风格、图表标题、图例、提示框、视觉映射、工具箱和区域缩放工具条等，如图 7-2 所示。这些功能使得 pyecharts 能够绘制出各种各样的图表。

图 7-2　pyecharts 的组成

7.2.1　主题风格

pyecharts 内置 15 种不同的主题风格，并提供便捷的定制主题的方法。图表的主题风格主要通过 pyecharts 库 options 模块的 InitOpts() 方法来设置。语法格式如下。

```
class InitOpts(width: str = "900px",height: str = "500px", chart_id: Optional[str] = None,
renderer: str = RenderType.CANVAS,page_title: str = "Awesome-pyecharts",theme: str = "white",
bg_color: Optional[str] = None,js_host: str = "",animation_opts: Union[AnimationOpts, dict]
= AnimationOpts(),)
```

主要参数说明如下。

□ width：字符型，图表画布宽度，以像素为单位。例如 width='500px'。

□ height：字符型，图表画布高度，以像素为单位。例如 height='300px'。

□ chart_id：图表的 ID，图表的唯一标识，主要用于绘制多图表时区分每个子图表。

□ page_title：字符型，网页标题。

□ theme：图表主题风格，其参数值主要由 ThemeType 模块提供。

□ bg_color：字符型，图表背景颜色。例如，bg_color='black' 或 bg_color='#fff'。

ThemeType 模块提供的 15 种图表主题风格如表 7-1 所示。

表 7-1　图表主题风格

主题	说明
ThemeType.WHITE	默认主题
ThemeType.LIGHT	浅色主题
ThemeType.DARK	深色主题
ThemeType.CHALK	粉笔色主题
ThemeType.ESSOS	厄索斯大陆主题
ThemeType.INFOGRAPHIC	信息图主题
ThemeType.MACARONS	马卡龙主题
ThemeType.PURPLE_PASSION	紫色热烈主题
ThemeType.ROMA	罗马假日主题
ThemeType.ROMANTIC	浪漫主题
ThemeType.SHINE	闪耀主题
ThemeType.VINTAGE	葡萄酒主题
ThemeType.WALDEN	瓦尔登湖主题
ThemeType.WESTEROS	维斯特洛大陆主题
ThemeType.WONDERLAND	仙境主题

【例 7-2】　为图表设置画布大小、主题风格和背景颜色，代码如下。（实例位置：资源包\Code\第 7 章\7-2）

```
from pyecharts.charts import Bar  # 导入 Bar 模块
#导入 options 模块
from pyecharts import options as opts
from pyecharts.globals import ThemeType
bar = (
    Bar(init_opts=opts.InitOpts(width='500px', height='300px',   # 设置画布大小
                        theme=ThemeType.LIGHT,        # 设置主题风格
                        bg_color='#fff'))             # 设置背景颜色
    # x 轴和 y 轴数据
    .add_xaxis(["1 月","2 月","3 月","4 月","5 月","6 月"])
    .add_yaxis("零基础学 Python",[2567,1888,1359,3400,4050,5500])
    .add_yaxis("Python 数据分析技术手册",[1567,988,2270,3900,2750,3600])
    .render("mycharts1.html")
)
```

运行程序，程序所在目录下会生成一个名为 mycharts1.html 的 HTML 文件，打开该文件，效果如图 7-3 所示。

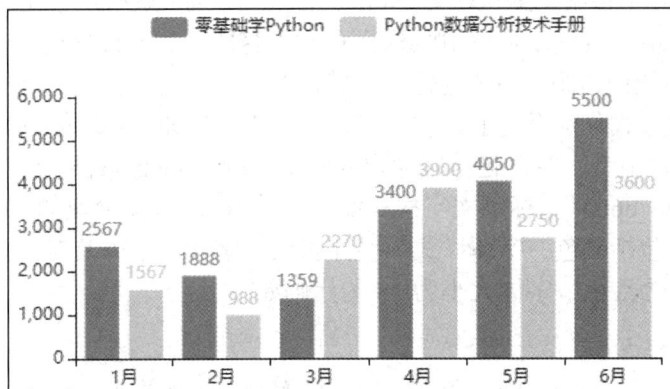

图 7-3　设置了画布大小、主题风格和背景颜色的图表

7.2.2 图表标题

图表标题主要通过 set_global_opts()方法的 title_opts 参数进行设置,其值取决于 options 模块的 TitleOpts()方法,该方法可以实现主标题、副标题、距离及文字样式等的设置。语法格式如下。

```
class TitleOpts(is_show: bool = True,title: Optional[str] = None,title_link: Optional[str]
=None,title_target:Optional[str]=None,subtitle:Optional[str]=None,subtitle_link:Optional[str]
=None,subtitle_target:Optional[str]=None,pos_left:Optional[str]=None,pos_right:Optional[str]
=None,pos_top:Optional[str]=None,pos_bottom:Optional[str]=None,padding:Union[Sequence,Numeric]
=5,item_gap:Numeric=10,text_align:str="auto",text_vertical_align:str="auto",is_trigger_event:
bool=False,title_textstyle_opts:Union[TextStyleOpts,dict,None]=None,subtitle_textstyle_opts:
Union[TextStyleOpts,dict,None]=None,)
```

TitleOpts()方法的主要参数说明如下。

- □ title:字符型,默认值为 None,主标题文本,支持换行符 "\n"。
- □ title_link:字符型,默认值为 None,主标题跳转统一资源定位符(Unified Resource Location,URL)链接。
- □ title_target:字符型,默认值为 None,主标题跳转链接的方式,默认值为 blank,表示在新窗口打开。若设置为 self,则在当前窗口打开。
- □ subtitle:字符型,默认值为 None,副标题文本,支持换行符 "\n"。
- □ subtitle_link:字符型,默认值为 None,副标题跳转 URL 链接。
- □ subtitle_target:字符型,默认值为 None,副标题跳转链接的方式,默认值为 blank,表示在新窗口打开。若设置为 self,则在当前窗口打开。
- □ pos_left:字符型,默认值为 None,标题与左侧的距离。其值可以是像 10 这样的具体像素值,也可以是像 10%这样相对于容器高宽的百分比,还可以是 left、center 或 right,标题将根据相应的位置自动对齐。
- □ pos_right:字符型,默认值为 None,标题与右侧的距离。其值可以是像 10 这样的具体像素值,也可以是像 10%这样相对于容器高宽的百分比。
- □ pos_top:字符型,默认值为 None,标题与顶部的距离。其值可以是像 10 这样的具体像素值,也可以是像 10%这样相对于容器高宽的百分比,还可以是 top、middle 或 bottom,标题将根据相应的位置自动对齐。
- □ pos_bottom:字符型,默认值为 None,标题与底部的距离。其值可以是像 10 这样的具体像素值,也可以是像 10%这样相对于容器高宽的百分比。
- □ padding:标题内边距,单位为像素,默认各方向(上、右、下、左)内边距均为 5,支持以数组形式分别设定上、右、下、左边距。例如 padding=[10,4,5,90]。
- □ item_gap:数值型,主标题与副标题的间距。例如 item_gap=3.5。
- □ title_textstyle_opts:主标题文字样式配置项,由 options 模块的 TextStyleOpts()方法确定,主要包括颜色、字体样式、字体粗细、字体大小以及对齐方式等。例如,设置标题颜色为红色、字体大小为 18 的代码如下。

```
title_textstyle_opts=opts.TextStyleOpts(color='red',font_size=18)
```

- □ subtitle_textstyle_opts:副标题文字样式配置项。说明同上一参数。

【例 7-3】 为图表设置标题，代码如下。（实例位置：资源包\Code\第 7 章\7-3）

```python
from pyecharts.charts import Bar  #导入 Bar 模块
#导入 options 模块
from pyecharts import options as opts
from pyecharts.globals import ThemeType
bar =(
    Bar(init_opts=opts.InitOpts(theme=ThemeType.LIGHT))         # 主题风格
    # x 轴和 y 轴数据
    .add_xaxis(["1 月","2 月","3 月","4 月","5 月","6 月"])
    .add_yaxis("零基础学 Python", [2567,1888,1359,3400,4050,5500])
    .add_yaxis("Python 数据分析技术手册",[1567,988,2270,3900,2750,3600])
    # 设置图表标题
    .se_global_opts(title_opts=opts.TitleOpts(title="热门图书销量分析",  # 主标题
                                              padding=[10,4,5,90],   # 标题内边距
                                              subtitle='热门图书',     # 副标题
                                              item_gap=5,             # 主标题与副标题的间距
                                      # 主标题字体颜色和字体大小
                                              title_textstyle_opts=opts.TextStyleOpts
                                              (color='red',font_size=18)
                                                 ))
    .render("mycharts2.html")
)
```

运行程序，程序所在目录下会生成一个名为 mycharts2.html 的 HTML 文件，打开该文件，效果如图 7-4 所示。

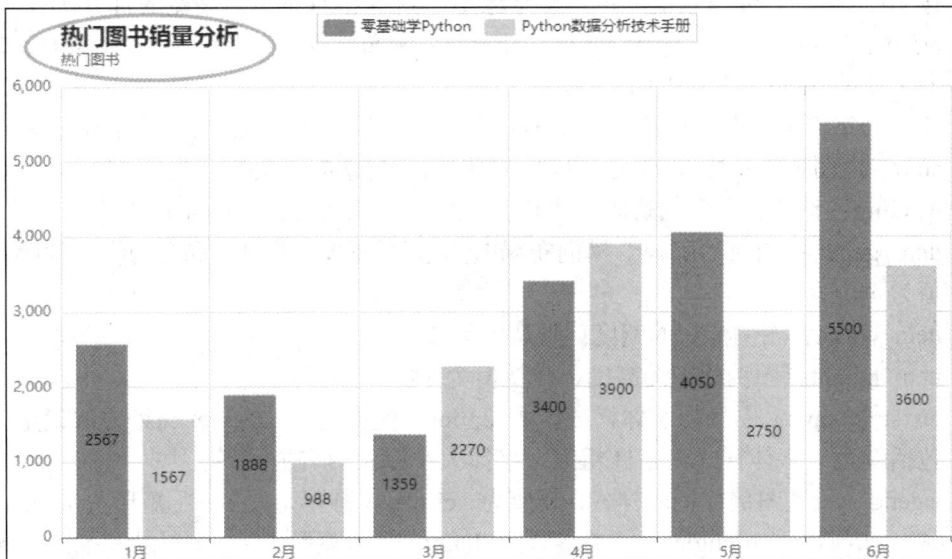

图 7-4　图表标题

7.2.3　图例

图例主要通过 set_global_opts()方法的 legend_opts 参数进行设置，其值取决于 options 模块的 LegendOpts()方法。语法格式如下。

```
class LegendOpts(type_:Optional[str]=None,selected_mode:Union[str,bool,None]= None,is_show:
bool=True,pos_left:Union[str,Numeric,None]=None,pos_right:Union[str,Numeric,None]=None,pos_top:Union
```

```
[str,Numeric,None]=None,pos_bottom:Union[str,Numeric,None]=None,orient:Optional[str]=None,align:
Optional[str]=None,padding:int=5,item_gap:int=10,item_width:int=25,item_height:int=14,inactive_color:
Optional[str]=None,textstyle_opts:Union[TextStyleOpts,dict,None]=None,legend_icon:Optional[str]=
None,background_color:Optional[str]="transparent",border_color:Optional[str]="#ccc",border_width:int=
1,border_radius:Union[int,Sequence]=0,page_button_item_gap:int=5,page_button_gap:Optional[int]=
None,page_button_position:str="end",page_formatter:JSFunc="{current}/{total}",page_icon:Optional
[str]=None,page_icon_color:str="#2f4554",page_icon_inactive_color:str="#aaa",page_icon_size:Union
[int,Sequence]=15,is_page_animation:Optional[bool]=None,page_animation_duration_update:int=800,
selector:Union[bool,Sequence]=False,selector_position:str="auto",selector_item_gap:int=7,selector_
button_gap:int=10,)
```

LegendOpts()方法的主要参数说明如下。

- is_show：布尔值，设置是否显示图例，值为 True 表示显示图例，值为 False 表示不显示图例。

- pos_left：字符串或数值，默认值为 None，图例与容器左侧的距离。其值可以是像 10 这样的具体像素值，也可以是像 10%这样相对于容器高宽的百分比，还可以是 left、center 或 right，图例将根据相应的位置自动对齐。

- pos_right：字符串或数值，默认值为 None，图例与容器右侧的距离。其值可以是像 10 这样的具体像素值，也可以是像 10%这样相对于容器高宽的百分比。

- pos_top：字符串或数值，默认值为 None，图例与容器顶部的距离。其值可以是像 10这样的具体像素值，也可以是像10%这样相对于容器高宽的百分比，还可以是top、middle 或 bottom，图例将根据相应的位置自动对齐。

- pos_bottom：字符串或数值，默认值为 None，图例与容器底部的距离。其值可以是像 10 这样的具体像素值，也可以是像 10%这样相对于容器高宽的百分比。

- orient：字符串，默认值为 None，图例列表的布局朝向，其值为 horizontal（表示横向）或 vertical（表示纵向）。

- align：字符串，图例标记和文本的对齐方式。其值为 auto、left 或 right，默认值为 auto。由图表的位置和 orient 参数（图例列表的朝向）决定。

- padding：整数，图例内边距，单位为像素，默认各方向内边距均为 5。

- item_gap：各图例的间隔。横向布局时为水平间隔，纵向布局时为纵向间隔。默认值为 10。

- item_width：图例标记的宽度，默认值为 25。

- item_height：图例标记的高度，默认值为 14。

- textstyle_opts：图例的字体样式，由 options 模块的 TextStyleOpts()方法确定。主要包括颜色、字体样式、字体粗细、字体大小以及对齐方式等。

- legend_icon：图例标记的样式，其值为 'circle'（圆形）、'rect'（矩形）、'roundRect'（圆角矩形）、'triangle'（三角形）、'diamond'（菱形）、'pin'（大头针）、'arrow'（箭头）或 'none'（无），也可以设置为图片。

【例 7-4】 为图表设置图例，代码如下。（实例位置：资源包\Code\第 7 章\7-4）

```
from pyecharts.charts import Bar    #导入 Bar 模块
#导入 options 模块
from pyecharts import options as opts
from pyecharts.globals import ThemeType
bar =(
    Bar(init_opts=opts.InitOpts(theme=ThemeType.LIGHT))               # 主题风格
    # x 轴和 y 轴数据
```

```
    .add_xaxis(["1月","2月","3月","4月","5月","6月"])
    .add_yaxis("零基础学 Python",[2567,1888,1359,3400,4050,5500])
    .add_yaxis("Python 数据分析技术手册",[1567,988,2270,3900,2750,3600])
    # 设置图表标题
    .set_global_opts(title_opts=opts.TitleOpts(title="热门图书销量分析",        # 主标题
                                        padding=[10,4,5,90],           # 标题内边距
                                        subtitle='热门图书',  # 副标题
                                        item_gap=5,                    # 主标题与副标题的间距
                                        # 主标题字体颜色和字体大小
                                        title_textstyle_opts=opts.TextStyleOpts
                                        (color='red',font_size=18)),
                    # 设置图例
                    legend_opts=opts.LegendOpts(pos_right=50,   # 图例与容器右侧的距离
                    item_width=45,   # 图例标记的宽度
                    legend_icon='circle'))  # 图例标记的样式为圆形
    .render("mycharts3.html")
)
```

运行程序，在程序所在目录下会生成一个名为 mycharts3.html 的 HTML 文件，打开该文件，效果如图 7-5 所示。

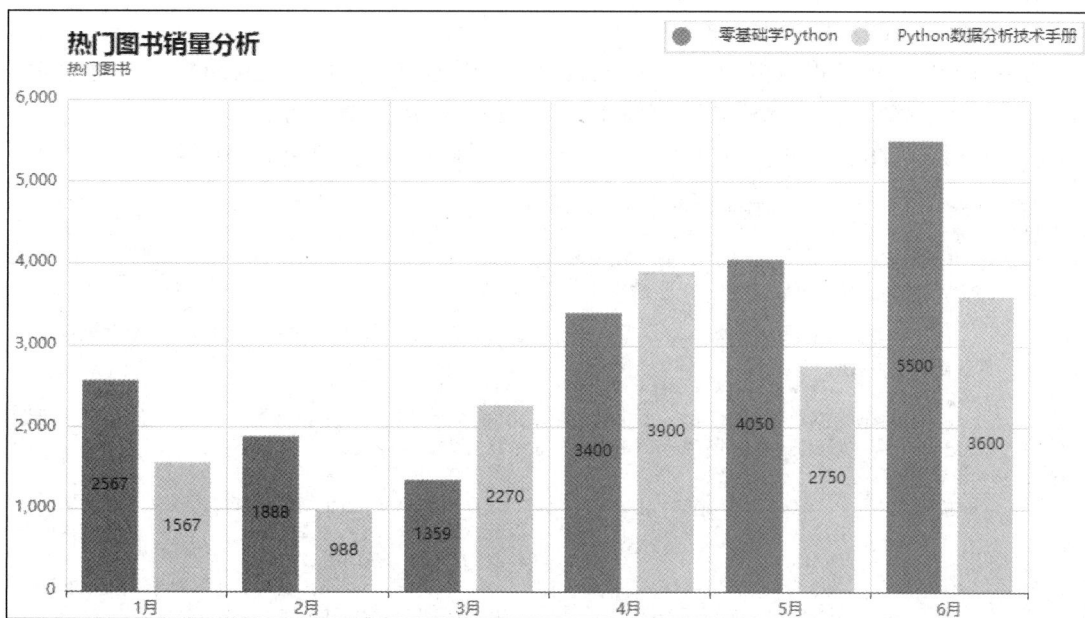

图 7-5　图例

7.2.4　提示框

提示框主要通过 set_global_opts()方法的 tooltip_opts 参数进行设置，其值取决于 options 模块的 TooltipOpts()方法。语法格式如下。

```
class TooltipOpts(is_show:bool=True,trigger:str="item",trigger_on: str="mousemove|click",
axis_pointer_type:str="line",is_show_content:bool=True,is_always_show_content:bool=False,show_delay:
Numeric=0,hide_delay:Numeric=100,position:Union[str,Sequence,JSFunc]=None,formatter:Optional[str]
=None,background_color:Optional[str]=None,border_color:Optional[str]=None,border_width:Numeric
=0,textstyle_opts:TextStyleOpts=TextStyleOpts(font_size=14),)
```

TooltipOpts()方法的主要参数说明如下。

- ❑ is_show：布尔值，设置是否显示提示框。
- ❑ trigger：提示框触发的类型，可选参数。值为 item，数据项图形触发，主要在散点图和饼图等无类目轴的图表中使用。值为 axis，坐标轴触发，主要在柱形图和折线图等使用类目轴的图表中使用。值为 None 则不触发，无提示框。
- ❑ trigger_on：提示框触发的条件，可选参数。值为 mousemove，鼠标移动时触发。值为 click，鼠标点击时触发。值为 mousemove|click，鼠标移动和点击的同时触发。值为 none，鼠标不移动或不点击时触发。
- ❑ axis_pointer_type：指示器类型，可选参数，其值如下。
  - ➢ line：直线指示器。
  - ➢ shadow：阴影指示器。
  - ➢ cross：十字线指示器。
  - ➢ none：无指示器。
- ❑ background_color：提示框的背景颜色。
- ❑ border_color：提示框边框的颜色。
- ❑ border_width：提示框边框的宽度。
- ❑ textstyle_opts：提示框中文字的样式，由 options 模块的 TextStyleOpts()方法确定，主要包括颜色、字体样式、字体粗细、字体大小以及对齐方式等。

【例 7-5】 为图表设置提示框，代码如下。（实例位置：资源包\Code\第 7 章\7-5）

```python
from pyecharts.charts import Bar  #导入 Bar 模块
#导入 options 模块
from pyecharts import options as opts
from pyecharts.globals import ThemeType
bar =(
    Bar(init_opts=opts.InitOpts(theme=ThemeType.LIGHT))              # 主题风格
    # x 轴和 y 轴数据
    .add_xaxis(["1 月","2 月","3 月","4 月","5 月","6 月"])
    .add_yaxis("零基础学 Python",[2567,1888,1359,3400,4050,5500])
    .add_yaxis("Python 数据分析技术手册",[1567,988,2270,3900,2750,3600])
    # 设置图表标题
    .set_global_opts(title_opts=opts.TitleOpts(title="热门图书销量分析",      # 主标题
                                      padding=[10,4,5,90],          # 标题内边距
                                      subtitle='热门图书',          # 副标题
                                      item_gap=5,              # 主标题与副标题的间距
                                      # 主标题字体颜色和字体大小
                                      title_textstyle_opts=opts.TextStyleOpts(color=
                                      'red',font_size=18)) ,
                     # 设置图例
                     legend_opts=opts.LegendOpts(pos_right=50, # 图例与容器右侧的距离
                           item_width=45,      # 图例标记的宽度
                           legend_icon='circle'), # 图例标记的样式为圆形
                     # 提示框
                     tooltip_opts=opts.TooltipOpts(trigger="axis", # 坐标轴触发
                                        trigger_on='click',# 鼠标点击时触发
                                        axis_pointer_type='cross', # 十字线指示器
                                        background_color='blue', # 背景颜色为蓝色
                                        border_width=2,        # 边框宽度
                                        border_color='red')  # 边框颜色为红色

          )
    .render("mycharts4.html")
)
```

运行程序，程序所在目录下会生成一个名为 mycharts4.html 的 HTML 文件，打开该文件，效果如图 7-6 所示。

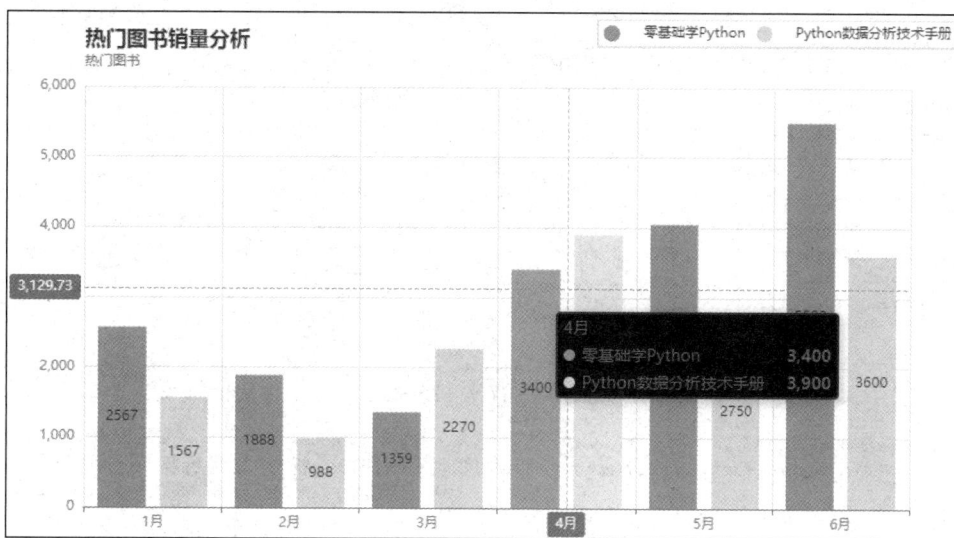

图 7-6　提示框

7.2.5　视觉映射

视觉映射主要通过 set_global_opts()方法的 visualmap_opts 参数进行设置，其值取决于 options 模块的 VisualMapOpts()方法。语法格式如下。

```
class VisualMapOpts(is_show:bool=True,type_:str="color",min_:Union[int,float] = 0,max_:
Union[int,float] = 100,range_: Sequence[Numeric] = None,range_text: Union[list,tuple] = None,
range_color: Union[Sequence[str]] = None,range_size: Union[Sequence[int]] = None,range_opacity:
Optional[Numeric] = None, orient: str = "vertical", pos_left: Optional[str] = None, pos_right:
Optional[str] = None,pos_top: Optional[str] = None,pos_bottom: Optional[str] =None,split_
number:int=5,series_index:Union[Numeric,Sequence,None] =None,dimension:Optional[Numeric]=
None,is_calculable:bool=True,is_piecewise:bool=False,is_inverse: bool = False, precision:
Optional[int] = None,pieces: Optional[Sequence] = None,out_of_range: Optional[dict] =None,item_
width:int=0,item_height:int=0,background_color:Optional[str]=None,border_color:Optional[str]=None,
border_width:int=0,textstyle_opts:Union[TextStyleOpts,dict,None]=None,)
```

VisualMapOpts()方法的主要参数说明如下。

❑ is_show：布尔值，是否显示视觉映射配置。

❑ type_：映射过渡类型，可选参数，其值为 color 或 size。

❑ min_：整数或浮点数，颜色条的最小值。

❑ max_：整数或浮点数，颜色条的最大值。

❑ range_text：颜色条两端的文本，其值为 High 或 Low。

❑ range_color：序列，颜色范围（即过渡颜色）。例如，range_color=["#FFF0F5", "#8B008B"]。

❑ orient：颜色条放置方式，其值为 horizontal 或 vertical。

❑ pos_left：颜色条与左侧的距离。

❑ dimension：颜色条映射的维度。

□ is_piecewise：布尔值，设置是否分段显示数据。

【例 7-6】 为图表添加视觉映射，代码如下。（实例位置：资源包\Code\第 7 章\7-6）

```
from pyecharts.charts import Bar  #导入 Bar 模块
#导入 options 模块
from pyecharts import options as opts
bar=Bar()
# 为柱形图添加数据
bar.add_dataset(source=[
    ["val","销量","月份"],
    [24,10009,"1 月"],
    [57,19988,"2 月"],
    [74,39870,"3 月"],
    [50,12345,"4 月"],
    [99,50145,"5 月"],
    [68,29146,"6 月"]])
bar.add_yaxis(series_name="销量",          # 系列名称
              y_axis=[],                   # 系列数据
              encode={"x":"销量", "y":"月份"},          # 对 x 轴、y 轴数据进行编码
              label_opts=opts.LabelOpts(is_show=False)  # 不显示标签文本
              )
bar.set_global_opts(
    title_opts=opts.TitleOpts(title="线上图书月销量分析",   # 主标题
                              subtitle='月销量'),          # 副标题
    xaxis_opts=opts.AxisOpts(name="销量"),               # x 轴名称
    yaxis_opts=opts.AxisOpts(type_="category"),          # y 轴类型
    # 视觉映射
    visualmap_opts=opts.VisualMapOpts(
        orient="horizontal",                  # 水平放置颜色条
        pos_left="center",                    # 居中
        min_=10,                              # 颜色条最小值
        max_=100,                             # 颜色条最大值
        range_text=["High","Low"],            # 颜色条两端的文本
        dimension=0,                          # 颜色条映射的维度
        range_color=["#FFF0F5","#8B008B"]     # 颜色范围
        )
    )
bar.render("mycharts5.html")                  # 生成图表
```

运行程序，程序所在目录下会生成一个名为 mycharts5.html 的 HTML 文件，打开该文件，效果如图 7-7 所示。

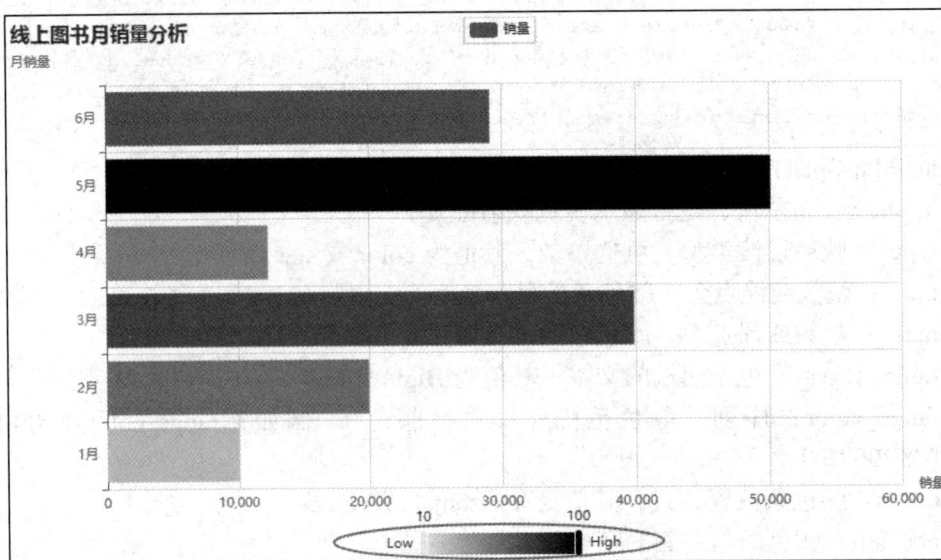

图 7-7　视觉映射

7.2.6 工具箱

工具箱主要通过 set_global_opts()方法的 toolbox_opts 参数进行设置，其值取决于 options 模块的 ToolboxOpts()方法。语法格式如下。

```
class ToolboxOpts(is_show:bool=True, orient:str="horizontal",pos_left:str="80%",pos_right:
Optional[str]=None, pos_top:Optional[str]="50%", pos_bottom:Optional[str]=None, feature:
Union[ToolBoxFeoture Opts,dict]=ToolBoxFeature Opts(),).
```

ToolboxOpts()方法的主要参数说明如下。

❑ is_show：布尔值，设置是否显示工具箱。

❑ orient：工具箱的布局朝向，可选参数，其值为 horizontal 或 vertical。

❑ pos_left：工具箱与容器左侧的距离。

❑ pos_right：工具箱与容器右侧的距离。

❑ pos_top：工具箱与容器顶部的距离。

❑ pos_bottom：工具箱与容器底部的距离。

❑ feature：工具箱中每个工具的配置项。

【例7-7】 为图表添加工具箱，代码如下。（实例位置：资源包\Code\第 7 章\7-7）

```
from pyecharts.charts import Bar   #导入 Bar 模块
#导入 options 模块
from pyecharts import options as opts
bar=Bar()
# 为柱形图添加数据
bar.add_dataset(source=[
    ["val","销量","月份"],
    [24,10009,"1 月"],
    [57,19988,"2 月"],
    [74,39870,"3 月"],
    [50,12345,"4 月"],
    [99,50145,"5 月"],
    [68,29146,"6 月"]])
bar.add_yaxis(series_name="销量",              # 系列名称
              y_axis=[],                       # 系列数据
              encode={"x": "销量","y": "月份"},        # 对 x 轴、y 轴数据进行编码
              label_opts=opts.LabelOpts(is_show=False)  # 不显示标签文本
              )
bar.set_global_opts(
    title_opts=opts.TitleOpts(title="线上图书月销量分析",  # 主标题
                              subtitle='月销量'),         # 副标题
    xaxis_opts=opts.AxisOpts(name="销量"),              # x 轴名称
    yaxis_opts=opts.AxisOpts(type_="category"),         # y 轴类型"
    # 视觉映射
    visualmap_opts=opts.VisualMapOpts(
          orient="horizontal",                 # 水平放置颜色条
          pos_left="center",                   # 居中
          min_=10,                             # 颜色条最小值
          max_=100,                            # 颜色条最大值
          range_text=["High","Low"],           # 颜色条两端的文本
          dimension=0,                         # 颜色条映射的维度
          range_color=["#FFF0F5","#8B008B"]    # 颜色范围
          ),

    # 工具箱
```

```
        toolbox_opts=opts.ToolboxOpts(is_show=True,        # 显示工具箱
                                       pos_left=700)         # 工具箱与容器左侧的距离
    )
    bar.render("mycharts6.html")                            # 生成图表
```

运行程序，程序所在目录下会生成一个名为 mycharts6.html 的 HTML 文件，打开该文件，效果如图 7-8 所示。

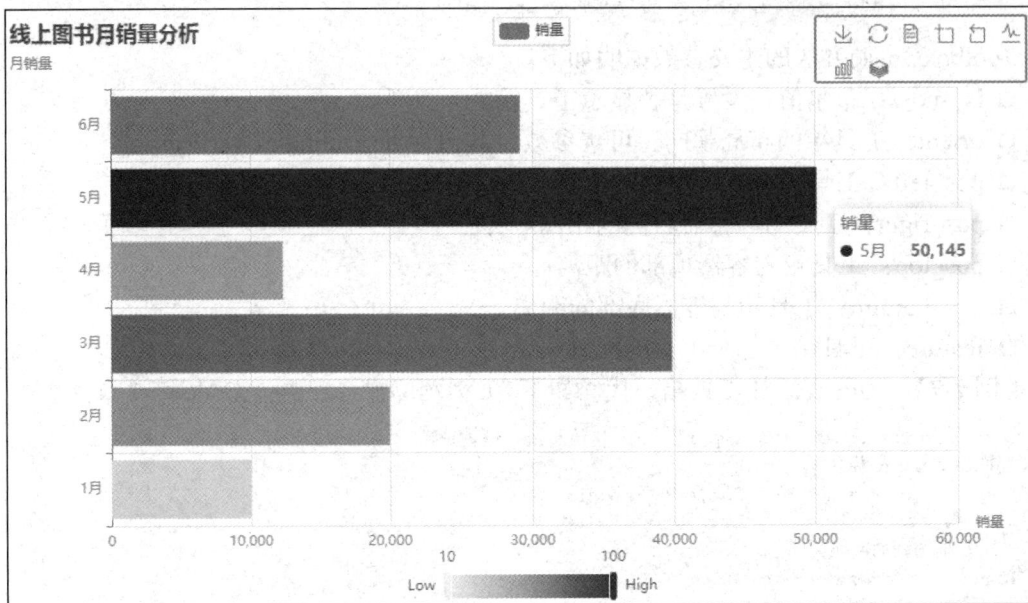

图 7-8　工具箱

7.2.7　区域缩放工具条

区域缩放工具条主要通过 set_global_opts()方法的 datazoom_opts 参数进行设置，其值取决于 options 模块的 DataZoomOpts()方法。语法格式如下。

```
class DataZoomOpts(is_show:bool=True,type_:str="slider",is_disabled:bool=False,is_ realtime:
bool=True,range_start:Union[Numeric,None]=20,range_end:Union[Numeric,None]=80,start_value:Union
[int,str,None]=None,end_value:Union[int,str,None]=None,min_span:Union[int,None]=None,max_span:
Union[int,None]=None,min_value_span:Union[int,str,None]=None,max_value_span:Union[int,str,None]
=None,orient:str="horizontal",xaxis_index:Union[int,Sequence[int]],None]=None,yaxis_index:Union
[int,Sequence[int]],None]=None,angle_axis_index:Union[int,Sequence[int]],None]=None,is_zoom_lock:
bool=False,throttle:Optional[int]=None,range_mode:Optional[Sequence]=None,pos_left:Optional
[str]=None, pos_top:Optional[str]=None,pos_right:Optional[str]=None,pos_bottom:Optional[str]=None,
filter_mode:str="filter",is_zoom_on_mouse_wheel:bool=True,is_move_on_mouse_move:bool=True,is_
move_on_mouse_wheel:bool=True,is_prevent_default_mouse_move:bool=True,)
```

DataZoomOpts()方法的主要参数说明如下。

❑ is_show：布尔值，设置是否显示区域缩放工具条。

❑ type_：区域缩放工具条的类型，可选参数，其值为 slider 或 inside。

❑ is_realtime：布尔值，设置是否实时更新图表。

❑ range_start：数据窗口范围的起始百分比，其值为 0~100，表示 0%~100%。

❑ range_end：数据窗口范围的结束百分比，其值为 0~100，表示 0%~100%。

- □ start_value：数据窗口范围的起始数值。
- □ end_value：数据窗口范围的结束数值。
- □ orient：区域缩放工具条的布局方式，可选参数，其值为 horizontal 或 vertical。
- □ pos_left：区域缩放工具条与容器左侧的距离。
- □ pos_right：区域缩放工具条与容器右侧的距离。
- □ pos_top：区域缩放工具条与容器顶部的距离。
- □ pos_bottom：区域缩放工具条与容器底部的距离。

【例 7-8】为图表添加区域缩放工具条，代码如下。(实例位置：资源包\Code\第 7 章\7-8)

```python
from pyecharts.charts import Bar    #导入 Bar 模块
#导入 options 模块
from pyecharts import options as opts
bar=Bar()
# 为柱形图添加数据
bar.add_dataset(source=[
    ["val","销量","月份"],
    [24,10009,"1 月"],
    [57,19988,"2 月"],
    [74,39870,"3 月"],
    [50,12345,"4 月"],
    [99,50145,"5 月"],
    [68,29146,"6 月"]])
bar.add_yaxis(series_name="销量",              # 系列名称
            y_axis=[],                          # 系列数据
            encode={"x": "销量", "y": "月份"},   # 对 x 轴、y 轴数据进行编码
            label_opts=opts.LabelOpts(is_show=False)   # 不显示标签文本
            )
bar.set_global_opts(
        title_opts=opts.TitleOpts(title="线上图书月销量分析",      # 主标题
                                  subtitle='月销量'),              # 副标题
        xaxis_opts=opts.AxisOpts(name="销量"),                    # x 轴名称
        yaxis_opts=opts.AxisOpts(type_="category"),              # y 轴类型
        # 视觉映射
        visualmap_opts=opts.VisualMapOpts(
            orient="vertical",                                   # 竖直放置颜色条
            pos_right=20,                                        # 与容器右侧的距离
            pos_top=100,                                         # 与容器顶部的距离
            min_=10,                                             # 颜色条最小值
            max_=100,                                            # 颜色条最大值
            range_text=["High", "Low"],                          # 颜色条两端的文本
            dimension=0,                                         # 颜色条映射的维度
            range_color=["#FFF0F5","#8B008B"]                    # 颜色范围
                        ) ,
        # 工具箱
        toolbox_opts=opts.ToolboxOpts(is_show=True,              # 显示工具箱
                                pos_left=700) ,                  # 工具箱与容器左侧的距离
    # 区域缩放工具条
    datazoom_opts=opts.DataZoomOpts()
)
bar.render("mycharts7.html")                                    # 生成图表
```

运行程序，程序所在目录下会生成一个名为 mycharts7.html 的 HTML 文件，打开该文件，效果如图 7-9 所示。

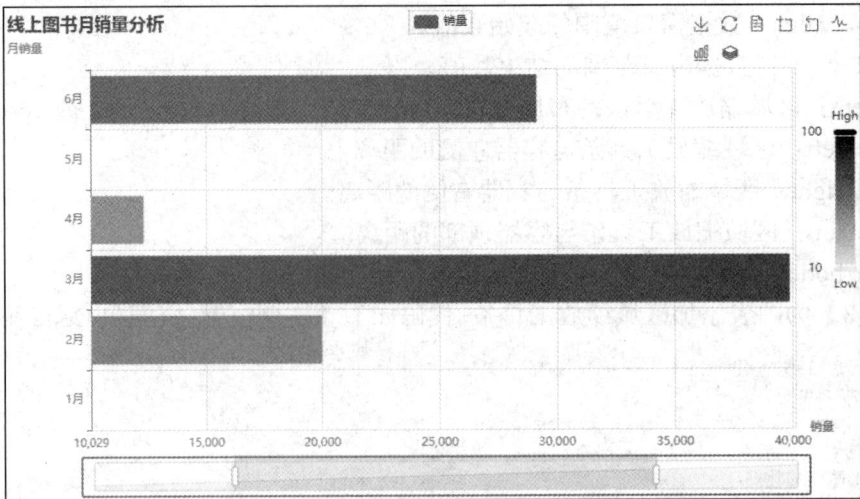

图 7-9 区域缩放工具条

7.3 pyecharts 常用图表的绘制

7.3.1 柱形图

柱形图主要使用 Bar 模块绘制，主要方法如下。

- □ add_xaxis()：*x* 轴数据。
- □ add_yaxis()：*y* 轴数据。
- □ reversal_axis()：翻转 *x*、*y* 轴数据。
- □ add_dataset()：原始数据，一般来说原始数据是二维表。

柱形图

【例 7-9】 绘制多柱形图表，分析 2017—2023 年各个电商平台的销售额情况，代码如下。（实例位置：资源包\Code\第 7 章\7-9）

```python
# 导入相关模块
import pandas as pd
from pyecharts.charts import Bar
from pyecharts import options as opts
from pyecharts.globals import ThemeType
# 设置数据显示的编码格式，以使列对齐
pd.set_option('display.unicode.east_asian_width', True)
# 读取 Excel 文件
df = pd.read_excel('../datas/books.xlsx', sheet_name='Sheet2')
print(df)
# x 轴和 y 轴数据
x=list(df['年份'])
y1=list(df['京东'])
y2=list(df['天猫'])
y3=list(df['自营'])
bar = Bar(init_opts=opts.InitOpts(theme=ThemeType.LIGHT))  # 创建柱形图并设置主题
# 为柱形图添加 x 轴和 y 轴数据
bar.add_xaxis(x)
bar.add_yaxis('京东', y1)
bar.add_yaxis('天猫', y2)
bar.add_yaxis('自营', y3)
# 渲染图表到 HTML 文件，存放在程序所在目录下
bar.render("mybar1.html")
```

运行程序，对比结果，如图 7-10 和图 7-11 所示。

图 7-11

序号	年份	京东	天猫	自营	总销售额
0	B01	2017	6800	32550	80695	120045
1	B02	2018	89044	187800	28834	305678
2	B16	2019	156010	234708	94382	485100
3	B04	2020	157856	290017	57215	505088
4	B05	2021	558909	321400	104202	984511
5	B18	2022	1298890	432578	154088	1885556
6	B06	2023	1525004	584500	179271	2288775

图 7-10　数据展示

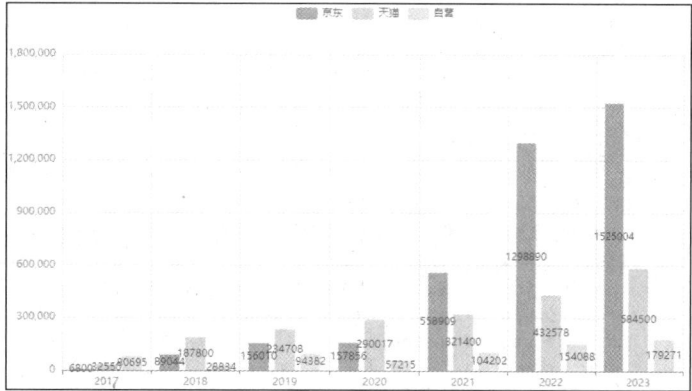

图 7-11　图表展示

7.3.2　折线图/面积图

折线图/面积图主要使用 Line 模块的 add_xaxis()方法和 add_yaxis()方法绘制。add_yaxis()方法的语法格式如下。

折线图/面积图

```
def add_yaxis(series_name:str,y_axis:types.Sequence[types.Union[opts.LineItem,dict]],is_connect_nones:
bool=False,xaxis_index:Optional[Numeric]=None,yaxis_index:Optional[Numeric]=None,polar_index:
types.Optional[types.Numeric]=None,coordinate_system:types.Optional[str]=None,color_by:types.Optional[str]=
None,color:Optional[str]=None,is_symbol_show:bool=True,symbol:Optional[str]=None,symbol_
size:Union[Numeric,Sequence]=4,stack:Optional[str]=None,stack_strategy:types.Optional[str]=
"samesign",is_smooth:bool=False,is_clip:bool=True,is_step:bool=False,is_hover_animation:
bool=True,z_level:types.Numeric=0,z:types.Numeric=0,sampling:types.Optional[str]=
None,dimensions:types.Union[types.Sequence,None]=None,series_layout_by:str="column",
markpoint_opts:Union[opts.MarkPointOpts,dict,None]=None,markline_opts:Union[opts.MarkLineOpts,
dict,None]=None,markarea_ opts:types.MarkArea=None,tooltip_opts:Union[opts.TooltipOpts,
dict,None]=None,label_opts:Union [opts.LabelOpts,dict]=opts.LabelOpts(),linestyle_opts:Union
[opts.LineStyleOpts,dict]=opts.LineStyleOpts(),areastyle_opts:Union[opts.AreaStyleOpts,dict]=
opts.AreaStyleOpts(),itemstyle_opts:Union[opts.ItemStyleOpts,dict,None]=None,encode:types.
Union [types.JSFunc,dict,None]= None,emphasis_opts:types.Emphasis=None,)
```

下面介绍 add_yaxis()方法的几个主要参数。

❑ series_name：系列名称，用于提示文本和图例标签。

❑ y_axis：y 轴数据。

❑ color：标签文本的颜色。

❑ symbol：标记，其值为 circle、rect、roundRect、triangle、diamond、pin、arrow 或 none，也可以设置为图片。

❑ symbol_size：标记大小。

❑ is_smooth：布尔值，设置是否为平滑曲线。

❑ is_step：布尔值，设置是否显示为阶梯图。

❑ linestyle_opts：线条样式。其值由 series_options.LineStyleOpts()方法确定。

❑ areastyle_opts：填充区域配置项，主要用于绘制面积图，其值由 options 模块的 AreaStyleOpts()方法确定。例如，areastyle_opts=opts.AreaStyleOpts(opacity=1)。

【例 7-10】 绘制折线图，分析 2017—2023 年各个电商平台的销售额情况，代码如下。（实例位置：资源包\Code\第 7 章\7-10）

```
# 导入相关模块
import pandas as pd
from pyecharts.charts import Line
# 读取 Excel 文件
df = pd.read_excel('../datas/books.xlsx', sheet_name='Sheet2')
x=list(df['年份'].values.astype(str))
y1=list(df['京东'])
y2=list(df['天猫'])
y3=list(df['自营'])
line=Line()  # 创建折线图
# 为折线图添加 x 轴和 y 轴数据
line.add_xaxis(xaxis_data=x)
line.add_yaxis(series_name="京东", y_axis=y1)
line.add_yaxis(series_name="天猫", y_axis=y2)
line.add_yaxis(series_name="自营", y_axis=y3)
# 渲染图表到 HTML 文件，存放在程序所在目录下
line.render("myline1.html")
```

运行程序，程序所在目录下会生成一个名为 myline1.html 的 HTML 文件，打开该文件，效果如图 7-12 所示。

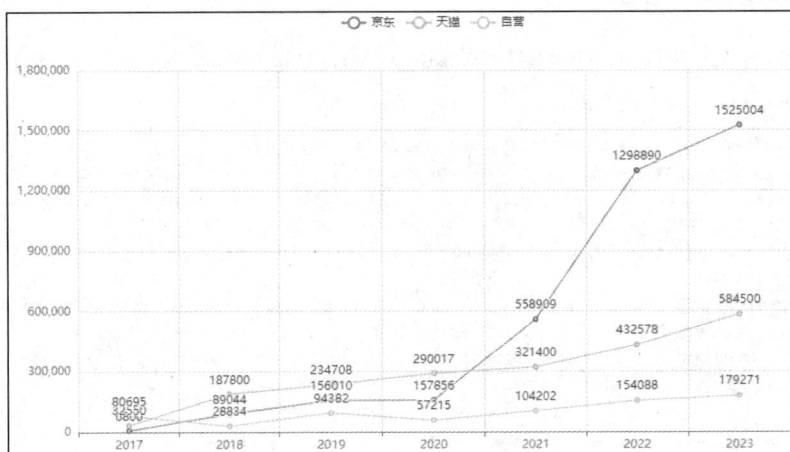

图 7-12

图 7-12　折线图

💾 **说明**：x 轴数据必须为字符串，否则图表不显示。如果数据为其他类型，需要使用 astype()函数将其转换为字符串。例如 list(df['年份'].values.astype(str))。

【例 7-11】Line 模块还可用于绘制面积图，即在 add_yaxis()方法中指定 areastyle_opts 参数，其值由 options 模块的 AreaStyleOpts()方法提供，代码如下。(实例位置：资源包\Code\第 7 章\7-11)

```
# 导入相关模块
import pandas as pd
from pyecharts.charts import Line
from pyecharts import options as opts
# 读取 Excel 文件
df = pd.read_excel('../datas/books.xlsx', sheet_name='Sheet2')
x=list(df['年份'].values.astype(str))
y1=list(df['京东'])
y2=list(df['天猫'])
y3=list(df['自营'])
line=Line()  # 创建折线图
# 为折线图添加 x 轴、y 轴数据并设置为面积图
line.add_xaxis(xaxis_data=x)
line.add_yaxis(series_name="京东",y_axis=y1,areastyle_opts=opts.AreaStyleOpts(opacity=1))
```

```
line.add_yaxis(series_name="天猫",y_axis=y2,areastyle_opts=opts.AreaStyleOpts(opacity=1))
line.add_yaxis(series_name="自营",y_axis=y3,areastyle_opts=opts.AreaStyleOpts(opacity=1))
# 渲染图表到 HTML 文件，存放在程序所在目录下
line.render("myline2.html")
```

运行程序，程序所在目录下会生成一个名为 myline2.html 的 HTML 文件，打开该文件，效果如图 7-13 所示。

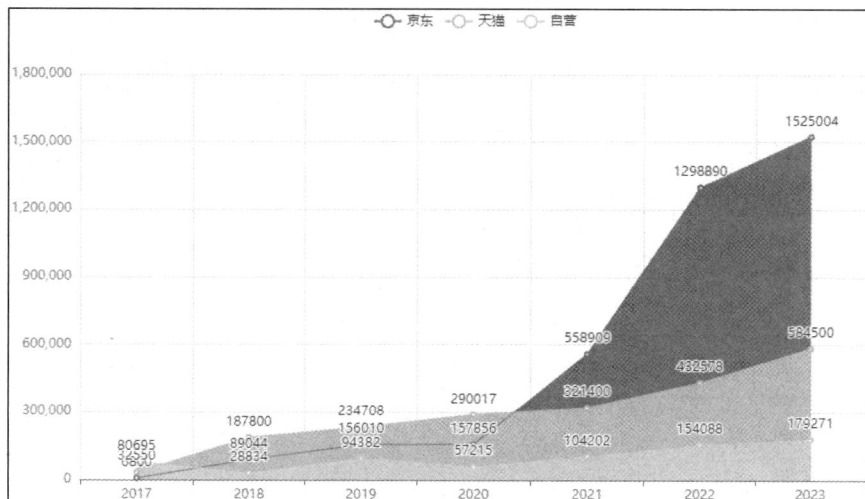

图 7-13

图 7-13　面积图

7.3.3　饼图

饼图主要使用 Pie 模块的 add()方法绘制。语法格式如下。

饼图

```
def add(series_name:str,data_pair :types.Sequence[types.Union [types.Sequence,opts.PieItem,dict]],
color:Optional[str]=None,color_by:types.Optional[str]="data",is_legend_hover_link:bool=
True,selected_mode:types.Union[str,bool]=False,selected_offset:types.Numeric=10,radius:
Optional[Sequence]=None,center:Optional[Sequence]=None,rosetype:types.Union[str,bool]=
None,is_clockwise:bool=True,start_angle:types.Numeric=90,min_angle:types.Numeric=
0,min_show_label_angle:types.Numeric=0,is_avoid_label_overlap:bool=True,is_still_show_zero_sum:
bool=True,percent_precision:types.Numeric=2,is_show_empty_circle:bool=True,empty_circle_style_opts:
types.PieEmptyCircle=opts.PieEmptyCircleStyle(),label_opts:Union[opts.LabelOpts,dict]=
opts. LabelOpts(),tooltip_opts:Union[opts.TooltipOpts,dict,None]=None,itemstyle_opts: Union
[opts.ItemStyleOpts,dict,None]=None,label_line_opts:types.PieLabelLine=opts.PieLabelLineOpts(),
emphasis_opts:types.Emphasis=None,encode:types.Union[types.JSFunc,dict,None]=None,mark
point_opts:Union[opts.MarkPointOpts,dict]=opts.MarkPointOpts(),markline_opts:Union[opts.
MarkLineOpts,dict] =opts.MarkLineOpts(),markarea_opts: types.MarkArea = None,)
```

下面介绍 add()方法的几个主要参数。

❑ series_name：系列名称，用于提示文本和图例标签。

❑ data_pair：数据项，格式为[(key1,value1),(key2,value2)]。可使用 zip()函数将可迭代对象打包成元组，然后再转换为列表。

❑ color：系列标签的颜色。

❑ radius：饼图的半径，数组的第一项是内半径，第二项是外半径。默认设置为百分比。

❑ rosetype：设置是否为南丁格尔图（也称玫瑰图），通过半径区分数据大小，其值为

radius 或 area，值为 radius 表示用扇形圆心角展现数据的百分比，半径展现数据的大小；值为 area 表示所有扇形圆心角相同，仅通过半径展现数据的大小。

❑ is_clockwise：设置饼图的扇形是否顺时针显示。

【例 7-12】 绘制饼图，分析各地区销量占比情况，代码如下。（实例位置：资源包\Code\第 7 章\7-12）

```python
import pandas as pd
from pyecharts.charts import Pie
from pyecharts import options as opts
# 读取 Excel 文件
df = pd.read_excel('../datas/data3.xlsx')
x_data=df['地区']
y_data=df['销量']
# 将数据转换为列表加元组的格式，即[(key1,value1),(key2,value2)]
data=[list(z)for z in zip(x_data,y_data)]
# 数据排序
data.sort(key=lambda x: x[1])
print(x_data)
print(data)
pie=Pie()    #创建饼图
# 为饼图添加数据
pie.add(
        series_name="地区",        # 序列名称
        data_pair=data,            # 数据
    )
pie.set_global_opts(
        # 饼图标题居中
        title_opts=opts.TitleOpts(
            title="各地区销量情况分析",
            pos_left="center"),
        # 不显示图例
        legend_opts=opts.LegendOpts(is_show=False) ,
    )
pie.set_series_opts(
        # 序列标签
        label_opts=opts.LabelOpts(),
    )
# 渲染图表到 HTML 文件，存放在程序所在目录下
pie.render("mypie1.html")
```

运行程序，程序所在目录下会生成一个名为 mypie1.html 的 HTML 文件，打开该文件，效果如图 7-14 所示。

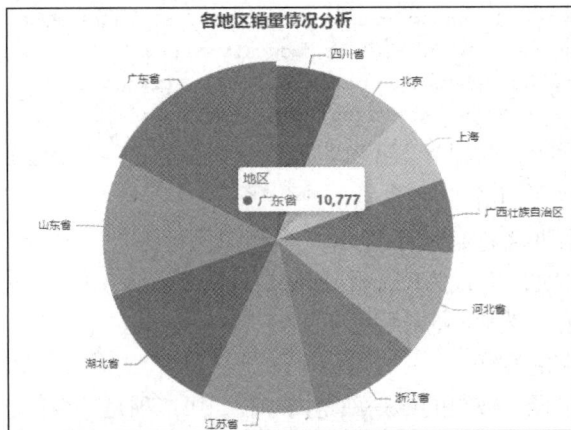

图 7-14

图 7-14　饼图

7.3.4 箱线图

箱线图主要使用 Boxplot 模块的 add_xaxis()方法和 add_yaxis()方法绘制。

【例 7-13】 绘制一个简单的箱线图，代码如下。（实例位置：资源包\Code\第 7 章\ 7-13）

```
# 导入相关模块
import pandas as pd
from pyecharts.charts import Boxplot
# 读取 Excel 文件
df = pd.read_excel('../datas/tips.xlsx')
y_data=[list(df['总消费'])]
boxplot=Boxplot()    #创建箱线图
# 为箱线图添加数据
boxplot.add_xaxis([""])
boxplot.add_yaxis('', y_axis=boxplot.prepare_data(y_data))
# 渲染图表到 HTML 文件，存放在程序所在目录下
boxplot.render("myboxplot.html")
```

运行程序，在程序所在目录下会生成一个名为 myboxplot.html 的 HTML 文件，打开该文件，效果如图 7-15 所示。

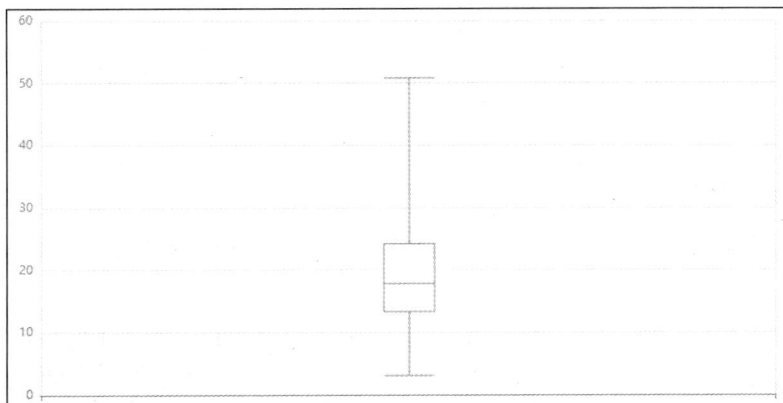

图 7-15　箱线图

7.3.5 涟漪特效散点图

涟漪特效散点图主要使用 EffectScatter 模块的 add_xaxis()方法和 add_yaxis()方法绘制。

【例 7-14】 绘制一个简单的涟漪特效散点图，代码如下。（实例位置：资源包\Code\第 7 章\7-14）

```
# 导入相关模块
import pandas as pd
from pyecharts.charts import EffectScatter
# 读取 Excel 文件
df = pd.read_excel('../datas/books.xlsx', sheet_name='Sheet2')
# x 轴和 y 轴数据
x=list(df['年份'].values.astype(str))
y1=list(df['京东'])
y2=list(df['天猫'])
y3=list(df['自营'])
```

```
# 绘制涟漪特效散点图
scatter=EffectScatter()
scatter.add_xaxis(x)
scatter.add_yaxis("", y1)
scatter.add_yaxis("", y2)
scatter.add_yaxis("", y3)
# 渲染图表到 HTML 文件，存放在程序所在目录下
scatter.render("myscatter.html")
```

运行程序，程序所在目录下会生成一个名为 myscatter.html 的 HTML 文件，打开该文件，效果如图 7-16 所示。

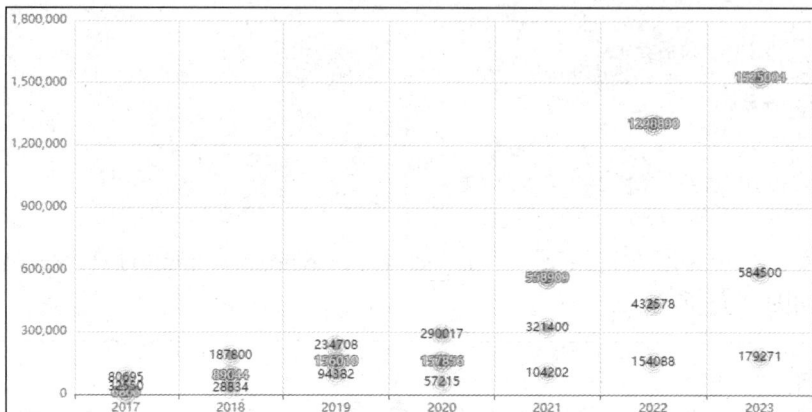

图 7-16

图 7-16 涟漪特效散点图

7.3.6 词云图

词云图主要使用 WordCloud 模块的 add()方法绘制。add()方法的语法格式如下。

词云图

```
def add(series_name:str,data_pair :Sequence,shape:str ="circle",mask_image: types.Optional
[str]=None,word_gap:Numeric=20,word_size_range=None,rotate_step:Numeric=45,pos_left:types.Optional
[str]=None,pos_top:types.Optional[str]=None,pos_right:types.Optional[str]=None,pos_bottom:
types.Optional[str]=None,width:types.Optional[str]=None,height:types.Optional[str]=
None,is_draw_out_of_bound:bool=False,tooltip_opts:Union[opts.TooltipOpts,dict,None]=None,textstyle_opts:
types.TextStyle=None,emphasis_shadow_blur:types.Optional[types.Numeric]=None,emphasis_shadow_
color:types.Optional[str] = None,)
```

下面介绍 add()方法的几个主要参数：

❑ series_name：序列名称，用于提示文本和图例标签。

❑ data_pair：数据项，格式为[(word1,count1),(word2,count2)]。可使用 zip()函数将可迭代对象打包成元组，然后再转换为列表。

❑ shape：字符型，词云图的轮廓，其值为'circle'、'cardioid'、'diamond'、'triangle-forward'、'triangle'、'pentagon'或'star'。

❑ mask_image：自定义图片（支持的图片格式为 JPG、JPEG、PNG 和 ICO）。该参数支持 base64（一种基于 64 个可打印字符来表示二进制数据的方法）和本地文件路径（相对或者绝对路径都可以）。

❑ word_gap：单词的间隔。

❑ word_size_range：单词字体大小的范围。

❑ rotate_step：旋转单词的角度。

❑ pos_left：与左侧的距离。

❑ pos_top：与顶部的距离。

❑ pos_right：与右侧的距离。

❑ pos_bottom：与底部的距离。

❑ width：词云图的宽度。

❑ height：词云图的高度。

绘制词云图首先需要通过 jieba 模块的 TextRank 算法从文本中提取关键词。TextRank 是一种文本排序算法，基于著名的网页排序算法 PageRank 改动而来。TextRank 不仅能进行关键词提取，还能做自动文摘。

计算某个词汇所连接所有词汇的权重（权重是指某一因素或指标相对于某一事物的重要程度，这里指某个词汇在整段文字中的重要程度），然后取其中排列靠前的词汇作为关键词。

【例 7-15】 绘制词云图分析用户评论内容，代码如下。（实例位置：资源包\Code\第 7 章\7-15）

```
# 导入相关模块
from pyecharts.charts import WordCloud
from jieba import analyse
# 读取文本文件
text = open('../datas/111.txt','r', encoding='gbk').read()
# 基于 TextRank 算法从文本中提取高频词
textrank=analyse.textrank
keywords=textrank(text, topK=30)
# 创建列表和元组
list1=[]
tup1=()
for keyword,weight in textrank(text,topK=30,withWeight=True):
    print('%s %s' % (keyword,  weight))
    tup1=(keyword,weight)          # 关键词权重
    list1.append(tup1)             # 添加到列表中
mywordcloud=WordCloud()            # 初始化 WordCloud 子模块
# 绘制词云图
mywordcloud.add('',list1, word_size_range=[20, 100])
mywordcloud.render('wordcloud.html')
```

运行程序，程序所在目录下会生成一个名为 wordcloud.html 的 HTML 文件，打开该文件，效果如图 7-17 所示。

图 7-17　词云图

7.3.7　热力图

热力图主要使用HeatMap模块的add_xaxis()方法和add_yaxis()方法绘制。

热力图

【例7-16】　绘制热力图统计双色球中奖号码出现的次数，代码如下。（实例位置：资源包\Code\第 7 章\7-16）

```python
# 导入相关模块
import pyecharts.options as opts
from pyecharts.charts import HeatMap
import pandas as pd
# 读取 CSV 文件
df=pd.read_csv('../datas/data.csv',encoding='gb2312')
series=df['中奖号码'].str.split(' ',expand=True) # 提取中奖号码
# 统计每一位中奖号码出现的次数
df1=df.groupby(series[0]).size()
df2=df.groupby(series[1]).size()
df3=df.groupby(series[2]).size()
df4=df.groupby(series[3]).size()
df5=df.groupby(series[4]).size()
df6=df.groupby(series[5]).size()
df7=df.groupby(series[6]).size()
# 横向表合并（行对齐）
data = pd.concat([df1,df2,df3,df4,df5,df6,df7],axis=1,sort=True)
data=data.fillna(0)      # 空值 NaN 替换为 0
data=data.round(0).astype(int)# 浮点数转换为整数
# 数据转换为 HeatMap 支持的列表格式
value1=[]
for i in range(7):
        for j in range(33):
                value1.append([i,j,int(data.iloc[j,i])])
# 绘制热力图
x=['第1位','第2位','第3位','第4位','第5位','第6位','第7位']
heatmap=HeatMap(init_opts=opts.InitOpts(width='600px',height='650px'))
heatmap.add_xaxis(x)                                        # x 轴数据
heatmap.add_yaxis("aa",list(data.index),value=value1,  # y 轴数据
                # y 轴标签
                label_opts=opts.LabelOpts(is_show=True, color='white', position="center"))
heatmap.set_global_opts(title_opts=opts.TitleOpts(title="统计双色球中奖号码出现的次数",
pos_left ="center"),
        legend_opts=opts.LegendOpts(is_show=False), # 不显示图例
        xaxis_opts=opts.AxisOpts( # 坐标轴配置项
            type_="category",  # 类目轴
            splitarea_opts=opts.SplitAreaOpts( # 分隔区域配置项
                is_show=True,
                # 区域填充样式
                areastyle_opts=opts.AreaStyleOpts(opacity=1)
            ),
            ),
        yaxis_opts=opts.AxisOpts( # 坐标轴配置项
            type_="category",  # 类目轴
            splitarea_opts=opts.SplitAreaOpts( # 分隔区域配置项
                is_show=True,
                # 区域填充样式
                areastyle_opts=opts.AreaStyleOpts(opacity=1)
            ),
        ),
        # 视觉映射配置项
        visualmap_opts=opts.VisualMapOpts(is_piecewise=True,        # 分段显示
                            min_=1,max_=170,            # 最小值、最大值
                            orient='horizontal',        # 水平方向
```

```
                                    pos_left="center")              # 居中
    )
heatmap.render("heatmap.html")
```

运行程序,程序所在目录下会生成一个名为 heatmap.html 的 HTML 文件,打开该文件,
效果如图 7-18 所示。

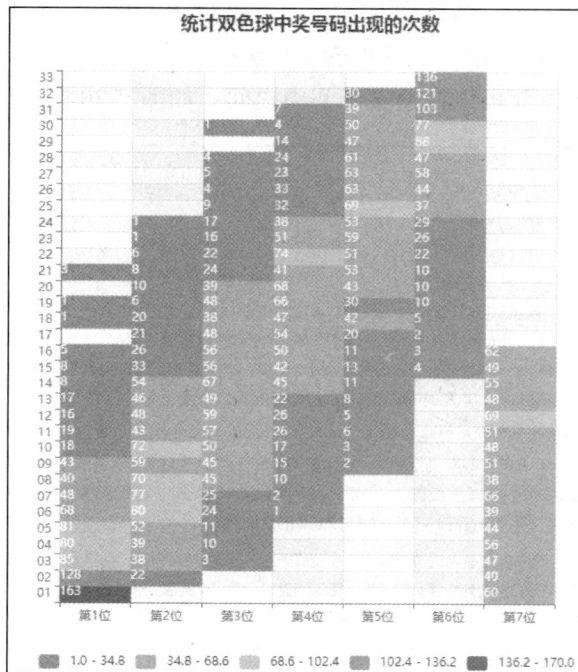

图 7-18

图 7-18　热 力 图

7.3.8　水球图

绘制水球图主要使用 Liquid 模块的 add()方法。

【例 7-17】绘制一个简单的水球图,代码如下。(实例位置:资源包\Code\
第 7 章\7-17)

水球图

```
# 导入相关模块
from pyecharts.charts import Liquid
# 绘制水球图
liquid=Liquid()
liquid.add('', [0.7])
liquid.render("myliquid.html")
```

运行程序,程序所在目录下会生成一个名为 myliquid.html 的 HTML 文件,打开该文件,
效果如图 7-19 所示。

图 7-19　水 球 图

7.4 利用 AI 技术高效学习

随着 AI 技术的迅猛发展，人们正步入一个全新的学习时代——利用 AI 技术高效学习的时代。如何利用 AI 技术高效学习呢？由于程序开发比较灵活，并且语法、技巧很多，在以前，我们的做法是把语法、技巧记录下来，需要时再查找，不太方便。现在，我们可以随时向 AI 提问。在学习过程中，如果遇到不理解的名词，也可以向 AI 提问。例如，想要知道什么是南丁格尔图，就可以在通义千问中提问，如图 7-20 所示。

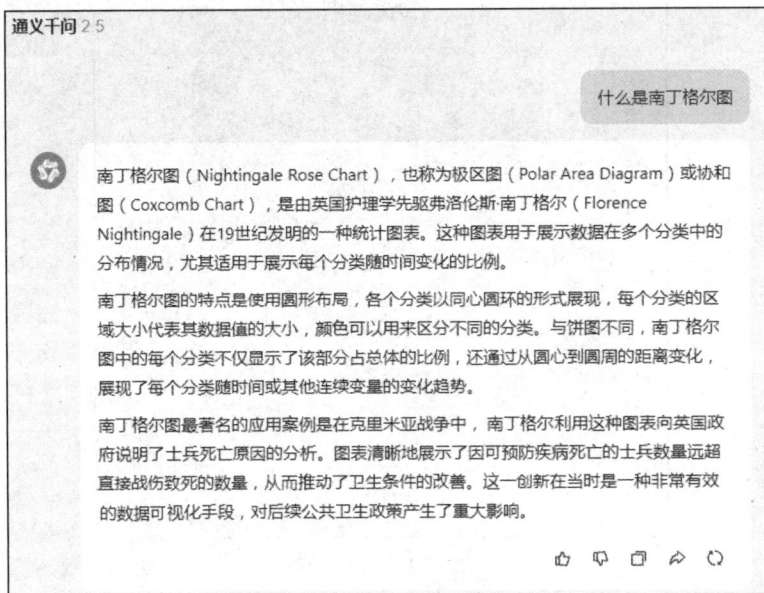

图 7-20　向 AI 请教不理解的名词

小结

本章主要介绍了安装 pyecharts 的方法、pyecharts 对方法的链式调用、pyecharts 的组成，以及使用 pyecharts 绘制常用的图表（包括柱形图、折线图、面积图、饼图、箱线图和词云图等）的方法。

习题

7-1　首先创建两组学生成绩数据，分别为：班级 1，语文平均成绩为 124 分、数学平均成绩为 138 分、英语平均成绩为 133 分；班级 2，语文平均成绩为 114 分、数学平均成绩为 128 分、英语平均成绩为 134 分。然后通过双柱形图对上述数据进行可视化。

7-2　通过双折线图分析阅读量和点赞量，数据集为"资源包\Code\datas"文件夹中的"日报表.xlsx"。

7-3　首先创建一组数据，格式为[(word1,count1),(word2,count2)]，即词和权重（如[("基础",996),("实例",1928)]），然后使用 WordCloud 模块绘制词云图。

第8章 Plotly 图表

学习目标

- 掌握 Plotly 的安装方法
- 了解 Plotly 绘图原理
- 掌握 Plotly 基础图表的绘制
- 掌握图表的细节设置
- 掌握统计图表的绘制方法
- 了解多子图图表的绘制方法

8.1 Plotly 入门

Plotly 入门

8.1.1 Plotly 简介

Plotly 是一个非常强大的数据可视化绘图库，它主要通过构建 HTML 网页实现交互式绘图，通过这种方式，使其绘制的图表能够实现在线分享以及开源等。

那么，什么是 Plotly？

Plotly 是基于 JavaScript 的 Python 封装，它可以为很多编程语言提供接口。而交互式、美观、使用方便是 Plotly 最大的优势。Plotly 是一个单独的绘图库，与 Matplotlib 绘图库、Seaborn 绘图库并没有什么关系，它有自己独特的绘图语法、绘图参数和绘图原理，与 Python 中 Matplotlib、NumPy 和 pandas 等库可以无缝连接。

Plotly 本来是收费的商用软件，但是自 2016 年 6 月起提供免费的社区版本，不仅增加了 Python 等多种编程语言的接口，还支持离线模式的绘图功能。

8.1.2 安装 Plotly

安装 Plotly 模块非常简单，如果已经安装了 Python，便可以在命令提示符窗口中使用 pip 命令进行安装，命令如下。

```
pip install plotly
```

如果要在 Jupyter Notebook 中使用 Plotly 模块，则需要先安装 Anaconda，并通过 Anaconda Prompt 提示符窗口安装 Plotly 模块，命令如下。

8.1.3 Plotly 绘图原理

Plotly 常用的两个绘图模块是 graph_objs 和 expression。graph_objs 模块相当于 Matplotlib，在数据组织上稍微麻烦一些，但是绘图更简单、图表更美观。expression 模块相当于 Seaborn，在数据组织上较为简易，绘图也更为简单。

对于 graph_objs 模块，常命名为 go（即 import plotly.graph_objs as go）；对于 expression 模块，常命名为 px（即 import plotly.expression as px）。

1．graph_objs（go）模块

使用 graph_objs（go）模块绘制图表的原理及流程如下。

（1）导入绘图模块。

（2）使用 go.Scatter()、go.Bar()、go.Histogram()、go.Pie()等绘图函数建立图形轨迹（简称图轨），返回图轨。图轨在 Plotly 中叫作 trace，一个图轨就是一个 trace。

（3）将图轨转换成列表，形成一个图轨列表。一个图轨放在一个列表中，多个图轨也应放在一个列表中。

（4）使用 go.Layout()函数设置图表标题、图例、画布大小以及 x、y 坐标轴标题等。

（5）使用 go.Figure()将图轨和图层合并。如果没有用到 go.Layout()函数，那么直接将步骤（3）的图轨列表传入 go.Figure()当中即可；如果用到了 go.Layout()函数为图表设置图表标题等，那么需要将图轨列表和图层都传入 go.Figure()当中。

（6）使用 show()函数显示图表。

【例 8-1】 在 PyCharm 开发环境中，使用 gragh_objs 模块中的 go.Scatter()绘图函数绘制一个简单的折线图，代码如下。（实例位置：资源包\Code\第 8 章\8-1）

```
# 导入 go 模块
import plotly.graph_objs as go
# 绘制折线图
trace= go.Scatter(x=[1, 2, 3, 4], y=[12, 5, 8, 23])
# 将轨迹转换为列表
data=[trace]
# 创建画布
fig = go.Figure(data)
# 显示图表
fig.show()
```

运行程序，自动生成 HTML 网页图表，效果如图 8-1 所示。

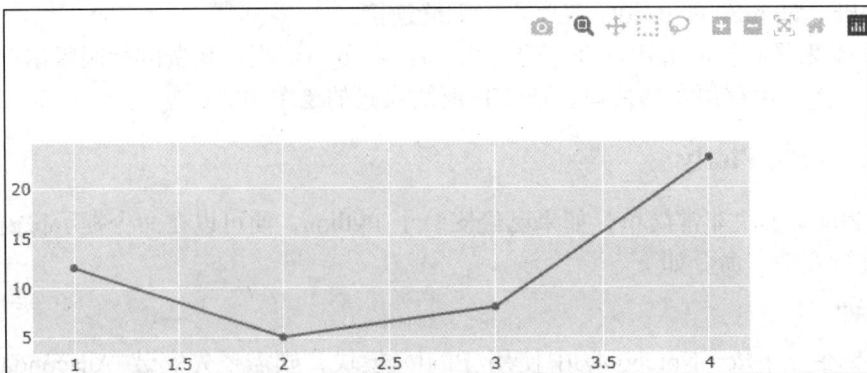

图 8-1　绘制第一个 Plotly 图表

⚠ **注意**：如果网络不稳定，图表不显示，可以使用如下代码，运行后程序所在目录下会自动生成一个名为 temp-plot.html 的网页，打开该网页以显示图表。

```
import plotly as py
py.offline.plot(fig)
```

2．expression（px）模块

使用 expression（px）模块绘制图表的原理及流程如下。

（1）直接使用 px 模块调用绘图函数时，会自动创建画布，并画出图表。

（2）使用 show() 函数显示图表。

【例 8-2】 通过 px 模块自带的鸢尾花数据集 iris 绘制散点图，x 轴数据为鸢尾花花萼的宽度，y 轴数据为鸢尾花花萼的长度，color 为鸢尾花的种类，代码如下。（实例位置：资源包\Code\第 8 章\8-2）

```
# 导入 px 模块
import plotly.express as px
# 载入鸢尾花数据集
df = px.data.iris()
print(df)
# 使用 px.scatter() 函数绘制散点图
# x 为鸢尾花花萼的宽度，y 为鸢尾花花萼的长度，color 为鸢尾花的种类
fig = px.scatter(df, x="sepal_width", y="sepal_length", color="species")
# 显示图表
fig.show()
```

运行程序，自动生成 HTML 网页图表，效果如图 8-2 所示。

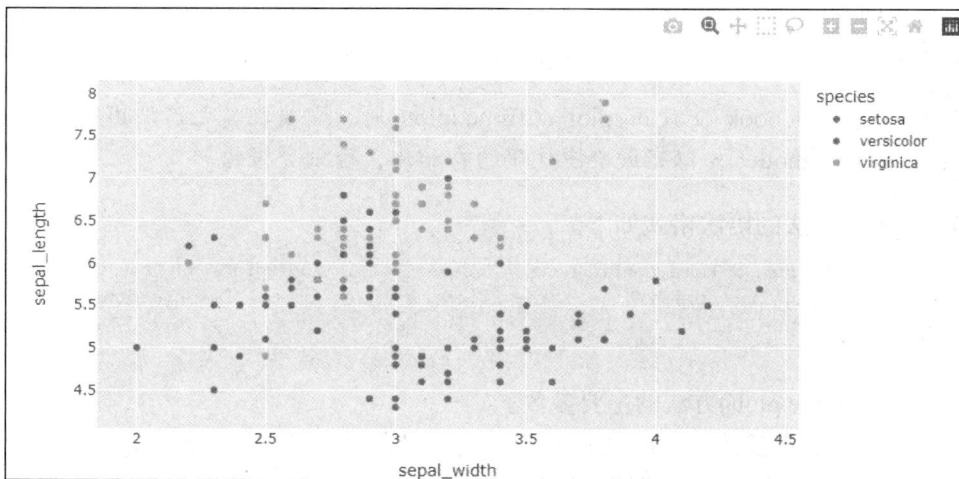

图 8-2

图 8-2　使用 expression 模块绘制的散点图

⚠ **注意**：如果网络不稳定，图表不显示，可以使用如下代码，运行后程序所在目录下会自动生成一个名为 temp-plot.html 的网页，打开该网页以显示图表。

```
import plotly as py
py.offline.plot(fig)
```

8.1.4 Plotly 保存图表的方式

Plotly 保存图表有 3 种方式：直接下载、在线和离线。由于在线绘图需要注册账号获取 API key，较为麻烦，所以本文只介绍直接下载和离线两种方式。

（1）直接下载

图表显示出来后，单击图表上方的"照相机"图标，如图 8-3 所示，下载图表将其保存为 PNG 格式的静态图片。

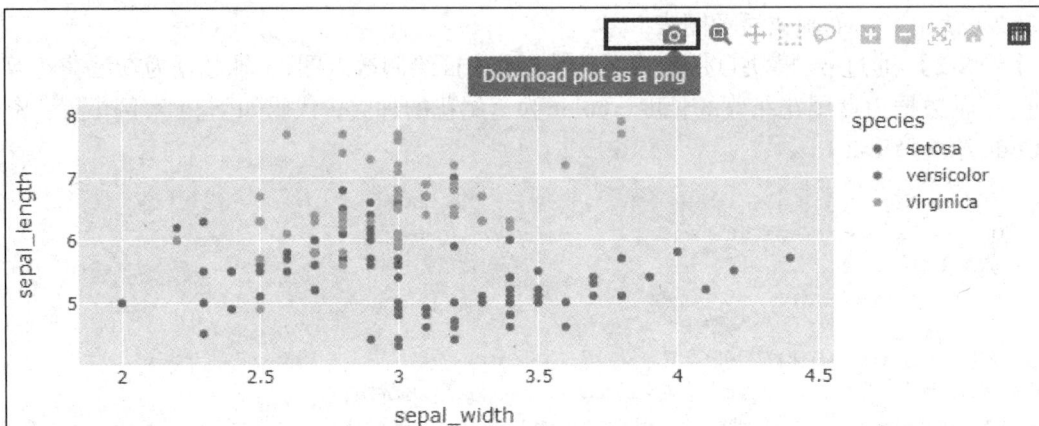

图 8-3　直接下载

（2）离线

离线方式涉及 plotly.offline.plot()和 plotly.offline.iplot()两个方法。plotly.offline.plot()是以离线的方式在当前程序所在目录下生成 HTML 网页格式的图表文件，并自动打开；后者是 Jupyter Notebook 中专用的方法，即将生成的图形嵌入 IPYNB 文件中。

⚠ **注意**：在 Jupyter Notebook 中使用 plotly.offline.iplot()时，需要在其之前调用 plotly. offline.init_notebook_mode()，以完成绘图代码的初始化，否则会报错。

plotly.offline.plot()方法的语法格式如下。

```
plotly.offline.plot(figure_or_data,config=None,validate=True,include_plotlyjs=True,filename
='file_name.html',auto_open=True,image=None,image_filename='plot_image',image_width=800,
image_height=600,output_type='file',show_link=False,link_text='Export to plot.ly',validate_
figure=True)
```

下面介绍 plotly.offline.plot()方法的主要参数。

- figure_or_data：必选参数，可以是一个 Figure 对象，也可以是一个包含数组和布局的字典，如｛'data:[trace1,trace2],'layout':layout｝。
- filename：字符型，控制保存 HTML 网页的文件的名称，默认值为 temp-plot.html。
- image：字符型或 None，控制生成图像的下载格式，值为.png、.jpeg、.svg 或.webp，默认值为 None，即不会为生成的图像设置下载格式。
- image_width：整数，控制下载图像的宽度（单位为像素），默认值为 800。
- image_height：整数，控制下载图像的高度（单位为像素），默认值为 600。
- show_link：布尔值，调整输出的图像是否在右下角显示 Export to plot.ly 的链接标记。

□ link_text：字符型，设置图像右下角的链接说明文字内容（当 show_link=True 时），
默认值为 Export to plot.ly。

【例 8-3】 在 PyCharm 开发环境中，使用 plotly.offline.plot()方法生成 HTML 网页格式
的图表文件，代码如下。（实例位置：资源包\Code\第 8 章\8-3）

```
# 导入相关模块
import plotly as py
import plotly.graph_objs as go
# 绘制折线图
trace= go.Scatter(x=[1,2,3,4],y=[12,5,8,23])
# 将图轨转换为列表
data=[trace]
# 显示图表并生成 HTML 网页
py.offline.plot(data,filename='line.html')
```

如果需要生成图像文件，可以使用下面的代码。

```
fig.write_image('aa.png', engine="kaleido")
```

8.2 绘制基础图表

8.2.1 折线图和散点图

折线图和散点图

Plotly 绘制折线图和散点图主要使用 go.Scatter()函数，语法格式如下。

```
go.Scatter(x,y,mode,name,marker,line)
```

参数说明如下。

□ x：*x* 轴数据。
□ y：*y* 轴数据
□ mode：值为 lines（线条）、markers（散点）或 markers+lines（线条加散点）。
□ name：图例名称。
□ marker、line：散点、线条的相关参数。

【例 8-4】 绘制多折线图同样使用 go.Scatter()函数，通过该函数绘制多个图轨，多个图
轨全部放在列表中，代码如下。（实例位置：资源包\Code\第 8 章\8-4）

```
# 导入相关模块
import plotly as py
import plotly.graph_objects as go
# 创建 x 轴数据
month = ['1月','2月','3月','4月','5月','6月']
# 绘制图轨
trace1=go.Scatter(name='总店', x=month, y=[20,14,23,34,56,28])
trace2=go.Scatter(name='二道分店', x=month, y=[45,34,56,38,49,60])
trace3=go.Scatter(name='南关分店', x=month, y=[28,38,32,43,26,45])
trace4=go.Scatter(name='朝阳分店', x=month, y=[55,34,28,36,48,55])
# 将图轨放入列表
data=[trace1,trace2,trace3,trace4]
# 设置图层
layout = go.Layout(title='各门店上半年销量走势图', xaxis=dict(title='月份'), legend=dict(x=1,
y=0.5),yaxis=dict(title='销量'),font=dict(size=15, color='black'))
# 将图轨和图层合并
fig = go.Figure(data=data, layout=layout)
# 显示图表并生成 HTML 网页
py.offline.plot(fig,filename='lines.html')
```

运行程序，自动生成 HTML 网页图表（lines.html 文件），效果如图 8-4 所示。

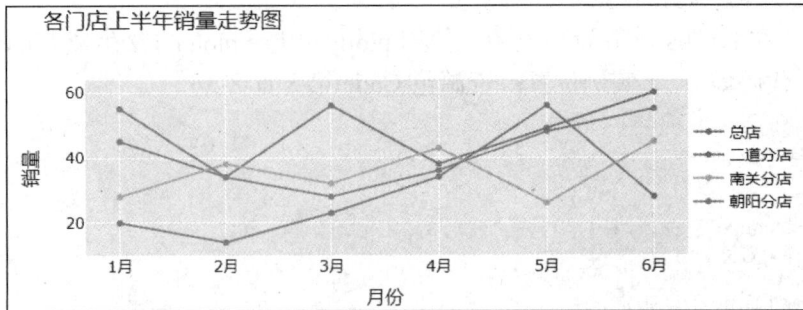

图 8-4　多折线图

散点图同样使用 go.Scatter() 函数绘制，将 mode 参数设置为 markers 即可。

【例 8-5】　绘制散点图，代码如下。（实例位置：资源包\Code\第 8 章\8-5）

```python
# 导入相关模块
import plotly as py
import plotly.graph_objs as go
import numpy as np
# 生成 500 个符合正态分布的随机一维数组
n = 500
x = np.random.randn(n)
y = np.random.randn(n)
# 绘制散点图轨
trace = go.Scatter(x=x, y=y, mode='markers',marker=dict(size=8, color='red'))
# 将图轨放入列表
data = [trace]
layout=go.Layout(title='散点图')
# 将图轨和图层合并
fig = go.Figure(data=data, layout=layout)
# 显示图表并生成 HTML 网页
py.offline.plot(fig,filename='scatter.html')
```

运行程序，自动生成 HTML 网页图表（scatter.html 文件），效果如图 8-5 所示。

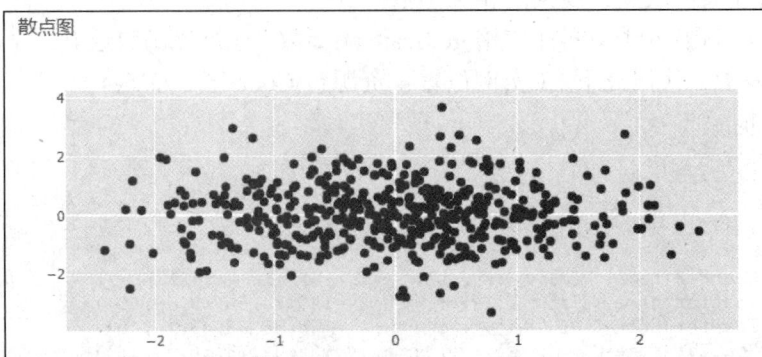

图 8-5　散点图

8.2.2　柱形图和水平条形图

绘制柱形图主要使用 go.Bar() 函数，语法格式如下。

```python
go.Bar(x,y,marker,opacity)
```

柱形图和水
平条形图

参数说明如下。

□ x：x 轴数据。

□ y：y 轴数据。

□ marker：设置柱形的属性，包括柱形的颜色、标记等。

□ opacity：透明度。

【例 8-6】 使用 go.Bar() 函数绘制简单的柱形图，代码如下。（实例位置：资源包\Code\第 8 章\8-6）

```
# 导入相关模块
import plotly as py
import plotly.graph_objects as go
# 创建 x 轴数据
month = ['1月','2月','3月','4月','5月','6月']
# 绘制柱形图图轨
trace1=go.Bar(name='总店', x=month, y=[20,14,23,34,56,28])
# 将图轨放入列表
data=[trace1]
# 设置图层
layout = go.Layout(title='上半年销量走势图',xaxis=dict(title='月份'),legend=dict(x=1, y=0.5), \
                yaxis=dict(title='销量'), \
                font=dict(size=15, color='black'))
# 将图轨和图层合并
fig = go.Figure(data=data, layout=layout)
# 显示图表并生成 HTML 网页
py.offline.plot(fig,filename='bar.html')
```

运行程序，自动生成 HTML 网页图表（bar.html 文件），效果如图 8-6 所示。

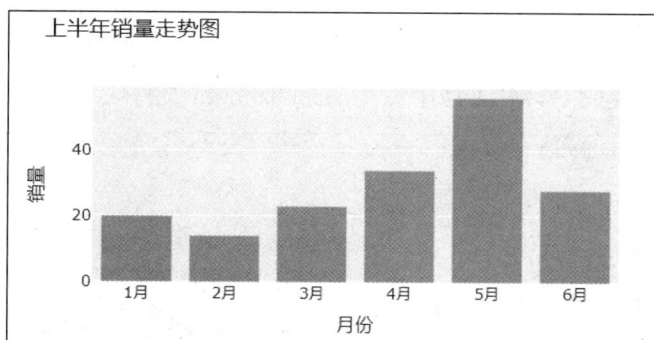

图 8-6　简单的柱形图

【例 8-7】 使用 go.Bar() 函数绘制多柱形图，代码如下。（实例位置：资源包\Code\第 8 章\8-7）

```
# 导入相关模块
import plotly as py
import plotly.graph_objects as go
# 创建 x 轴数据
month = ['1月','2月','3月','4月','5月','6月']
# 绘制柱形图图轨
trace1=go.Bar(name='总店', x=month, y=[20,14,23,34,56,28],marker=dict(color='red'))
trace2=go.Bar(name='二道分店', x=month, y=[45,34,56,38,49,60],marker=dict(color='green'))
trace3=go.Bar(name='南关分店', x=month, y=[28,38,32,43,26,45],marker=dict(color='blue'))
trace4=go.Bar(name='朝阳分店', x=month, y=[55,34,28,36,48,55],marker=dict(color='orange'))
# 将图轨放入列表
```

```
data=[trace1,trace2,trace3,trace4]
# 设置图层
layout = go.Layout(title='上半年销量走势图', xaxis=dict(title='月份'), legend=dict(x=1, y=0.5), \
                   yaxis=dict(title='销量'), \
                   font=dict(size=15, color='black'))
# 将图轨和图层合并
fig = go.Figure(data=data, layout=layout)
# 显示图表并生成 HTML 网页
py.offline.plot(fig,filename='bars.html')
```

运行程序，自动生成 HTML 网页图表（bars.html 文件），效果如图 8-7 所示。

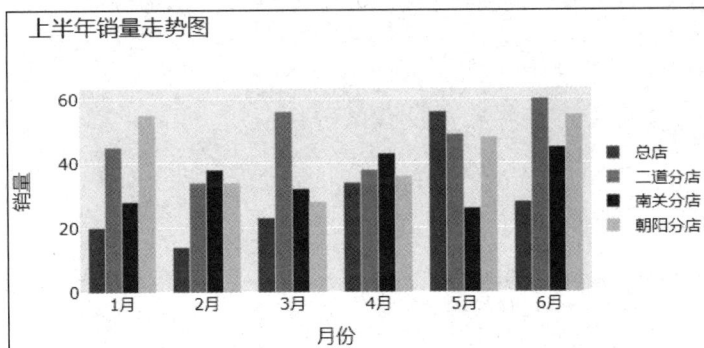

图 8-7　多柱形图

【例 8-8】　绘制堆叠柱形图。只需要在 go.Layout()函数中设置参数 barmode 为 stack，就可以轻松地实现堆叠柱形图，主要代码如下。（实例位置：资源包\Code\第 8 章\8-8）

```
layout = go.Layout(title='上半年销量走势图', xaxis=dict(title='月份'), legend=dict(x=1, y=0.5), \
                   yaxis=dict(title='销量'), \
                   font=dict(size=15, color='black'),barmode='stack')
```

运行程序，自动生成 HTML 网页图表（stackbar.html 文件），效果如图 8-8 所示。

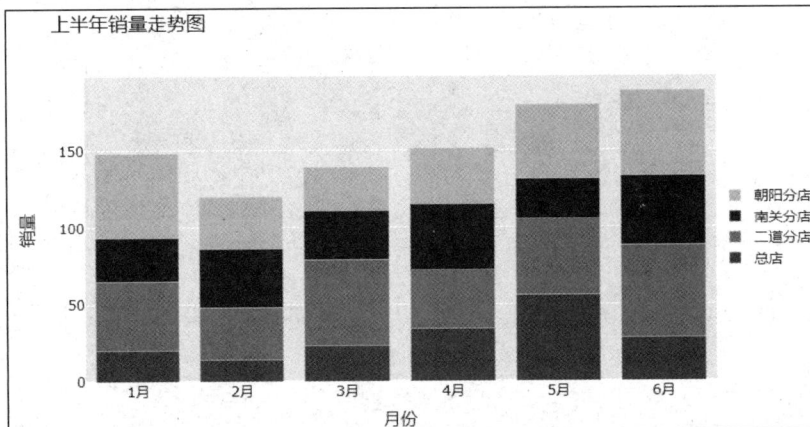

图 8-8　堆叠柱形图

通过生成的堆叠柱形图，不仅可以看出各个门店的销量走势，还可以看出总体销量走势。

【例 8-9】　绘制水平条形图同样使用 go.Bar()函数，此时需要将 orientation 参数设置为 h，主要代码如下。（实例位置：资源包\Code\第 8 章\8-9）

```
trace1=go.Bar(name='总店', x=[20,14,23,34,56,28],y=month,orientation='h')
```

运行程序，自动生成 HTML 网页图表（hbar.html 文件），效果如图 8-9 所示。

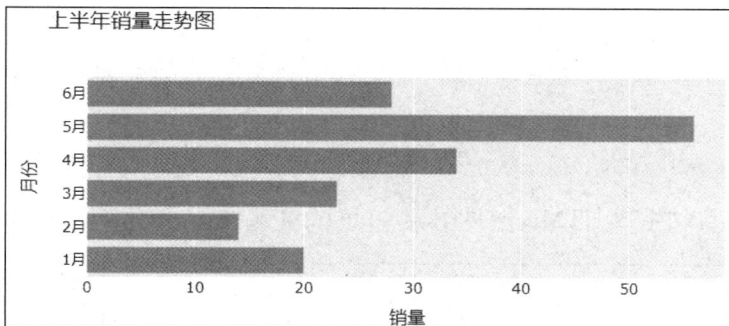

图 8-9　水平条形图

8.2.3　饼图和环形图

绘制饼图主要使用 go.Pie() 函数，语法格式如下。

```
plotly.graph_objects.Pie(labels=None,values=None,name=None,hoverinfo=None,textinfo=None,
textposition=None,textfont=None,insidetextfont=None,outsidetextfont=None,hole=None,pull=
None,direction=None,rotation=None,marker=None,sort=None,**kwargs)
```

主要参数说明如下。

- labels：列表，饼图中每个扇形的文本标签。
- values：每个扇形的数值大小。
- name：多个子饼图并列时，设置子饼图的名称。
- hoverinfo：字符串或列表，当用户与图表交互时，鼠标指针悬停显示的信息，其值为 label、text、value、percent、name、all、none 或 skip，这些参数值可以任意组合，组合时用加号 "+" 连接，默认值为 all。
- hole：浮点数，设置环形图空白内圆的半径，取值为 0～1。默认值为 0。
- pull：列表或浮点数，用于控制饼图扇形的偏移量，例如 pull=[0,0.1,0] 会将第 2 个扇区分裂出来。
- direction：设置饼图的方向，值为 clockwise 表示顺时针，值为 counterclockwise（默认值）表示逆时针。
- rotation：浮点数，用于控制饼图的起始角度，取值范围是 0～360，默认为 0，即 12 点位置。
- sort：布尔值，设置是否进行扇形排序。
- domain：设置饼图的位置，适用于多个饼图并列时。
- type：声明图表类型，设置为 pie。
- pullsrc：各个扇形比例数组列表。
- dlabel：设置饼图图标的步长，默认值为 1。
- label0：设置一组扇形图标的起点数字，默认值为 0。

【例 8-10】使用 go.Pie() 函数绘制一个简单的饼图，代码如下。（实例位置：资源包\ Code\ 第 8 章\8-10）

```
# 导入相关模块
import plotly as py
```

```
import plotly.graph_objects as go
# 创建 x 轴数据
x = [72,35,16,22,16,11]
# 绘制饼图图轨
trace=go.Pie(values=x,labels=['总店','二道分店','南关分店','朝阳分店','经开分店','绿园分店'])
data=[trace]
# 显示图表并生成 HTML 网页
py.offline.plot(data,filename='pie.html')
```

运行程序，自动生成 HTML 网页图表（pie.html 文件），效果如图 8-10 所示。

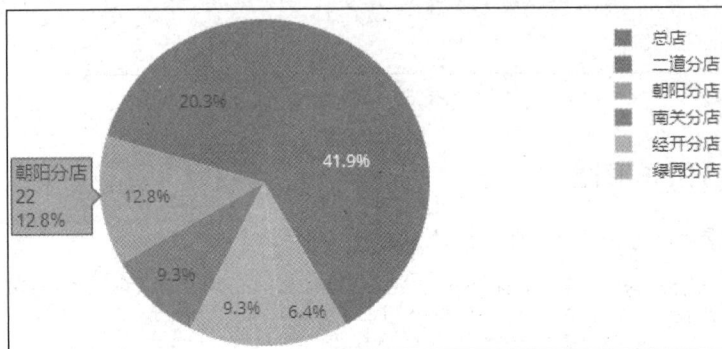

图 8-10　饼图

【例 8-11】 绘制环形图同样使用 go.Pie()函数，实现方法是将饼图中间的圆部分设置为空白，即设置 hole 参数为 0 到 1 之间（不包含 0 和 1）的值，主要代码如下。（实例位置：资源包\Code\第 8 章\8-11）

```
trace=go.Pie(values=x,labels=['总店','二道分店','南关分店','朝阳分店','经开分店','绿园分店'],hole=0.5)
```

运行程序，自动生成 HTML 网页图表（pie2.html 文件），效果如图 8-11 所示。

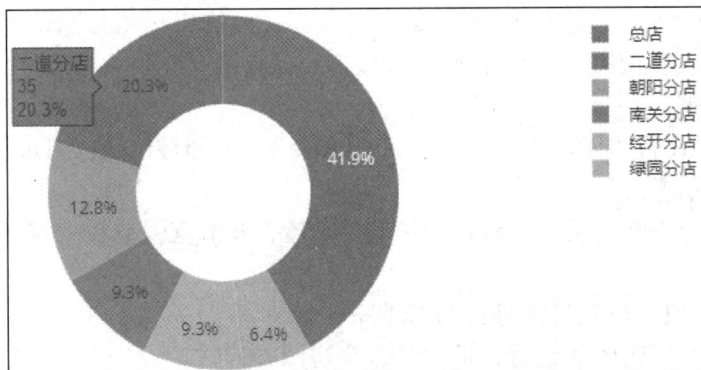

图 8-11　环形图

8.3　图表的细节设置

通过前面的学习，读者应该学会了常用图表的绘制，但这还远远不够，要绘制出一个能够表达数据意义的、美观的图表，需要在很多细节上下功夫。例如添加图表标题、添加文本标记、添加注释文本等。

图表的细节
设置

8.3.1　图层布局函数 go.Layout()

　　go.Layout()是图层布局函数，是 Plotly 中 graph_objects（go）模块的函数，前面的实例中多次用到了它，实现了图表标题、图例、x 轴和 y 轴标题、字体等的设置。但是，读者可能并不了解该函数到底能做什么？下面就详细地进行介绍。

　　go.Layout()函数主要用于设置图表外观，例如图表标题、x 轴和 y 轴标题、图例、图形外边距等属性，这些属性包括字体、颜色、尺寸等。go.Layout()函数功能强大，它是字典类型。可以使用 help 命令查看 go.Layout()函数的参数，其常用参数如表 8-1 所示。

表 8-1　go.Layout()函数的常用参数

参数	说明
xaxis	x 轴相关设置，多个参数使用字典，例如 xaxis=dict(title='这是 x 轴标题', color='green')
yaxis	y 轴相关设置，多个参数使用字典
legend	设置图例，多个参数使用字典，包括图例位置和字体等
annotations	添加标注
autosize	自动调整大小
bargap	柱形图柱形的间距
bargroupgap	柱形图柱组的间距
barmode	柱形图模式
barnorm	柱形图参数
boxgap	箱线图中箱体的间距
boxgroupgap	箱线图箱体组的间距
boxmode	箱线图模式
calendar	日历
direction	方向
dragmode	图形拖动模式
font	字体
geo	地理参数
height/width	图表高度/宽度
hiddenlabels	隐藏图标
hiddenlabelssrc	隐藏图标参数数组列表
hidesources	隐藏数据源
hovermode	鼠标指针悬停模式
images	图像
mapbox	地图模式
margin	图表边缘间距
orientation	方向
paper_bgcolor	图表画布背景颜色
plot_bgcolor	图表背景颜色
radialaxis	纵横比
scene	场景
separators	分离参数
shapes	形状
showlegend	是否显示图例

续表

参数	说明
sliders	滑块
ternary	三元参数
title	图表标题
titlefont	标题字体
updatemenus	菜单更新

8.3.2 添加图表标题

一个精美的图表少不了图表标题，它能够告诉我们这个图表的主要内容，就像我们写作文一样需要一个醒目的标题。在 Plotly 中，如果使用 graph_objs（go）模块绘图，为图表添加标题主要使用图层布局函数 go.Layout()中的 title 参数，示例代码如下。

```
import plotly.graph_objects as go
go.Layout(title='上半年销量走势图')
```

如果使用 expression（px）模块绘图，可以通过 px.scatter 函数中的 title 参数来设置标题，示例代码如下。

```
import plotly.express as px
fig=px.scatter(df,x="sepal_width",y="sepal_length",color="species",title="散点图分析鸢尾花")
```

8.3.3 添加文本标记

在 Plotly 中，为折线图、散点图、柱形图添加文本标记涉及的参数及说明如下。

- ❑ text：为每个(x,y)坐标设置相关联的文本。如果是单个字符串，那么所有点都会显示该文本；如果为字符串列表，那么按先后顺序映射到每个(x,y)坐标上。默认值为空字符串。
- ❑ textposition：文本标记的位置。字符串枚举类型，或字符串枚举类型数组。
  - ➢ 对于 scatter 图表，textposition 的值为 top left、top center、top right、middle left、middle center(默认值)、middle right、bottom left、bottom center 或 bottom right。
  - ➢ 对于 bar 图表，textposition 的值为 inside、outside、auto（默认值）或 none。inside 表示将文本放在靠近柱形顶部的内侧，outside 表示放在靠近柱形顶部的外侧，auto 将文本放在柱形顶部的内侧，如果柱形太小，则会将文本放在外侧，none 表示不显示文本。
- ❑ textfont：设置文本标记的字体，字典，设置值如下。
  - ➢ color：字体颜色。
  - ➢ family：字体字符串，包括 Arial、Balto、Courier New、Droid Sans、Droid Serif、Droid Sans Mono、Gravitas One、Old Standard TT、Open Sans、Overpass、PT Sans Narrow、Raleway、Times New Roman。
  - ➢ size：字体大小。

【例 8-12】 为折线图添加文本标记，mode 参数必须含有 text，如 mode='markers+lines+text'，否则文本标记将不显示，代码如下。（实例位置：资源包\Code\第 8 章\8-12）

```
# 导入相关模块
import plotly as py
import plotly.graph_objs as go
# 绘制折线图
x=['06-16','06-17','06-18','06-19','06-20']
y=[232, 555, 2888, 456,234]
trace= go.Scatter(x=x, y=y,  # x、y轴数据
                  mode='markers+lines+text', # 模式为"标记+线条+文本"
                  text=y, #文本标记
                  textposition="top right",   # 文本标记的位置
                  #文本标记的字体颜色和字体大小
                  textfont=dict(color='red',size=12))
# 将图轨转换为列表
data=[trace]
layout=go.Layout(height=500,title='电商618销量走势')
fig=go.Figure(data,layout)
# 显示图表并生成 HTML 网页
py.offline.plot(fig)
```

运行程序，结果如图 8-12 所示。

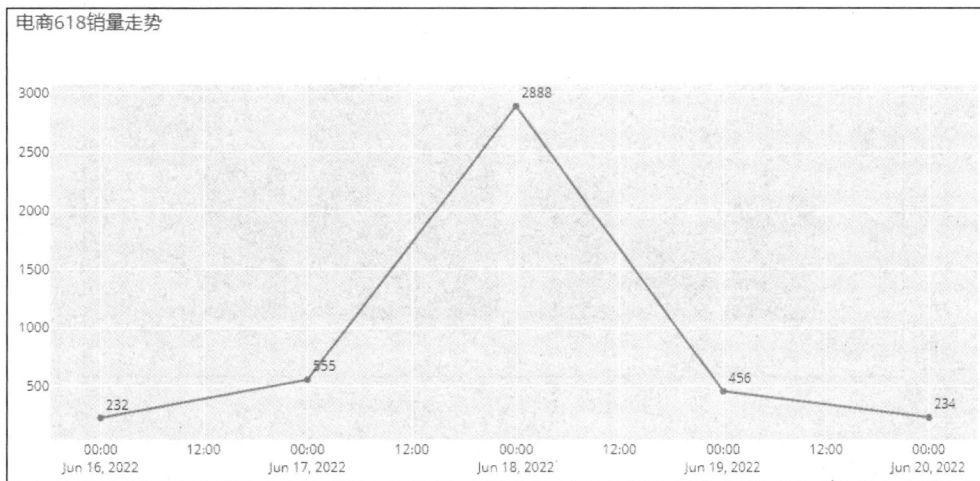

图 8-12　为折线图添加文本标记

【例 8-13】 为散点图添加文本标记，代码如下。（实例位置：资源包\Code\第 8 章\8-13）

```
# 导入相关模块
import plotly.express as px
import plotly as py
# 载入鸢尾花数据集
df = px.data.iris()
# 使用 px.scatter()函数绘制散点图
# x 为鸢尾花花萼的宽度，y 为鸢尾花花萼的长度，color 为鸢尾花的种类
fig=px.scatter(df,x="sepal_width",y="sepal_length",color="species",text="sepal_length")
py.offline.plot(fig)
```

【例 8-14】 为柱形图添加文本标记，代码如下。（实例位置：资源包\Code\第 8 章\8-14）

```
# 导入相关模块
import plotly as py
import plotly.graph_objects as go
# 创建 x 轴数据
month=['1月','2月','3月','4月','5月','6月']
counts=[20,14,23,34,56,28]
# 绘制柱形图图轨
```

```
trace1=go.Bar(name='总店',x=month,y=counts,
              text=counts, #文本标记
              textposition='auto') #文本标记的位置
# 将图轨放入列表
data=[trace1]
# 设置图层
layout = go.Layout(title='上半年销量走势图', xaxis=dict(title='月份'), legend=dict(x=1, y=0.5), \
                   yaxis=dict(title='销量'), \
                   font=dict(size=15, color='black'))
# 将图轨和图层合并
fig = go.Figure(data=data,layout=layout)
# 显示图表并生成 HTML 网页
py.offline.plot(fig)
```

运行程序, 结果如图 8-13 所示。

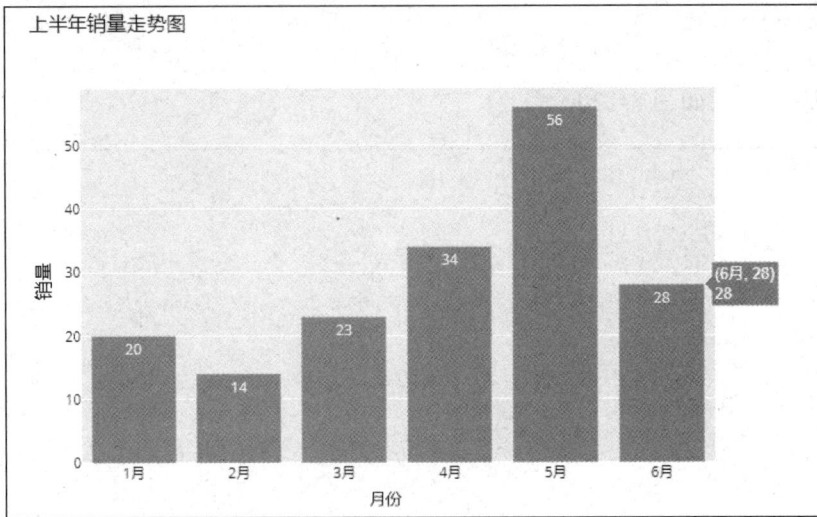

图 8-13　为柱形图添加文本标记

8.3.4　添加注释文本

在 Plotly 中, 为图表添加注释文本主要使用 annotations()函数, 下面介绍 annotations 常用参数。

- x: 浮点数、整数、字符串, 设置 annotations 的 x 轴位置。如果坐标轴的类型是 log, 那么传入的 x 应该与取 log 后的值相对应; 如果坐标轴的类型是 date, 那么传入的 x 也必须是日期字符串; 如果坐标轴的类型是 category, 那么传入的 x 应该是一个整数, 代表期望标记的第 x 个类别, 需要注意的是类别从 0 开始, 按照出现的顺序依次递增。

- y: 浮点数、整数、字符串, 设置 annotations 的 y 轴位置。如果坐标轴的类型是 log, 那么传入的 y 应该与取 log 后的值相对应; 如果坐标轴的类型是 date, 那么传入的 y 也必须是日期字符串; 如果坐标轴的类型是 category, 那么传入的 y 应该是一个整数, 代表期望标记的第 y 个类别, 类别从 0 开始, 按照出现的顺序依次递增。

- text: 字符串, 要添加的注释文本。设置与 annotations 相关联的文本。Plotly 支持部分 HTML 标签, 例如, 换行
、粗体<b></b>、斜体<i></i>、超链接<a href='...'></a> 等, 也支持标签<em>、<sup>、<sub>、<span>。

- textangle：设置文本角度。
- opacity：设置 annotations 的不透明度，包括 text 和 arrow，值为 0~1 的浮点数。
- showarrow：布尔值，设置是否显示指向箭头。如果值为 True，则 text 放置在箭头尾部；如果值为 False，则 text 放在指定的(x,y)位置。
- arrowcolor：设置整个箭头的颜色，设置值如下。
  - 十六进制字符串，如#ff0000。
  - rgb/rgba 字符串，如 rgb(0,255,0)。
  - hsl/hsla 字符串，如 hsl(0,100%,50%)。
  - hsv/hsva 字符串，如 hsv(0,100%,100%)。
  - CSS 颜色字符串，如 darkblue、lightyellow 等。
- arrowhead：设置 annotations 箭头头部的样式，值为 0~8 的整数，但 8 不可用。
- arrowside：设置箭头头部的位置，字符串，值为 end、start 或者 end+start、none。end+start 表示双向箭头。
- arrowsize：设置箭头头部的大小，与 arrowwidth 属性有关（经测试，该值必须小于 arrowwidth 一定的范围，如果 arrowwidth 设置为 3，那么该值不能超过 2.3），值为 0.3~inf（任意值）的浮点数或整数，默认值为 1。
- arrowwidth：设置整个箭头的线条宽度，值为 0.1~inf（任意值）的浮点数或整数。
- font：设置 text 的字体，字典，支持如下 3 个属性。
  - color：设置字体颜色，字符串。
  - family：设置字体，字符串，可以为 Arial、Balto、Courier New、Droid Sans、Droid Serif、Droid Sans Mono、Gravitas One、Old Standard TT、Open Sans、Overpass、PT Sans Narrow、Raleway、Times New Roman。
  - size：设置字体大小。
- ax：浮点数，箭头的水平偏移量。
- ay：浮点数，箭头的垂直偏移量。
- bgcolor：背景颜色。
- bordercolor：边框颜色。
- borderpad：边框排列方式。
- borderwidth：边框宽度。

【例 8-15】 标记股票最高收盘价，主要使用 go.Layout()函数的 annotations 参数，代码如下。（实例位置：资源包\Code\第 8 章\8-15）

```
# 导入相关模块
import plotly as py
import plotly.graph_objs as go
import pandas as pd
# 读取 Excel 文件
df=pd.read_excel("../datas/600000.xlsx")
# 绘制折线图
trace= go.Scatter(x=df['date'],y=df["close"]) # x、y轴数据
# 最高收盘价
ymax=df["close"].max()
# 获取最高收盘价的那条记录
df1=df[df['close']==df["close"].max()]
# x轴日期转换为字符串
```

```
xdate=" ".join(df1['date'])
# 将图轨转换为列表
data=[trace]
# 设置文字注释内容
layout=go.Layout(height=500, # 图表高度
                title='股票收盘价走势图',# 图表标题
                # 注释
                annotations=[dict(x=xdate, # x 轴位置
                                  y=ymax, # y 轴位置
                                  text='最高收盘价'+str(ymax),# 注释文本
                                  showarrow=True, # 显示箭头
                                  arrowcolor='red',# 箭头颜色
                                  arrowhead=4, # 箭头头部样式
                                  arrowwidth=4, # 整个箭头的线条宽度
                                  arrowsize=1, # 箭头头部的大小
                                  ax=20)])    # 箭头的水平偏移量
# 将图轨与图层合并
fig=go.Figure(data,layout)
# 显示图表并生成 HTML 网页
py.offline.plot(fig)
```

运行程序，结果如图 8-14 所示。

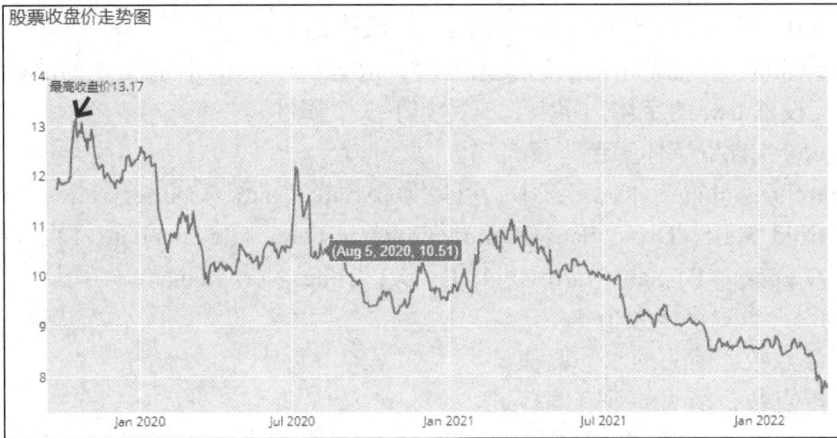

图 8-14　标记股票最高收盘价

8.4　绘制统计图表

很多统计图表也预先定义在 Plotly 中了，主要包括直方图、箱线图、热力图和等高线图等。

8.4.1　直方图

直方图类似于柱形图，却有着与柱形图完全不同的含义。统计图表中的直方图涉及统计学的概念，通过直方图可以观察数据的分布情况，即每个区间的统计数量。

直方图

通过 Plotly 绘制直方图主要使用 go.Histogram()函数，将数据赋给变量 x，即 x=data，即可绘制基础直方图；若将数据赋给变量 y，则绘制的是水平直方图。语法格式如下。

```
plotly.graph_objects.Histogram(x=None,y=None,histnorm=None,histfunc=None,nbinsx=None,
nbinsy=None,autobinx=None,autobiny=None,bingroup=None,xbins=None,ybins=None,marker=None,
cumulative=None,**kwargs)
```

参数说明如下。

- ❑ histnorm：设置纵坐标显示格式，有如下设置项。
  - ➢ 为空（""）时，表示纵坐标显示落入区间的样本数目，所有矩形的高相加为总样本数量。
  - ➢ 为 percent 时，表示纵坐标显示落入区间的样本占总体样本的百分比，所有矩形的高相加为 100%。
  - ➢ 为 probability 时，表示纵坐标显示落入区间的样本频率。
  - ➢ 为 density 时，表示每个小矩形的面积为落入区间的样本数量，所有面积值相加为样本总数。
  - ➢ 为 probability density 时，表示每个小矩形的面积为落入区间的样本占总体的比例，所有面积值相加为 1。
- ❑ histfunc：指定分组函数，取值为 count、sum、avg、min 或 max，依次按照落入区间的样本进行计数、求和、求平均值、求最小值、求最大值。
- ❑ orientation：设置图形的方向，取值为 v 或 h，v 表示垂直显示，h 表示水平显示。
- ❑ cumulative：累积直方图参数，有如下设置项。
  - ➢ enabled：布尔值，设置为 True 会显示累积直方图，设置为 False 则不对频率或频数进行累积。
  - ➢ direction：设置累积方向，确定频率是从 1 到 0（降序），还是从 0 到 1（升序）。
  - ➢ currentbin：有 3 个选项，即 include、exclude、half，为了防止偏差，一般选择 half。
- ❑ autobinx：布尔值，设置是否自动划分区间。
- ❑ nbinsx：整数，设置最大显示区间数目。
- ❑ xbins：设置划分区间，start 设置起始坐标，end 设置终止坐标，size 设置区间长度。
- ❑ barmode：设置图表的堆叠方式，值为 overlay 表示重叠直方图，值为 stack 表示层叠直方图。

【例 8-16】 使用 go.Histogram() 函数绘制直方图，首先通过 NumPy 的 random.randint() 函数生成 50 个 0～100 的随机整数，然后绘制直方图，观察各个区间的数量，代码如下。（实例位置：资源包\Code\第 8 章\8-16）

```
# 导入相关模块
import plotly as py
import plotly.graph_objs as go
import numpy as np
# 生成 50 个 0～100 的随机整数
n=np.random.randint(0,101,50)
# 绘制直方图图轨
trace = go.Histogram(x=n)
# 将图轨放入列表
data = [trace]
layout=go.Layout(title='学生成绩统计直方图')
# 将图轨和图层合并
fig = go.Figure(data=data, layout=layout)
# 显示图表并生成 HTML 网页
py.offline.plot(fig,filename='h.html')
```

运行程序，自动生成 HTML 网页图表，效果如图 8-15 所示。

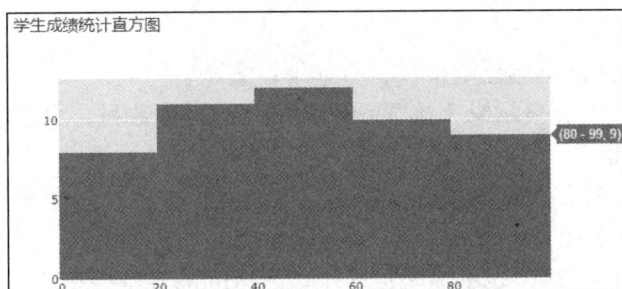

学生成绩统计直方图

图 8-15 直方图

从运行结果得知：学生成绩在 40～60 分的最多。

8.4.2 箱线图

通过 Plotly 绘制箱线图主要使用 go.Box()函数。

【例 8-17】 使用 go.Box()函数绘制一个简单的箱线图，代码如下。（实例位置：资源包\Code\第 8 章\8-17）

```python
# 导入相关模块
import plotly as py
import plotly.graph_objs as go
# 创建数据
y=[1,2,3,5,7,9,20]
# 绘制箱线图图轨
trace = go.Box(y=y)
# 将图轨放入列表
data = [trace]
layout=go.Layout(title='箱线图')
# 将图轨和图层合并
fig = go.Figure(data=data, layout=layout)
# 显示图表并生成 HTML 网页
py.offline.plot(fig,filename='box.html')
```

运行程序，自动生成 HTML 网页图表，效果如图 8-16 所示。

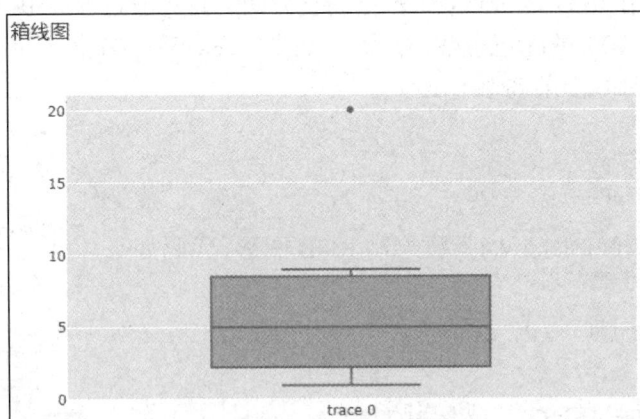

箱线图

图 8-16 简单的箱线图

【例 8-18】绘制有多个箱子的箱线图，代码如下。（实例位置：资源包\Code\第 8 章\8-18）

```python
# 导入相关模块
import plotly as py
```

```
import plotly.graph_objs as go
import numpy as np
np.random.seed(1)  # 设置随机种子
# 随机生成 50 个数据
y1 = np.random.randn(50)
y2 = np.random.randn(50)
y3 = np.random.randn(50)
# 绘制箱线图图轨
trace1 = go.Box(y=y1,name='箱子 1',marker=dict(color='red'))
trace2 = go.Box(y=y2,name='箱子 2',marker=dict(color='blue'))
trace3 = go.Box(y=y2,name='箱子 3',marker=dict(color='yellow'))
# 将图轨放入列表
data = [trace1,trace2,trace3]
layout=go.Layout(title='这里是标题')
# 将图轨和图层合并
fig = go.Figure(data=data,layout=layout)
# 显示图表并生成 HTML 网页
py.offline.plot(fig,filename='boxs.html')
```

运行程序，自动生成 HTML 网页图表，效果如图 8-17 所示。

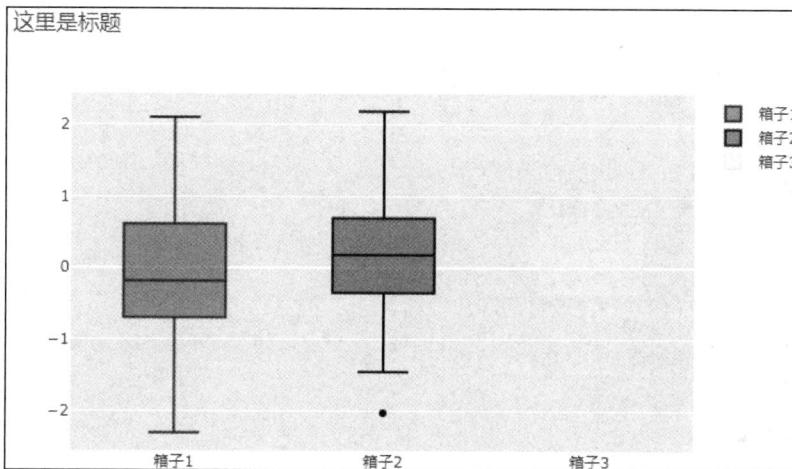

图 8-17

图 8-17　有多个箱子的箱线图

8.4.3　热力图

通过 Plotly 绘制热力图有两种方法：一种方法是使用 plotly.express 的 px.imshow() 函数，另一种方法是使用 graph_objects 的 Image() 函数和 go.Heatmap() 函数。

热力图

【例 8-19】使用 px.imshow() 函数绘制 RGB 图形，代码如下。(实例位置：资源包\Code\第 8 章\8-19)

```
# 导入相关模块
import plotly as py
import plotly.express as px
import numpy as np
# 创建数据
rgb = np.array([[[99, 123, 0], [255, 255, 0], [0, 0, 35]],
                [[0, 255, 0], [255, 0, 99], [0, 255, 0]]],
               dtype=np.uint8)
# 使用 px.imshow() 函数绘制热力图
fig = px.imshow(rgb)
```

Plotly 图表　第 8 章

```
# 显示图表并生成 HTML 网页
py.offline.plot(fig)
```

运行程序，自动生成 HTML 网页图表，效果如图 8-18 所示。

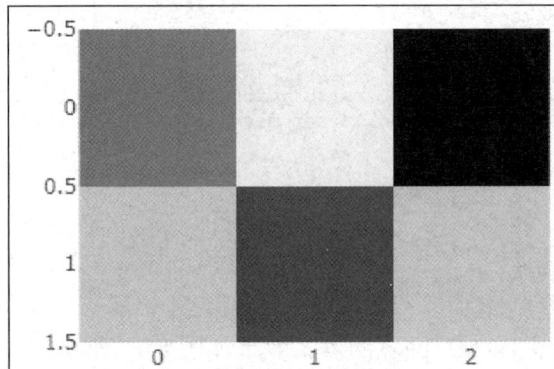

图 8-18

图 8-18　RGB 图形

【例 8-20】　使用 go.Image() 函数绘制颜色图块，代码如下。（实例位置：资源包\Code\第 8 章\8-20）

```
# 导入相关模块
import plotly as py
import plotly.graph_objects as go
# 创建颜色数组
rgb = [[[30,255,0],[255,0,0],[0,78,255]],
       [[0,0,120],[0,135,0],[120,0,0]]]
# 绘制热力图图轨
trace = go.Image(z=rgb)
# 将图轨放入列表
data = [trace]
# 将图轨和图层合并
fig = go.Figure(data=data)
# 显示图表并生成 HTML 网页
py.offline.plot(fig,filename='image.html')
```

运行程序，自动生成 HTML 网页图表，效果如图 8-19 所示。

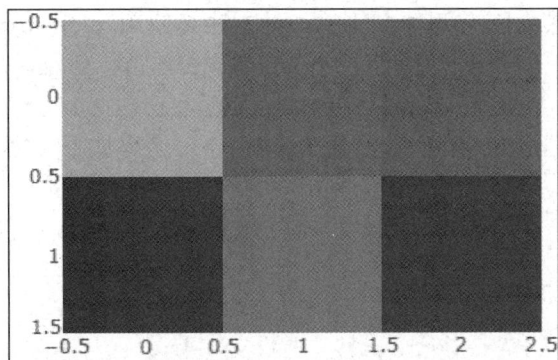

图 8-19

图 8-19　颜色图块

【例 8-21】　使用 go.Heatmap() 函数绘制一个简单的热力图，代码如下。（实例位置：资源包\Code\第 8 章\8-21）

```
# 导入相关模块
import plotly as py
import plotly.graph_objects as go
# 创建二维数组数据
aa=[[10, 20, 30],[20, 1, 60],[30, 60, 10]]
# 绘制热力图图轨
trace=go.Heatmap(z=aa)
# 将图轨放入列表
data = [trace]
# 将图轨和图层合并
fig = go.Figure(data=data)
# 显示图表并生成 HTML 网页
py.offline.plot(fig,filename='heatmap.html')
```

运行程序，自动生成 HTML 网页图表，效果如图 8-20 所示。

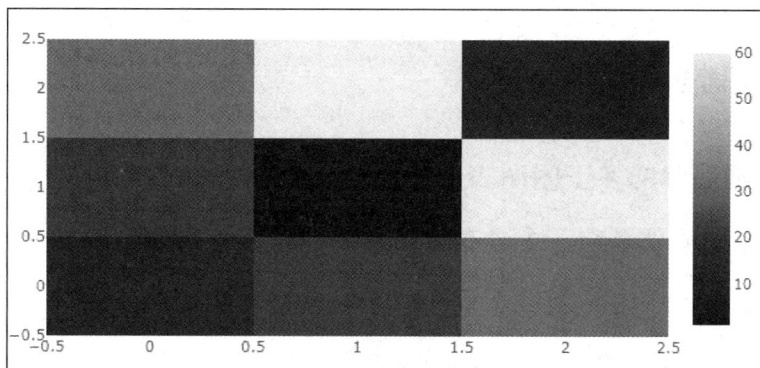

图 8-20　简单的热力图

8.4.4　等高线图

等高线图有二维等高线图、三维等高线图等。在数据分析中，高度用于表示该点的数量或出现次数，该指标相同则在一条环线（或一个高度）处。主要使用 go.Contour()函数绘制等高线图。

【例 8-22】 使用 go.Contour()函数绘制二维等高线图，代码如下。（实例位置：资源包\Code\第 8 章\8-22）

```
# 导入相关模块
import plotly as py
import plotly.graph_objects as go
# 创建二维数组数据
z=[[9, 11.123,10.5, 15.625, 20],
        [5.625, 6.25, 8.125, 11.25, 14.125],
        [2.5, 3.125, 5., 8.125, 12.5],
        [0.725, 1.25, 2.125, 7.25, 9.6],
        [0, 0.555, 2.7, 5.6, 10]]
# 绘制等高线图图轨
trace=go.Contour(z=z)
# 将图轨放入列表
data = [trace]
# 将图轨和图层合并
fig = go.Figure(data=data)
# 显示图表并生成 HTML 网页
```

```
py.offline.plot(fig)
```

运行程序，自动生成 HTML 网页图表，效果如图 8-21 所示。

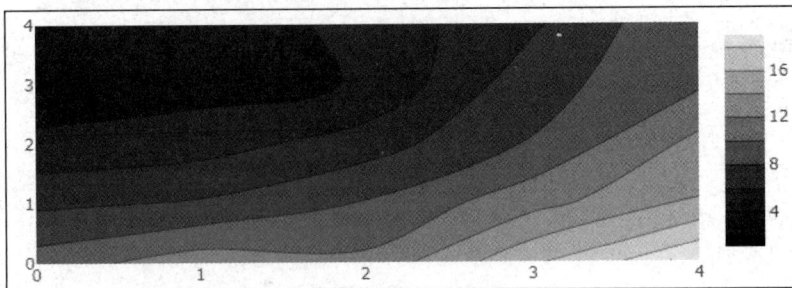

图 8-21　二维等高线图

图 8-21

绘制多子图图表

8.5　绘制多子图图表

8.5.1　绘制简单的多子图图表

绘制多子图图表就是在一个画布上绘制多个子图表，主要通过 plotly.subplots 的 make_subplots()函数实现，具体绘制流程如下。

（1）要绘制多个子图表，需要先导入 plotly.subplots 模块的 make_subplots()函数。

```
from plotly.subplots import make_subplots
```

（2）多子图图表需要设置参数，主要使用 make_subplots(rows=,cols=)实现，其中 rows 和 cols 用于指定将画布分成几行几列。

（3）使用 fig.append_trace()将每个图轨（trace）绘制在不同的位置。

（4）根据需求，使用 go.Layout()函数布局图表，例如为图表添加标题、设置图表大小等。

（5）使用 plotly.offline.plot()方法生成 HTML 网页格式的图表文件。

【例 8-23】　使用 make_subplots()函数绘制一个 2 行 1 列的多子图图表，代码如下。（实例位置：资源包\Code\第 8 章\8-23）

```
# 导入相关模块
import plotly as py
import plotly.graph_objs as go
from plotly.subplots import make_subplots
# 创建一个包含 2 行 1 列的画布
fig=make_subplots(rows=2,cols=1)
# 创建数据
x=[1, 2, 3, 4,5]
y1=[12, 5, 8, 23]
y2=[22, 5, 21, 23]
# 绘制图轨
trace1= go.Scatter(x=x, y=y1)
trace2 = go.Scatter(x=x, y=y2, mode='markers',marker=dict(size=8, color='red'))
# 创建子图表，1 行 1 列为折线图，2 行 1 列为散点图
fig.add_trace(trace1,1,1)
fig.add_trace(trace2,2,1)
# 显示图表并生成 HTML 网页
```

```
py.offline.plot(fig)
```

运行程序，自动生成 HTML 网页图表，效果如图 8-22 所示。

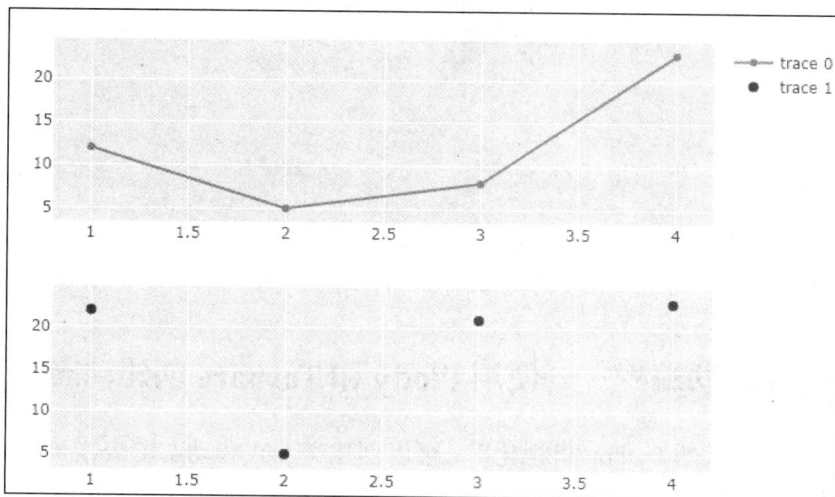

图 8-22

图 8-22　简单的多子图图表

8.5.2　自定义子图表的位置

子图表的位置主要通过 specs 参数确定，它是一个二维的列表集合，列表中包含行和列（rows 和 cols）两个参数。通过设置 specs 参数可以绘制出多个在不同位置的子图表。

【例 8-24】　实现包含 3 个子图表的多子图图表，通过该实例了解 specs 参数的用法。首先创建 2 行 2 列的画布，然后通过 specs 参数布局，第 1 行第 1 列一个图表，第 1 行第 2 列一个图表，第 2 行一个图表占据两列，代码如下。（实例位置：资源包\Code\第 8 章\8-24）

```
# 导入相关模块
import plotly as py
import plotly.graph_objs as go
from plotly.subplots import make_subplots
fig = make_subplots(rows=2, cols=2, # 2 行 2 列
                    specs=[[{}, {}], # 第 1 行第 1 列, 第 1 行第 2 列
                    [{"colspan": 2}, None]], # 在第 2 行占据两列, 第 2 列的位置没有图
                    subplot_titles=("图 1","图 2", "图 3"))
# 第 1 个子图表在第 1 行第 1 列
fig.add_trace(go.Scatter(x=[1,2,3,4,5], y=[10,20,30,40,50]),row=1, col=1)
# 第 2 个子图表在第 1 行第 2 列
fig.add_trace(go.Scatter(x=[2,4,6,8], y=[10,20,30,40]),row=1, col=2)
# 第 3 个子图表在第 2 行占据两列
fig.add_trace(go.Scatter(x=[1,3,5,7], y=[10,20,30,50]),row=2, col=1)
# 更新图层
fig.update_layout(showlegend=False,  # 不显示图例
                title_text="多子图图表标题") # 图表标题
# 显示图表
py.offline.plot(fig)
```

运行程序，效果如图 8-23 所示。

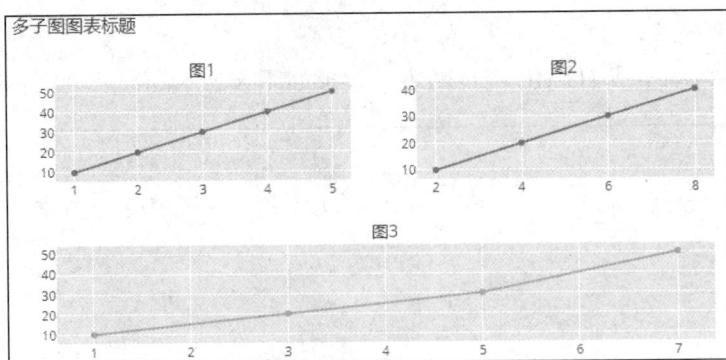

图 8-23　自定义子图表的位置

8.6　AI 辅助编程——使用 Plotly 和 Tushare 创建动态股票走势图

Plotly 是一个强大的 Python 可视化库，可以创建交互式和动态图表，下面通过 AI 创建动态股票走势图。

以下是一个在 AI 工具中的可能的对话示例。

【问题】

使用 Plotly 创建动态股票走势图，要求使用 Tushare 模块获取股票数据。

【AI 回答】

下面我将展示如何使用 Tushare 获取股票数据，并用 Plotly 创建动态的股票走势图（K线图）。

准备工作：

首先需要安装必要的库，代码如下。

```
pip install plotly tushare pandas
```

然后获取 Tushare 的 API token（在 Tushare 官网注册后可以获得）。

示例代码：

```python
import tushare as ts
import plotly.graph_objects as go
from plotly.subplots import make_subplots
import pandas as pd
# 设置 Tushare token (替换成你自己的 token)
ts.set_token('你的 Tushare_API_token')
pro = ts.pro_api()
def get_stock_data(stock_code, start_date, end_date):
    """
    获取股票日线数据
    :param stock_code: 股票代码, 如 '600519.SH'
    :param start_date: 开始日期, 格式 'YYYYMMDD'
    :param end_date: 结束日期, 格式 'YYYYMMDD'
    :return: DataFrame
    """
    # 获取日线数据
    df = pro.daily(ts_code=stock_code, start_date=start_date, end_date=end_date)
    # 转换日期格式并排序
    df['trade_date'] = pd.to_datetime(df['trade_date'])
    df = df.sort_values('trade_date')
```

```
        return df
def create_stock_chart(df, title):
    """
    创建动态股票走势图
    :param df: 包含股票数据的 DataFrame
    :param title: 图表标题
    :return: Plotly Figure 对象
    """
    # 创建子图布局
    fig = make_subplots(rows=2, cols=1, shared_xaxes=True,
                        vertical_spacing=0.05,
                        row_heights=[0.7, 0.3])
    # 添加 K 线图
    fig.add_trace(go.Candlestick(
        x=df['trade_date'],
        open=df['open'],
        high=df['high'],
        low=df['low'],
        close=df['close'],
        name='K线'
    ), row=1, col=1)
    # 添加成交量柱状图
    fig.add_trace(go.Bar(
        x=df['trade_date'],
        y=df['vol'],
        name='成交量',
        marker_color='rgba(100, 100, 255, 0.5)'
    ), row=2, col=1)
    # 添加 5 日均线
    df['ma5'] = df['close'].rolling(5).mean()
    fig.add_trace(go.Scatter(
        x=df['trade_date'],
        y=df['ma5'],
        name='5日均线',
        line=dict(color='orange', width=1.5)
    ), row=1, col=1)
    # 添加 10 日均线
    df['ma10'] = df['close'].rolling(10).mean()
    fig.add_trace(go.Scatter(
        x=df['trade_date'],
        y=df['ma10'],
        name='10日均线',
        line=dict(color='green', width=1.5)
    ), row=1, col=1)

    # 更新图表布局
    fig.update_layout(
        title=title,
        xaxis_rangeslider_visible=False,  # 隐藏底部默认的 range slider
        hovermode='x unified',  # 统一 hover 模式
        height=800,
        template='plotly_white'
    )
    # 添加自定义 range slider
    fig.update_xaxes(
        rangeslider=dict(
            visible=True,
            thickness=0.1,
            bgcolor='lightgray'
        ),
        row=2, col=1
    )
```

```
    # 添加交互按钮
    fig.update_layout(
        updatemenus=[
            dict(
                type="buttons",
                direction="left",
                buttons=list([
                    dict(
                        args=["type", "candlestick"],
                        label="K线图",
                        method="restyle"
                    ),
                    dict(
                        args=["type", "ohlc"],
                        label="OHLC图",
                        method="restyle"
                    ),
                    dict(
                        args=["type", "line"],
                        label="折线图",
                        method="restyle"
                    )
                ]),
                pad={"r": 10, "t": 10},
                showactive=True,
                x=0.1,
                xanchor="left",
                y=1.1,
                yanchor="top"
            )
        ]
    )

    return fig
# 主程序
if __name__ == "__main__":
    # 获取股票数据（示例：贵州茅台）
    stock_code = '600519.SH'  # 贵州茅台
    start_date = '20230101'
    end_date = '20231231'

    df = get_stock_data(stock_code, start_date, end_date)
    # 创建图表
    title = f"{stock_code} 股票走势图 ({{start_date}}至{end_date})"
    fig = create_stock_chart(df, title)
    # 显示图表
    fig.show()
    # 保存为 HTML 文件
    fig.write_html("stock_chart.html")
```

代码说明：

（1）数据获取

- 使用 Tushare Pro API 获取股票日线数据
- 数据包括开盘价（open）、最高价（high)、最低价(low)、收盘价(close)和成交量(vol)

（2）图表功能

- 主图显示 K 线图（可切换为 OHLC 图或折线图）
- 添加 5 日和 10 日均线
- 底部子图显示成交量

- 交互式 range slider 可缩放时间范围
- 部按钮可切换图表类型

（3）交互功能
- 鼠标悬停显示详细数据
- 拖动滑块调整显示的时间范围
- 点击按钮切换不同的图表类型

扩展功能建议：

（1）添加技术指标：可以在图表中加入 MACD、KDJ、RSI 等技术指标。

（2）多股对比：可以在同一图表中比较多只股票的走势。

（3）实时更新：可以设置定时任务自动更新数据。

（4）添加注释：允许用户在图表上添加标记和注释。

注意：Tushare 的免费 API 可能有调用限制，如需更多数据或更高频率调用，可以考虑升级到付费版本。

小结

本章主要介绍了 Plotly 入门知识，包括安装 Plotly、Plotly 绘图原理和 Plotly 保存图表的方式，以及基础图表的绘制、图表细节的设置、统计图表和多子图图表的绘制。

习题

8-1　将"资源包\Code\datas"中的"读者信息表.xlsx"作为数据集，绘制饼图分析读者学历和民族情况。

8-2　将"资源包\Code\datas"中的"tips.xlsx"作为数据集，绘制箱线图查找客人总消费数据中存在的异常值。

8-3　将"资源包\Code\datas"中的"grade.xlsx"作为数据集，绘制直方图分析学生数学成绩分布情况。

第9章 Bokeh 图表

学习目标

- 掌握 Bokeh 的安装
- 了解 Bokeh 支持的数据类型
- 掌握 Bokeh 基本图表的绘制方法
- 掌握图表的常用设置
- 了解 Bokeh 可视化交互的实现

9.1 Bokeh 入门

Bokeh 入门

Bokeh 是一个 Python 交互式可视化库，支持 Web 浏览器，提供了非常强大的展示功能。Bokeh 的目标是使用 D3.js 样式提供优雅、简洁、新颖的图形化风格，同时提供大型数据集的高性能交互功能。Bokeh 用以快速地创建交互式的图表、仪表盘和数据应用。

9.1.1 安装 Bokeh

在命令提示符窗口中安装 Bokeh。在桌面左下方的搜索框中输入"cmd"并按 Enter 键，打开命令提示符窗口，使用 pip 命令安装，命令如下。

```
pip install bokeh
```

当然，也可以在 PyCharm 开发环境中安装 Bokeh 库。

9.1.2 Bokeh 的基本概念

1．词汇说明

在学习如何使用 Bokeh 绘图时，需要先了解一下相关词汇，具体内容如表 9-1 所示。

表 9-1　Bokeh 模块的相关词汇及其说明

词汇名称	说明
Annotation（注释）	如图表中的标题、图例、标签等，可以更加清晰地明确图表中数据的含义
Application（应用程序）	在 Bokeh 服务上运行一个 Bokeh 文件，便是 Bokeh 应用
BokehJS（Bokeh JavaScript）	渲染图表，可以进行动态可视化交互
Document（文档）	Bokeh 图表文档

词汇名称	说明
Embedding（嵌入）	将图表或小部件嵌入应用或 Web 网页
Glyph（字形）	Glyph 是 Bokeh 图表的基本视觉构建模块，主要包括散点、折线、矩形、正方形、楔形、圆形等元素
Layout（布局）	Layout 是 Bokeh 对象的集合，可以是多个图表和小部件，排列在嵌套的行和列中
Model（模型）	Model 是 Bokeh 可视化图表的最低级别的对象，是 bokeh.models 接口的一部分，提供了十分灵活的底层样式
Plot（绘图）	包含可视化的所有对象（例如渲染器、字形或注释）的容器
Renderer（渲染器）	绘制图表元素的任何方法或函数的通用术语
Server（服务器）	Bokeh 服务器是一个可选组件，可以用来共享和发布图表，应用、处理大数据以及复杂的用户交互
Widget（小部件）	图表中的小部件，例如滑动条、下拉列表、按钮等

2．接口说明

Bokeh 主要功能所对应的接口及用途如表 9-2 所示。

表 9-2　Bokeh 主要功能所对应的接口及用途

接口名称	用途
bokeh.colors.Color	提供用于表示 RGB(A) 和 HSL(A) 颜色的类，以及定义常见的命名颜色
bokeh.embed	Bokeh 模块中用于嵌入图表的核心接口，支持多种嵌入方式
bokeh.events	触发回调事件
bokeh.layouts	安排 Bokeh 布局对象的函数
bokeh.models	Bokeh 模块的底层 API，提供比高级 API 更灵活的控制能力
bokeh.palettes	内置调色板
bokeh.plotting	绘制图表，使用 figure() 方法创建画布，绘制基本图表，如折线图、水平条形图等
bokeh.io	保存与显示图表
bokeh.themes	改变图表主题颜色

9.1.3　绘制第一个图表

在使用 Bokeh 模块绘制一个简单的图表时，大致包含以下几个步骤。

（1）导入模块与方法。

（2）创建图形画布。

（3）准备数据。

（4）绘制图表。

（5）显示或保存图表文件。

【例 9-1】　以绘制折线图为例，调用 line() 方法来进行绘制，代码如下。（实例位置：资源包\Code\第 9 章\9-1）

```python
from bokeh.plotting import figure, show    # 导入图形画布与显示的包
p = figure(width=400, height=400)          # 创建图形画布并设置大小
x = [1, 2, 3, 4, 5]                        # 横轴坐标
y = [1, 5, 2, 6, 3]                        # 纵轴坐标
p.line(x,y,line_width = 2)                 # 绘制折线图，线的宽度为2
show(p)                                     # 显示图表
```

运行程序后，将自动生成与当前.py 文件名称相同的.html 文件，该文件将在浏览器中自动打开，效果如图 9-1 所示。

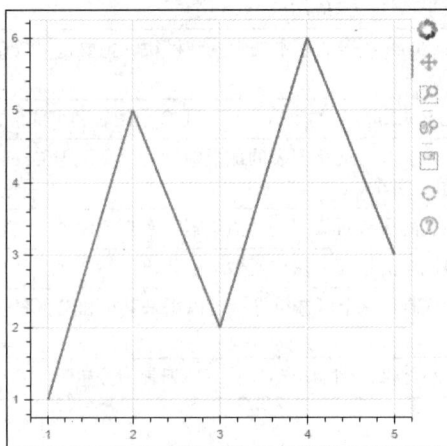

图 9-1　折线图

line()方法提供了多种参数，用于修改折线图的各种属性，常用的参数及其说明如表 9-3 所示。

表 9-3　line()方法常用的参数及其说明

参数名称	说明
x	x 坐标
y	y 坐标
line_alpha	线条透明度，默认值为 1.0
line_color	线条的颜色值，默认为 black（黑色）
line_dash	虚线的样式，如 dashed、dotted、dotdash 等
line_width	设置线的宽度
alpha	设置所有线条的透明度
color	设置所有线条的颜色
source	Bokeh 独特的数据格式

如果想要在一个图表中绘制多条折线，可以通过多次调用 line()的方式来实现。

【例 9-2】使用 line()方法绘制多折线图，代码如下。（实例位置：资源包\Code\第 9 章\9-2）

```python
# 导入图形画布与显示的包
from bokeh.plotting import figure, show
# 创建 x 轴、y 轴数据
x = [1, 2, 3, 4, 5]
y1 = [6, 7, 2, 4, 5]
y2 = [2, 3, 4, 5, 6]
y3 = [4, 5, 5, 7, 2]
# 创建图形画布
p = figure(title="多折线图", x_axis_label="x", y_axis_label="y")
# 绘制多折线图
p.line(x, y1, legend_label="京东", color="blue", line_width=2)
p.line(x, y2, legend_label="天猫", color="red", line_width=2)
p.line(x, y3, legend_label="自营", color="green", line_width=2)
# 显示图表
show(p)
```

运行程序，结果如图 9-2 所示。

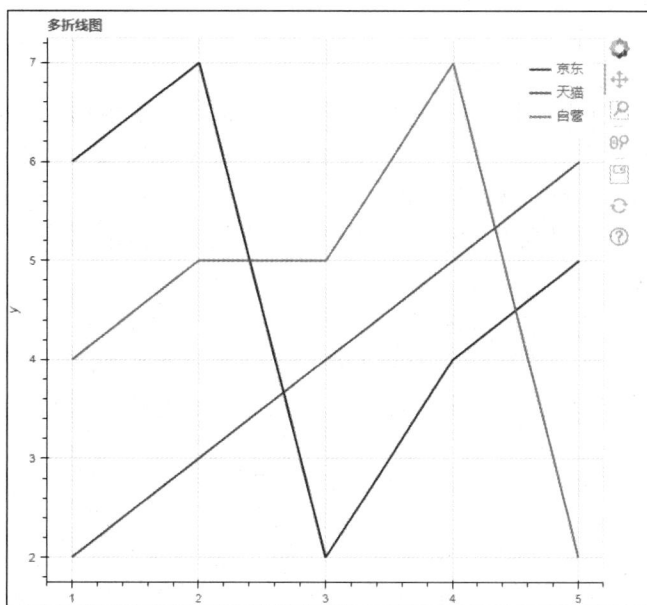

图 9-2

图 9-2　使用 line()方法绘制多折线图

　　Bokeh 模块还提供了可以直接绘制多折线图的 multi_line()方法，该方法只需要设置 xs（轴）与 ys（数据轴）的坐标参数即可，但两个参数的值必须是列表数据，其他参数与 line()方法相同。

　　【例 9-3】　使用 multi_line()方法绘制多折线图，代码如下。（实例位置：资源包\Code\第 9 章\9-3）

```
from bokeh.plotting import figure, show    # 导入图形画布与显示的包
p = figure(plot_width=400, plot_height=400)  # 创建图形画布并设置大小
x = [[1, 2, 3], [4, 5, 6],[7,8,9]]         # 横轴坐标
# 3 个子列表，代表 3 个折线点的数据值
y = [[1, 2, 1], [2, 3, 2],[3,4,3]]         # 纵轴坐标
# 绘制折线图，并设置 3 个折线图的颜色
p.multi_line(xs=x, ys=y,color=['red','green','blue'])
show(p)                                     # 显示图表
```

运行程序，结果如图 9-3 所示。

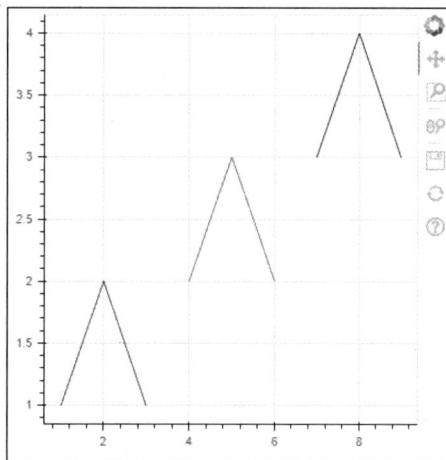

图 9-3

图 9-3　使用 multi_line()方法绘制多折线图

9.1.4 数据类型

在使用 Bokeh 模块绘制图表时，可以使用多种数据类型的数据，例如 9.1.3 小节中绘制的折线图使用了 Python 列表类型的数据，此外，还可以使用字典类型的数据、NumPy 数组类型的数据、pandas 的 DataFrame 对象以及 Bokeh 模块独有的 ColumnDataSource 类型的数据，通过这些数据类型可以很方便地在绘图方法中直接调用列名进行绘图。

1．Python 字典类型

使用字典类型数据时，直接获取键（key）所对应的值（value 为列表数据），即可获取一个列表数据，此时便可以直接使用 Bokeh 模块实现图表的绘制了。

【例 9-4】 使用字典类型数据绘制图表，代码如下。（实例位置：资源包\Code\第 9 章\9-4）

```
from bokeh.plotting import figure,show        # 导入图形画布与显示的包
p = figure(width=400, height=400)             # 创建图形画布并设置大小
# 创建字典类型的数据
dict_data = {'x':[1, 2, 3, 4, 5],'y':[1,2,3,5,4]}
x = dict_data['x']                            # 横轴坐标
y = dict_data['y']                            # 纵轴坐标
p.line(x,y,line_width = 2)                     # 绘制折线图，线的宽度为 2
show(p)                                        # 显示图表
```

运行程序，结果如图 9-4 所示。

在使用字典数据绘制图表时，还可以在绘制图表的方法中填写 source 参数，然后将字典数据直接传递给 source 参数，实现图表的绘制。

2．NumPy 数组类型

使用 NumPy 中的数组类型数据绘制图表与使用 Python 列表数据类似，直接指定数据值即可。

【例 9-5】 使用 NumPy 数组类型数据绘制图表，代码如下。（实例位置：资源包\Code\第 9 章\9-5）

```
from bokeh.plotting import figure,show        # 导入图形画布与显示的包
import numpy as np                            # 导入 numpy 模块
p = figure(width=400, height=400)             # 创建图形画布并设置大小
x = [1,2,3,4,5]                               # 横轴坐标
y = np.random.randint(1,5,size=5)             # 纵轴坐标，NumPy 数组随机数据
p.line(x,y,line_width = 2)                     # 绘制折线图，线的宽度为 2
show(p)                                        # 显示图表
```

运行程序，结果如图 9-5 所示。

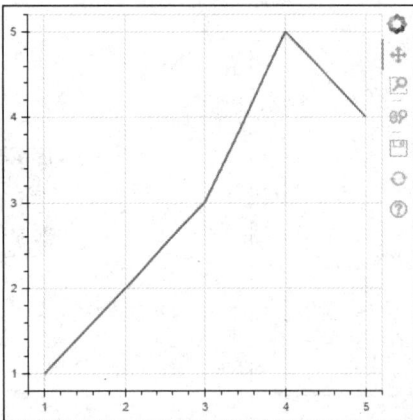

图 9-4　绘制字典类型数据的折线图

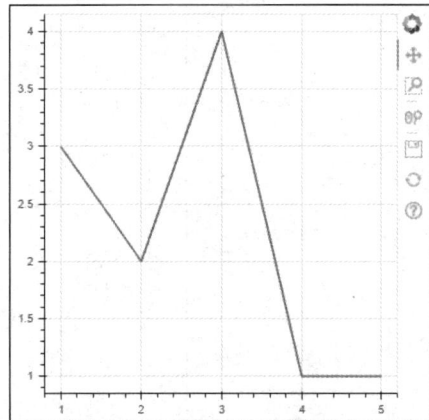

图 9-5　绘制数组类型数据的折线图

3．DataFrame 类型

pandas 是数据分析中最好用的一个模块，该模块有一个专属的数据类型——DataFrame，而使用 Bokeh 绘图时，只需要将 DataFrame 对象数据传递给 source 参数即可。

【例 9-6】 使用 DataFrame 对象数据绘制折线图，代码如下。（实例位置：资源包\Code\第 9 章\9-6）

```
from bokeh.plotting import figure,show              # 导入图形画布与显示的包
import pandas as pd                                  # 导入 pandas 模块
# 创建数据
data = {'x':[[1,2,3,4,5],[6,7,8,9,10]],
        'y':[[5,2,1,4,3],[9,6,8,7,10]]}
d_dataframe = pd.DataFrame(data=data)                # 创建 DataFrame 数据
p = figure(width=400, height=400)                    # 创建图形画布并设置大小
p.multi_line('x','y',source=d_dataframe,line_width = 2)  # 绘制折线图，线的宽度为2
show(p)                                              # 显示图表
```

运行程序，结果如图 9-6 所示。

4．ColumnDataSource 类型

ColumnDataSource 是 Bokeh 模块独有的一种数据类型，ColumnDataSource 对象中有一个 data 参数，用于传递数据。该参数可以传递 3 种类型的数据，即字典数据、DataFrame 对象、DataFrame 中的 groupby（分组统计）数据。

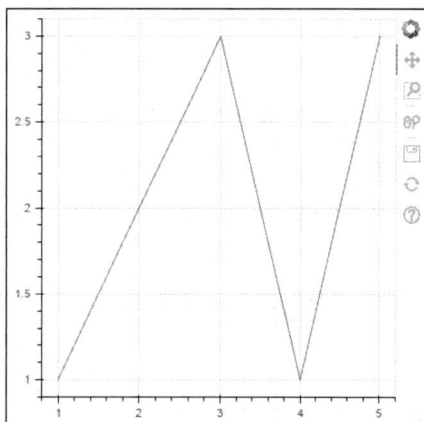

【例 9-7】 通过 ColumnDataSource 传递字典数据绘制折线图，代码如下。（实例位置：资源包\Code\第 9 章\9-7）

```
from bokeh.plotting import figure,show              # 导入图形画布与显示的包
from bokeh.models import ColumnDataSource            # 导入 ColumnDataSource 类
p = figure(width=400, height=400)                    # 创建图形画布并设置大小
# 创建字典类型的数据
dict_data = {'x_values':[1, 2, 3, 4, 5],'y_values':[1,2,3,1,3]}
# 传递字典数据以创建 ColumnDataSource 数据对象
source = ColumnDataSource(data=dict_data)
p.line(x='x_values',y='y_values',source=source)      # 绘制折线图
show(p)                                              # 显示图表
```

运行程序，结果如图 9-7 所示。

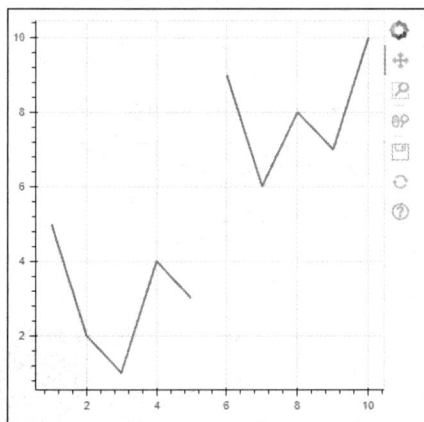

图 9-6　使用 DataFrame 对象数据绘制折线图　　图 9-7　通过 ColumnDataSource 传递字典数据绘制折线图

【例 9-8】 通过 ColumnDataSource 传递 DataFrame 对象数据绘制折线图，代码如下。（实例位置：资源包\Code\第 9 章\9-8）

```
from bokeh.plotting import figure, show      # 导入图形画布与显示
import pandas as pd                           # 导入 pandas 模块
from bokeh.models import ColumnDataSource     # 导入 ColumnDataSource 类
p = figure(width=400, height=400)             # 创建图形画布并设置大小
data = {'x_values': [1, 2, 3, 4, 5],          # 创建字典类型的数据
        'y_values': [6, 7, 2, 3, 6]}
df = pd.DataFrame(data)                        # 转换为 DataFrame 数据
# 传递 DataFrame 对象数据以创建 ColumnDataSource 数据对象
source = ColumnDataSource(data=df)
p.line('x_values','y_values',source=source)   # 绘制折线图
show(p)                                        # 显示图表
```

运行程序，结果如图 9-8 所示。

【例 9-9】 通过 ColumnDataSource 传递分组统计数据绘制折线图，代码如下。（实例位置：资源包\Code\第 9 章\9-9）

```
import pandas as pd                           # 导入 pandas 模块
from bokeh.plotting import figure,show        # 导入图形画布与显示
from bokeh.models import ColumnDataSource     # 导入 ColumnDataSource 类
p = figure(width=400, height=400)             # 创建图形画布并设置大小
# 创建字典数据，模拟 1~3 月商品销量
dict_data = {'month':[1,2,3,2,1,3,2,3,1],'data':[1,3,2,2,3,2,4,6,2]}
df = pd.DataFrame(dict_data)                  # 创建 DataFrame 数据
group = df.groupby('month').sum()             # 根据月份分组并对每月的数据求和
source = ColumnDataSource(data=group)         # 传递字典数据以创建 ColumnDataSource 数据对象
p.line(x='month',y = 'data',source=source)    # 绘制折线图
show(p)                                        # 显示图表
```

运行程序，结果如图 9-9 所示。

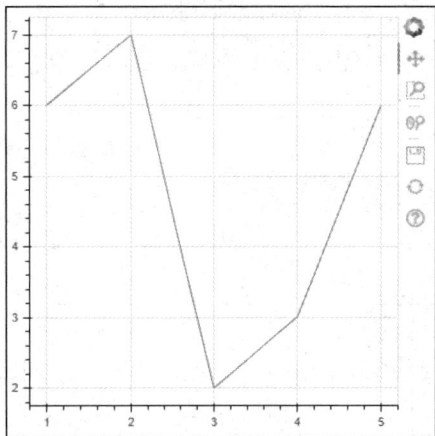

图 9-8 通过 ColumnDataSource
传递 DataFrame 对象数据绘制折线图

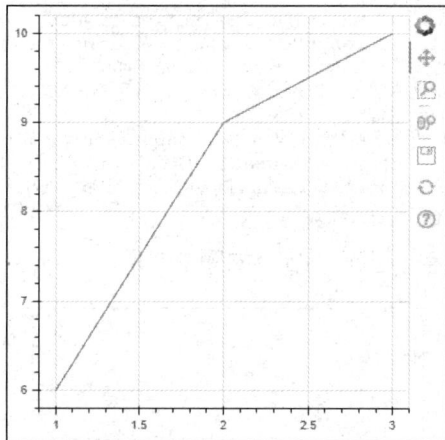

图 9-9 通过 ColumnDataSource
传递分组统计数据绘制折线图

9.2 绘制基本图表

9.2.1 散点图

散点图可以使用 scatter() 方法进行绘制，语法如下。

散点图

```
bokeh.plotting.figure.scatter(x,y,size=4,marker="circle",color=None,line_color=None,
fill_color=None,fill_alpha=1.0,line_alpha=1.0,line_width=1,name=None,tags=[],**kwargs)
```

该方法的常用参数及其说明如表 9-4 所示。

表 9-4　scatter()方法的参数及其说明

参数名称	说明
x	标记中心的 x 坐标
y	标记中心的 y 坐标
size	以像素为单位，设置点的大小
alpha	设置透明度，0 表示完全透明，1.0 表示完全不透明，默认值为 1.0
color	设置点的颜色，表示线和填充颜色
source	设置数据源
legend	设置图例
fill_alpha	填充透明度，0 表示完全透明，1.0 表示完全不透明，默认值为 1.0
fill_color	填充颜色，默认为灰色
line_alpha	设置圆点边线的透明度，0 表示完全透明，1.0 表示完全不透明，默认值为 1.0
line_dash	设置虚线
line_color	设置圆点边线颜色，默认为黑色
line_width	设置圆点边线宽度，默认为 1

【例 9-10】 使用 scatter()方法绘制散点图，代码如下。(实例位置：资源包\Code\第 9 章\9-10)

```
from bokeh.plotting import figure,show        # 导入图形画布与显示
p = figure(width=400, height=400)             # 创建图形画布并设置大小
x = [1, 2, 3, 4, 5]                           # x 轴坐标
y = [2, 5, 3, 1, 4]                           # y 轴坐标
# 绘制散点图
p.scatter(x = x,y = y , size=30, color="green",
         alpha=0.8,line_color='black',line_dash = 'dashed',line_width = 2)
show(p)                                        # 显示图表
```

运行程序，结果如图 9-10 所示。

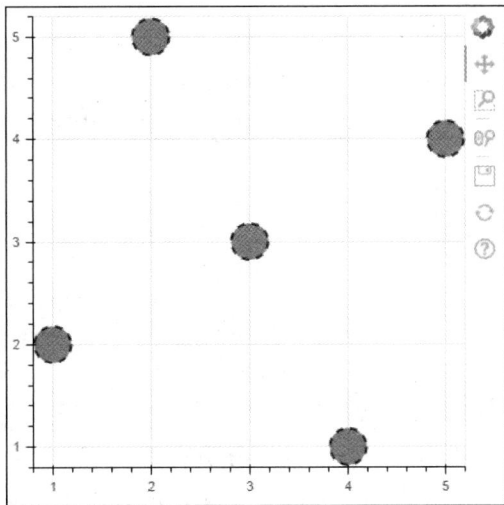

图 9-10　使用 scatter()方法绘制散点图

9.2.2　组合图表

组合图表

Bokeh 也可以实现在一个画布上绘制多个不同类型的图表。例如在折线图的数据点上绘制一个散点，可以更加清晰地看到数据点所在位置。

【例 9-11】　绘制折线图+散点图的组合图表，代码如下。（实例位置：资源包\Code\第 9 章\9-11）

```
from bokeh.plotting import figure, show      # 导入图形画布与显示
p = figure(width=500, height=500)            # 创建图形画布并设置大小
x = [1, 2, 3, 4, 5]                          # 横轴坐标
y = [1.1,1.2,2,1.4,1.7]                      # 纵轴坐标，折线与散点对应的数据位置
y1 = [1.4,1.6,2.6,3.8,2.7]                   # 第二条折线与散点数据
# 绘制折线图与散点图，并设置图例
p.line(x,y,legend_label='y',line_width = 2)
p.scatter(x,y,legend_label='y',fill_color = 'white',line_color='red',size=10)
p.line(x,y1,legend_label='y1',line_width = 2)
p.scatter(x,y1,legend_label='y1',fill_color = 'blue',line_color='red',size=10)
show(p)                                       # 显示图表
```

运行程序，结果如图 9-11 所示。

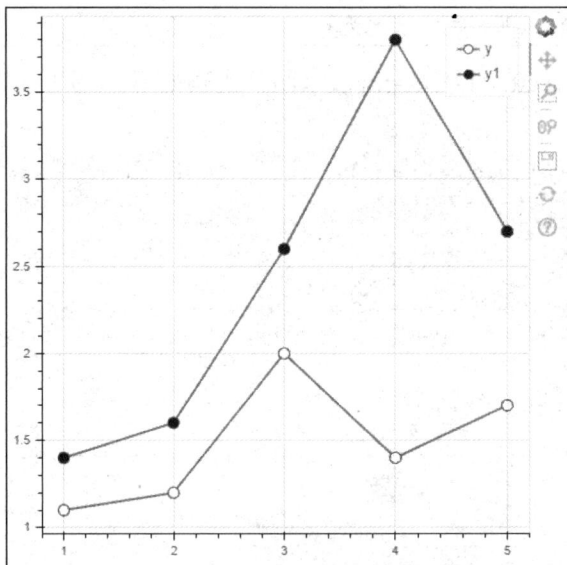

图 9-11　组合图表

图 9-11

9.2.3　条形图

1．垂直条形图

在 Bokeh 模块中，绘制垂直条形图可以使用 vbar()方法，语法如下。

条形图

```
bokeh.plotting.figure.vbar(x,width,top,bottom=0,fill_color=None,line_color=None,fill_alpha
=1.0,line_alpha=1.0,line_width=1,legend_field=None,source=None,**kwargs)
```

该方法的参数 x 表示条形的中心 x 坐标（分类或数值）、width 表示条形的宽度、bottom 表示条形的底部 y 坐标（默认值为 0），top 表示条形的顶部 y 坐标（即条形的高度）。

【例 9-12】　使用 vbar()方法绘制垂直条形图，代码如下。（实例位置：资源包\Code\第 9

章\9-12）

```
from bokeh.plotting import figure, show      # 导入图形画布与显示
p = figure(width=400, height=400)            # 创建图形画布并设置大小
p.vbar(x=[1, 2, 3], width=0.5, bottom=0,     # 绘制垂直条形图
       top=[1.8, 2.3, 4.6], color="firebrick",
       line_width = 2,line_color = 'black',line_dash ='dashed')
show(p)                                       # 显示图表
```

运行程序，结果如图 9-12 所示。

2．水平条形图

绘制水平条形图可以使用 hbar()方法，语法如下：

```
bokeh.plotting.figure.hbar(y,height,left=0,right,fill_color=None,line_color=None,fill_
alpha=1.0,line_alpha=1.0,line_width=1,legend_field=None,source=None,**kwargs)
```

该方法的参数 y 为纵轴坐标、height 为条形的高度（厚度）、left 为左边最小值、right 为右边最大值。

【例 9-13】 使用 hbar()方法绘制水平条形图，代码如下。（实例位置：资源包\Code\第 9 章\9-13）

```
from bokeh.plotting import figure, show      # 导入图形画布与显示
p = figure(width=400, height=400)            # 创建图形画布并设置大小
# 绘制水平条形图
p.hbar(y=[1, 2, 3], height=0.5, left=0,right=[1.6, 3.5, 4.3],
       color = ['blue','green','red'],
       line_width = 2,line_color = 'black',line_dash ='dashed')
show(p)                                       # 显示图表
```

运行程序，结果如图 9-13 所示。

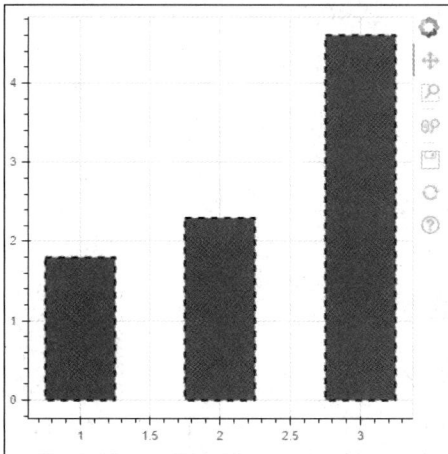

图 9-12　垂直条形图

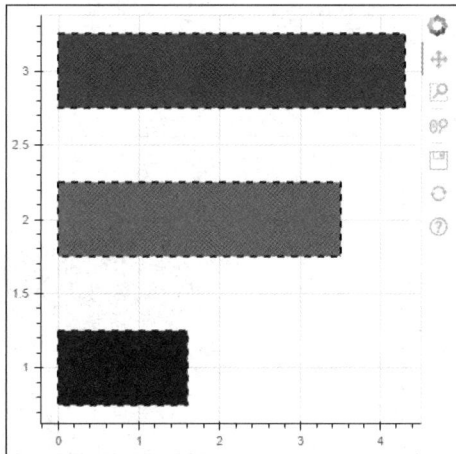

图 9-13　水平条形图

图 9-12、图 9-13

9.2.4　饼图和环形图

1．饼图

饼图一般用于表示不同分类的占比情况，主要使用 wedge()方法绘制，语

饼图和环形图

法如下。

```
bokeh.plotting.figure.wedge(x,y,radius,start_angle,end_angle, *, direction="anticlock", **kwargs)
```

该方法的参数 x 表示圆心的横坐标、y 表示圆心的纵坐标、radius 表示圆的半径、start_angle 表示水平方向起始角度、end_angle 表示水平方向结束角度、direction 表示起始方向（默认逆时针方向）、legend_field 表示图例。

【例9-14】使用wedge()方法绘制饼图，代码如下。（实例位置：资源包\Code\第9章\9-14）

```python
from math import pi                          # 导入圆周率
import pandas as pd                          # 导入pandas模块
from bokeh.plotting import figure, show      # 导入图形画布与显示
from bokeh.transform import cumsum           # 导入数据转换
# 定义数据源
x = {
    '上海': 157,
    '广州': 93,
    '天津': 89,
    '北京': 63,
    '沈阳': 44,
    '哈尔滨': 42
}
# 将数据源数据转换为DataFrame数据
data = pd.Series(x).reset_index(name='value').rename(columns={'index':'city'})
# 在数据中添加每个城市计算好的角度
data['angle'] = data['value']/data['value'].sum() * 2*pi
# 在数据中添加每个城市对应的颜色
data['color']= ['#3182bd', '#6baed6', '#9ecae1', '#c6dbef', '#e6550d', '#fd8d3c']
p = figure(width=500, height=350, title="饼图",)         # 创建图形画布并设置大小
# 绘制饼图
p.wedge(x=0, y=1, radius=0.5,
        start_angle=cumsum('angle', include_zero=True), end_angle=cumsum('angle'),
        line_color="white",line_width = 2, fill_color='color', legend_field='city', source=data)
show(p)                  # 显示图表
```

运行程序，结果如图9-14所示。

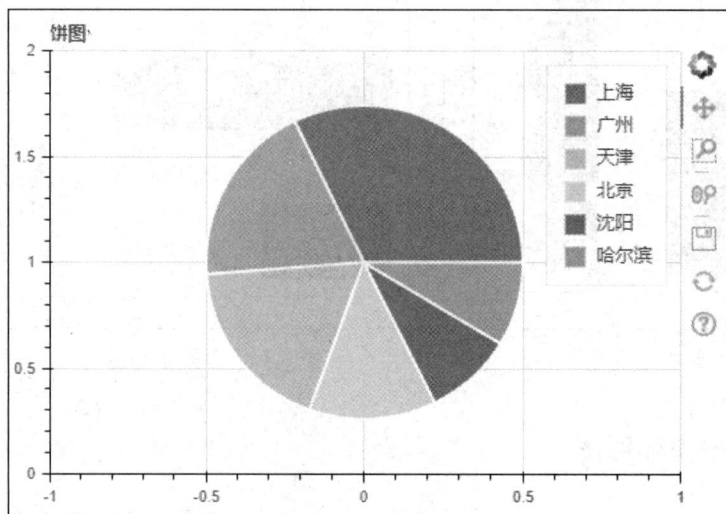

图9-14

图9-14　饼图

2．环形图

将饼图中间的区域挖空就形成了环形图。绘制环形图主要使用 annular_wedge()方法，语法如下。

```
bokeh.plotting.figure.annular_wedge(x,y,inner_radius,outer_radius,start_angle,end_angle,*,direction=
"anticlock", **kwargs)
```

该方法的参数 x 表示圆环中心的横坐标、y 表示圆环中心的纵坐标、inner_radius 表示内圆半径、outer_radius 表示外圆半径。

【例 9-15】 使用 annular_wedge()方法绘制环形图，主要代码如下。（实例位置：资源包\Code\第 9 章\9-15）

```
p = figure(plot_width=500, plot_height=350, title="环形图",)        # 创建图形画布并设置大小
# 绘制环形图
p.annular_wedge(x=0, y=1, outer_radius=0.5,inner_radius=0.4,
        start_angle=cumsum('angle', include_zero=True), end_angle=cumsum('angle'),
        line_color="white",line_width = 2, fill_color='color', legend_field='city', source=data)
```

运行程序，结果如图 9-15 所示。

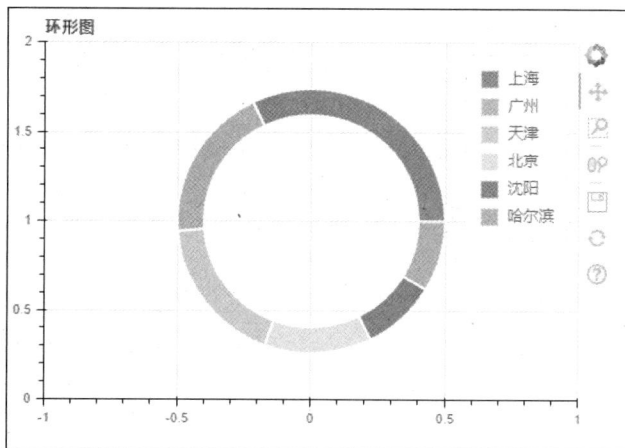

图 9-15

图 9-15   环形图

9.3 图表设置

9.3.1   图表的布局

图表的布局

1．列布局

列布局就是垂直方向显示多个图表，实现这种布局主要使用 column()方法，将绘制的图表作为参数传入 column()方法中。

【例 9-16】 使用 column()方法沿垂直方向布局多个图表。代码如下。（实例位置：资源包\Code\第 9 章\9-16）

```
from bokeh.plotting import figure, show     # 导入图形画布与显示的包
from bokeh.layouts import column            # 导入列布局的包
p1 = figure(width=200, height=200)          # 创建图形画布并设置大小
```

```
x = [1, 2, 3, 4, 5]                          # 横轴坐标
y = [1, 5, 2, 6, 3]                          # 纵轴坐标
p1.line(x,y,line_width = 2)                  # 绘制折线图，线的宽度为2
p2 = figure(width=200, height=200)           # 创建图形画布并设置大小
# 绘制散点图
p2.scatter(x = x,y = y , size=30, color="green",
           alpha=0.8,line_color='black',line_dash = 'dashed',line_width = 2)
show(column(p1, p2))                         # 以列布局方式显示图表
```

运行程序，结果如图 9-16 所示。

2. 行布局

行布局与列布局类似，只不过是沿水平方向显示多个图表，实现这种布局主要使用 row() 方法，将绘制的图表作为参数传入 row() 方法中。

【例 9-17】 使用 row() 方法沿水平方向布局多个图表，代码如下。（实例位置：资源包\Code\第 9 章\9-17）

```
from bokeh.plotting import figure, show   # 导入图形画布与显示的包
from bokeh.layouts import row              # 导入行布局的包
p1 = figure(width=200, height=200)         # 创建图形画布并设置大小
x = [1, 2, 3, 4, 5]                        # 横轴坐标
y = [1, 5, 2, 6, 3]                        # 纵轴坐标
p1.line(x,y,line_width = 2)                # 绘制折线图，线的宽度为2
p2 = figure(width=200, height=200)         # 创建图形画布并设置大小
# 绘制散点图
p2.scatter(x = x,y = y , size=30, color="green",
           alpha=0.8,line_color='black',line_dash = 'dashed',line_width = 2)
show(row(p1, p2))                          # 以行布局方式显示图表
```

运行程序，结果如图 9-17 所示。

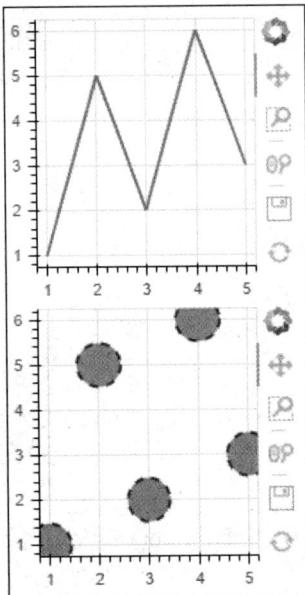

图 9-16　沿垂直方向布局图表

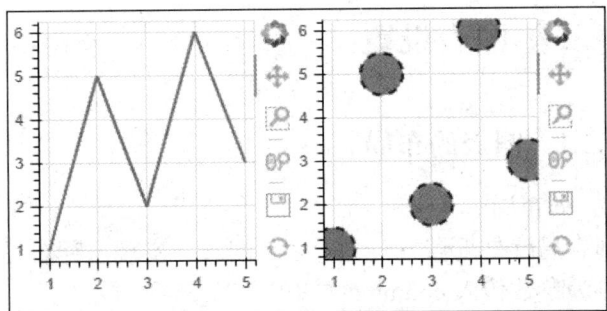

图 9-17　沿水平方向布局图表

3. 网格布局

网格布局相对比较好理解，就是通过网格显示多个图表，实现这种布局可以使用 gridplot() 方法，将相关参数传入 gridplot() 方法中。

【例 9-18】 使用 gridplot()方法实现将多个图表显示在网格中，代码如下。(实例位置：资源包\Code\第 9 章\9-18)

```
from bokeh.plotting import figure, show    # 导入图形画布与显示的包
from bokeh.layouts import gridplot         # 导入网格布局的包
x=[1,2,3,4,5]                              # 横轴坐标
y = list(range(1,6))                       # 纵轴坐标
p1 = figure()         # 创建图形画布
# 绘制圆点散点图
p1.scatter(x=x,y=y,size=10,color='red',line_color='black',line_width = 2)
p2 = figure()         # 创建图形画布
# 绘制方形散点图
p2.scatter(x=x,y=y,marker='square',size=10,color='black',line_color='red',line_width = 2)
p3 = figure()         # 创建图形画布
# 绘制三角散点图
p3.scatter(x=x,y=y,marker='triangle',size=10,color='yellow',line_color='red',line_width = 2)
p4 = figure()         # 创建图形画布
# 绘制方形中 pin 散点图
p4.scatter(x=x,y=y,marker='square_pin',size=10,color='yellow',line_color='red',line_width = 2)
# 使用网格布局显示多个图表
grid = gridplot([p1, p2, p3,p4], ncols=2, width=250, height=250)
show(grid)            # 显示网格布局的图表
```

运行程序，结果如图 9-18 所示。

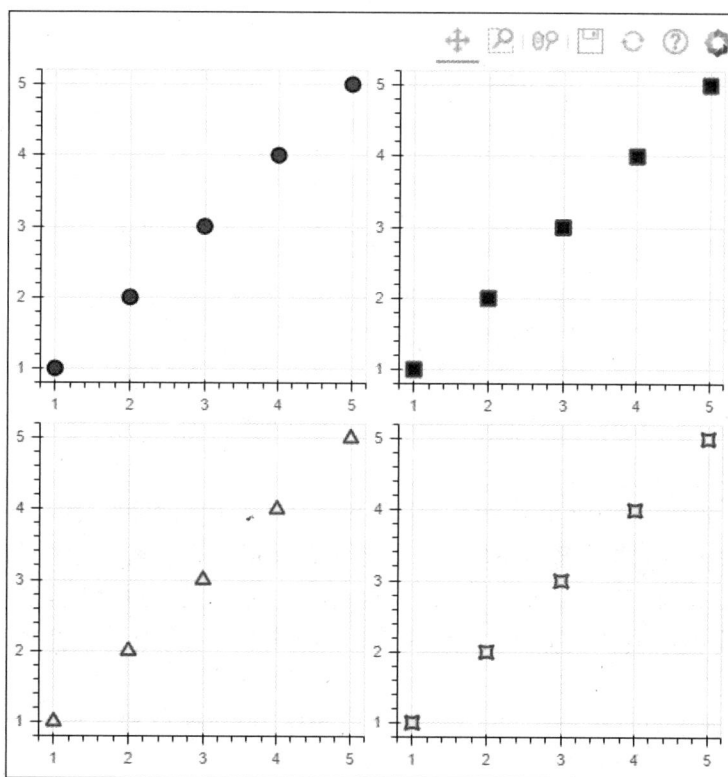

图 9-18　网格布局图表

9.3.2　配置绘图工具

1．定位工具栏

工具栏一般默认显示在图表的右侧，如果需要调整工具栏的位置，可以通

配置绘图工具

过在 figure()方法中调整 toolbar_location 参数来实现。该参数取值为 above、below、left 或 right 时表示工具栏显示在图表的上方、下方、左侧或右侧，取值为 None 时表示隐藏工具栏。

【例 9-19】 在图表上方显示工具栏，代码如下。（实例位置：资源包\Code\第 9 章\9-19）

```
from bokeh.plotting import figure, show    # 导入图形画布与显示
x=[1,2,3,4,5]                              # 横轴坐标
y = list(range(1,6))                        # 纵轴坐标
p1 = figure(width=300, height=300,toolbar_location='above')   # 创建图形画布
# 绘制圆点散点图
p1.scatter(x=x,y=y,size=10,color='red',line_color='black',line_width = 2)
show(p1)             # 显示图表
```

运行程序，结果如图 9-19 所示。

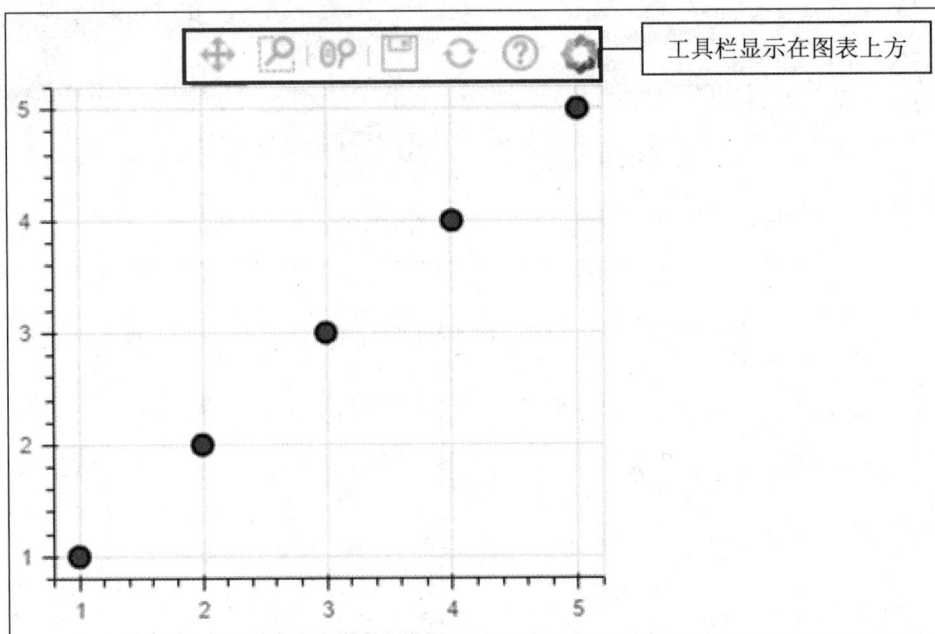

图 9-19　将工具栏设置在图表上方

2. 指定工具

指定工具就是将需要的工具添加至工具栏中，Bokeh 模块提供了两种指定工具的方法：一种是将需要添加的工具的名称添加至字符串中，而每个工具名称之间用逗号分隔，然后创建 figure 对象时，将工具名称字符串传递给 tools 参数；另一种是先创建 figure 对象，然后通过该对象调用 add_tools()方法，再将需要添加的工具对象作为参数传递给 add_tools()方法。

【例 9-20】 使用 add_tools()方法为图表指定平移、滑轮缩放和悬停工具，代码如下。（实例位置：资源包\Code\第 9 章\9-20）

```
from bokeh.plotting import figure, show     # 导入图形画布与显示
from bokeh.models import WheelZoomTool      # 导入滑轮缩放工具对象
tools = 'hover,pan'                          # 以字符串形式添加悬停与平移工具的名称
x=[1,2,3,4,5]                               # 横轴坐标
y = list(range(1,6))                         # 纵轴坐标
# 创建图形画布
p = figure(width=300, height=300,tools=tools)
# 绘制圆点散点图
```

```
p.scatter(x=x,y=y,size=10,color='red',line_color='black',line_width = 2)
p.add_tools(WheelZoomTool())                        # 添加滑轮缩放工具
show(p)                                             # 显示图表
```

运行程序，结果如图 9-20 所示。

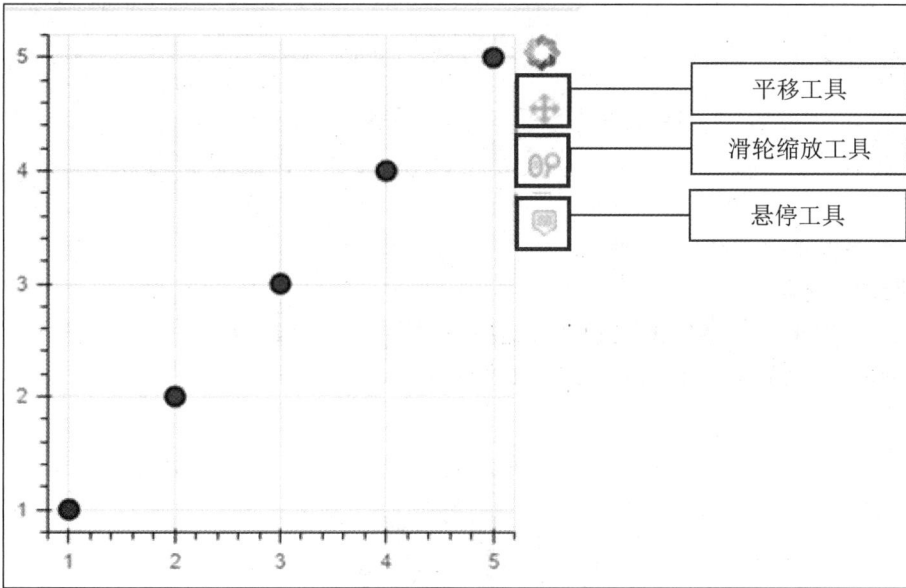

图 9-20　为图表指定平移、滑轮缩放和悬停工具

9.3.3　设置视觉属性

1．切换主题

Bokeh 为了让图表变得更加美观，一共内置了 5 种主题，分别为 caliber、dark_minimal、light_minimal、night_sky 和 contrast。5 种主题样式如图 9-21 所示。

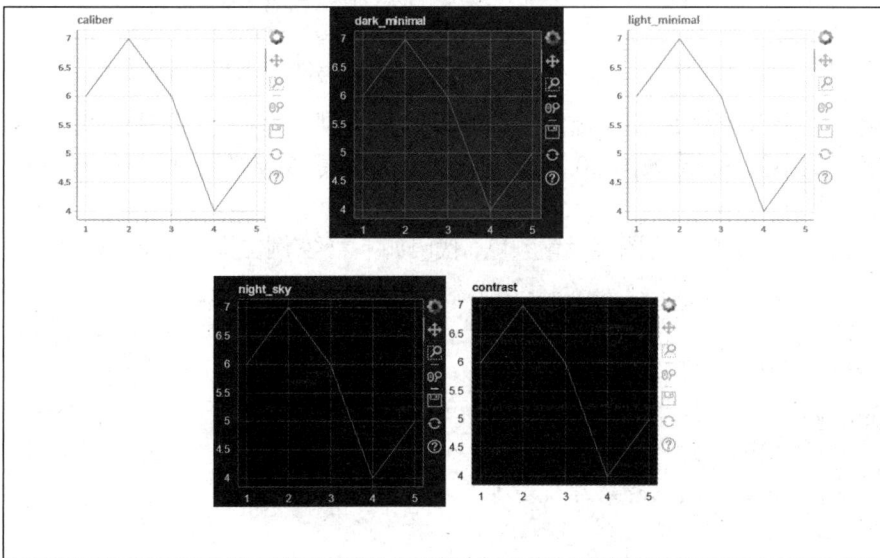

图 9-21　5 种主题样式

【例 9-21】 在 Bokeh 图表中设置主题样式非常简单，只需要调用 curdoc().theme 属性并将其设置为要使用的主题样式，代码如下。（实例位置：资源包\Code\第 9 章\9-21）

```
from bokeh.io import curdoc              # 导入可以切换主题的方法
from bokeh.plotting import figure, show  # 导入图形画布与显示
x=[1,2,3,4,5]                            # 横轴坐标
y = list(range(1,6))                     # 纵轴坐标
curdoc().theme = 'caliber'               # 指定需要切换的主题样式
# 创建图形画布
p = figure(title='caliber', width=300,height=300)
# 绘制散点图
p.scatter(x=x,y=y,size=10,color='red',line_color='black',line_width = 2)
show(p)         # 显示图表
```

运行程序，结果如图 9-22 所示。

2．设置调色板

Bokeh 内置了非常实用的调色板，这些调色板可以在 bokeh.palettes 接口中找到。例如，Category20 中就有多达 20 种常用的颜色，Category20 调色板对应的颜色如图 9-23 所示。

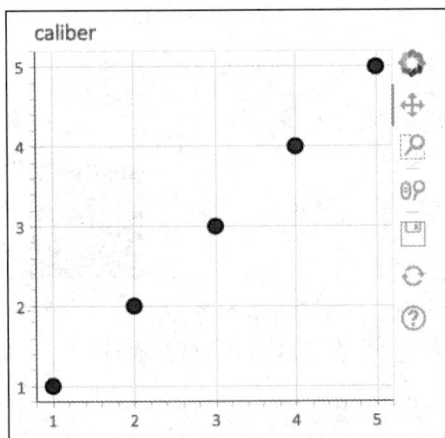

图 9-22 应用主题样式

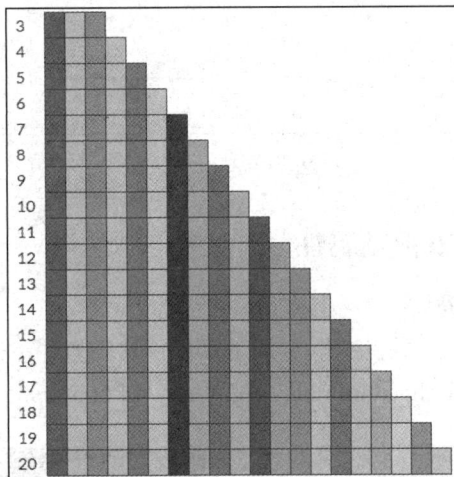

图 9-23 Category20 调色板对应的颜色

图 9-23

调色板是（十六进制）RGB 颜色字符串，数据类型为字典，字典数据中的 key 为调色板前的数字（最小为 3、最大为 20），通过字典中的数字 key 即可获取对应数量的 RGB 颜色字符串。

【例 9-22】 使用调色板为图表设置颜色，代码如下。（实例位置：资源包\Code\第 9 章\9-22）

```
from bokeh.palettes import Category20     # 导入 Category20 调色板
from bokeh.plotting import figure, show   # 导入图形画布与显示
x=[1,2,3,4,5]                             # 横轴坐标
y = list(range(1,6))                      # 纵轴坐标
colors=Category20[5]                      # 获取调色板 5 个颜色值
# 创建图形画布
p = figure(width=300, height=300)
# 绘制散点图
p.scatter(x=x,y=y,size=10,color=colors,line_color='black',line_width = 2)
show(p)           # 显示图表
```

运行程序，结果如图 9-24 所示。

3．颜色映射器

颜色映射器就是将调色板中的颜色值映射为数据序列的编码。要用颜色映射器为图表设置颜色，需要将颜色映射器传递给 scatter()函数的 color 参数。Bokeh 拥有以下几种颜色映射器来编码颜色。

- □ bokeh.transform.factor_cmap：将颜色映射到特定的分类元素。
- □ bokeh.transform.linear_cmap：将颜色值从高到低映射到可用颜色范围内的数值。
- □ bokeh.transform.log_cmap：与 bokeh.transform.linear_cmap 类似，但使用自然对数比例来映射颜色。

【例 9-23】 使用颜色映射器为图表设置颜色，代码如下。（实例位置：资源包\Code\第9 章\9-23）

```
from bokeh.models import ColumnDataSource      # 导入数据类
from bokeh.palettes import Category20          # 导入调色板
from bokeh.plotting import figure,show         # 导入图形画布与显示
from bokeh.transform import linear_cmap        # 导入线性颜色映射器
x = list(range(1,10))      # 横轴坐标
y = list(range(1,10))      # 纵轴坐标
# 创建颜色映射器
mapper = linear_cmap(field_name='y', palette=Category20[10] ,low=min(y) ,high=max(y))
# 转换数据类型
source = ColumnDataSource(dict(x=x,y=y))
# 创建图形画布
p = figure(width=400, height=300)
# 绘制散点图，传入颜色映射器
p.scatter(x='x',y='y',color=mapper,size=12, source=source)
show(p)          # 显示图表
```

运行程序，结果如图 9-25 所示。

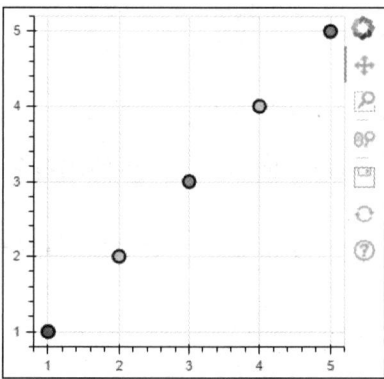

图 9-24　使用调色板为图表设置颜色

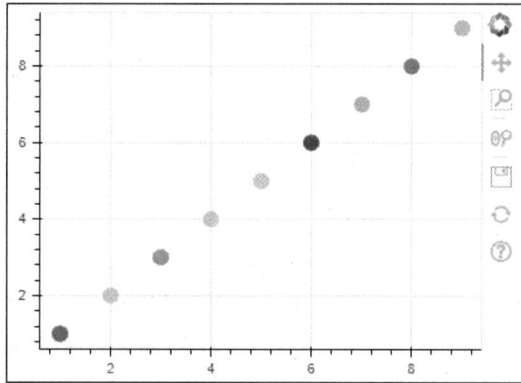

图 9-24、
图 9-25

图 9-25　使用颜色映射器为图表设置颜色

9.3.4　图表注释

1．添加标题

图表中最常见的注释就是图表的标题，从标题可以很清楚地看出当前图表的名称并了解图表的含义。在 Bokeh 中添加图表的标题只需要在创建画布对象（figure）时添加 title 参数并指定对应的标题名称。

图表注释

【例 9-24】 通过 title 参数为图表设置标题，代码如下。（实例位置：资源包\Code\第 9 章\9-24）

```
from bokeh.plotting import figure,show       # 导入图形画布与显示
# 创建图形画布
p = figure(title="我是图表标题", width=300, height=300)
x = [1,2,3]                                   # 横轴坐标
y = [1,2,1]                                   # 纵轴坐标
p.scatter(x,y,size=10)                        # 绘制散点图
show(p)                                       # 显示图表
```

运行程序，结果如图 9-26 所示。

在添加图表标题时，标题会默认显示在图表的左上方，如果在画布对象（figure）中设置 title_location 参数，便可以修改图表标题的显示位置，如设置为 above（图表上方）、below（图表下方）、left（图表左侧）、right（图表右侧）。例如，设置图表标题位于图表下方，主要代码如下。

```
p = figure(title="我是图表标题",title_location='below', width=300, height=300)
```

运行程序，结果如图 9-27 所示。

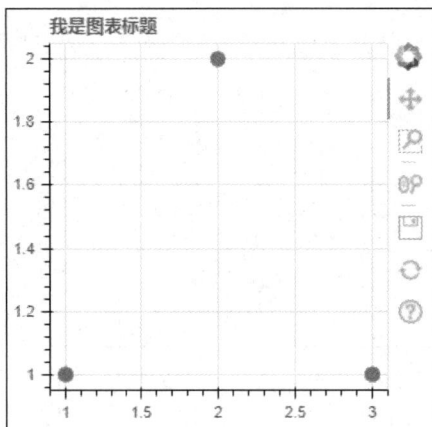

图 9-26　为图表设置标题

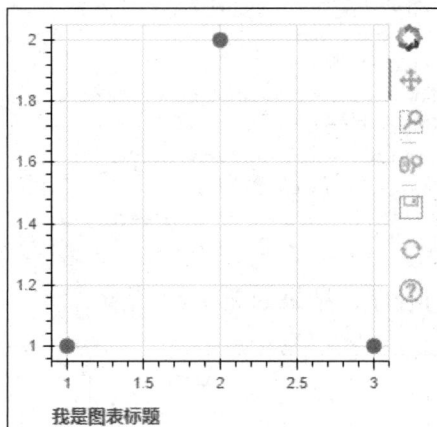

图 9-27　修改图表标题的显示位置

除了设置标题位置以外，还可以通过画布对象（figure）调用 title 对象，然后使用各种属性来自定义标题。

【例 9-25】 使用 title 对象设置图表标题的内容、文本方向、文字大小、文字颜色和背景颜色，代码如下。（实例位置：资源包\Code\第 9 章\9-25）

```
from bokeh.plotting import figure,show        # 导入图形画布与显示
p = figure(width=300, height=300)             # 创建图形画布
x = [1, 2, 3]                                  # 横轴坐标
y = [1, 2, 1]                                  # 纵轴坐标
p.scatter(x, y, size=10)                       # 绘制散点图
# 设置图表标题属性
p.title.text = "我是图表标题"                    # 设置标题内容
p.title.align = "center"                       # 设置标题相对于文本的方向
p.title.text_color = "white"                   # 设置标题文字颜色
p.title.text_font_size = "25px"                # 设置标题文字大小
p.title.background_fill_color = "red"          # 设置标题背景颜色
show(p)                                        # 显示图表
```

运行程序，结果如图 9-28 所示。

在设置图表标题时，可能会遇到需要多个标题的需求，这时就需要单独创建一个标题（Title）对象，然后再通过添加布局的方式将新创建的标题对象添加到图表的指定位置。

【例 9-26】 为图表设置双标题，代码如下。（实例位置：资源包\Code\第 9 章\9-26）

```
from bokeh.models import Title                    # 导入标题类
from bokeh.plotting import figure, show          # 导入图形画布与显示
# 创建图形画布
p = figure(title="我是上标题", align="center",
            width=300, height=300)
x = [1, 2, 3]  # 横轴坐标
y = [1, 2, 1]  # 纵轴坐标
p.scatter(x, y, size=10)  # 绘制散点图
# 添加标题对象
new_title = Title(text="我是下标题", align="left")
# 以添加布局的方式添加标题
p.add_layout(new_title, "below")
show(p)               # 显示图表
```

运行程序，结果如图 9-29 所示。

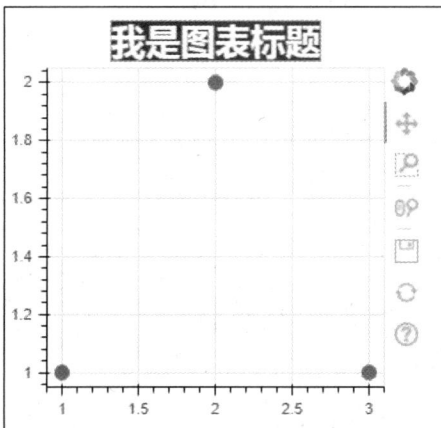

图 9-28　自定义图表标题

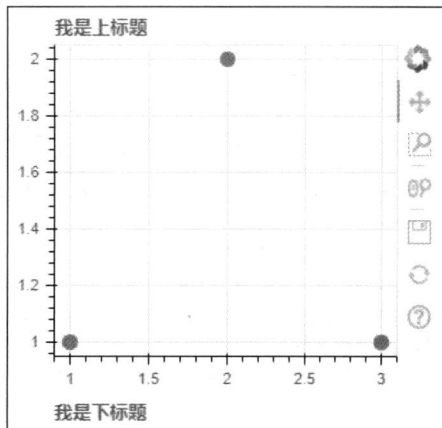

图 9-29　设置双标题

2．添加图例

如果图表中出现多类数据，那么可以在绘图方法中添加图例参数 legend_label，这样可以更加清晰地区分每类数据。

【例 9-27】 为图表添加图例，代码如下。（实例位置：资源包\Code\第 9 章\9-27）

```
from bokeh.plotting import figure,show        # 导入图形画布与显示
x=[1,2,3,4,5]                                   # 横轴坐标
# 纵轴坐标
y = [1,2,1,2,1]
y2 = [2,3,2,3,2]
y3 = [3,4,3,4,3]
p = figure(width=400, height=300)              # 创建图形画布
# 绘制圆散点与对应折线
p.scatter(x,y,size=10,color='yellow',legend_label='圆',line_color='red',line_width = 2)
p.line(x,y,color='yellow',legend_label='圆',line_color='red',line_width = 2)
# 绘制三角散点与对应折线
p.scatter(x=x,y=y2,marker='triangle',size=10,color='yellow',legend_label='三角',line_color='red',line_width = 2)
```

```
p.line(x=x,y=y2,color='yellow',legend_label='三角',line_color='red',line_width = 2)
# 绘制方形散点与对应折线
p.scatter(x=x,y=y3,marker='square',size=10,color='yellow',legend_label='方形',line_color='red',
line_width= 2)
p.line(x=x,y=y3,color='yellow',legend_label='方形',line_color='red',line_width = 2)
show(p)                    # 显示图表
```

运行程序，结果如图 9-30 所示。

在绘图方法中直接添加 legend_label 参数确实很方便，但是经常会出现图例遮挡部分图表的现象，此时可以单独创建 legend 对象，然后通过添加布局的方式单独指定图例的显示位置。这样既方便展示图表数据，又不会遮挡图表。

【例 9-28】 通过添加布局的方式单独指定图例的显示位置，代码如下。（实例位置：资源包\Code\第 9 章\9-28）

```
from bokeh.models import Legend              # 导入 Legend 类
from bokeh.plotting import figure, show      # 导入图形画布与显示
x=[1,2,3,4,5]                                # 横轴坐标
# 纵轴坐标
y = [1,2,1,2,1]
y2 = [2,3,2,3,2]
y3 = [3,4,3,4,3]
p = figure(width=400, height=300)           # 创建画布
# 绘制圆散点与对应折线
c0=p.scatter(x,y,size=10,color='yellow',line_color='red',line_width = 2)
c1=p.line(x,y,color='yellow',line_color='red',line_width = 2)
# 绘制三角散点与对应折线
t0=p.scatter(x=x,y=y2,marker='triangle',size=10,color='yellow',line_color='red',line_width = 2)
t1=p.line(x=x,y=y2,color='yellow',line_color='red',line_width = 2)
# 绘制方形散点与对应折线
s0=p.scatter(x=x,y=y3,marker='square',size=10,color='yellow',line_color='red',line_width = 2)
s1=p.line(x=x,y=y3,color='yellow',line_color='red',line_width = 2)
# 创建 legend 对象
legend = Legend(location='center',items=[('圆',[c0,c1]),
                                         ('三角',[t0,t1]),
                                         ('方形',[s0,s1])])
p.add_layout(legend, 'right')               # 图例添加在图表右侧
show(p)                                      # 显示图表
```

运行程序，结果如图 9-31 所示。

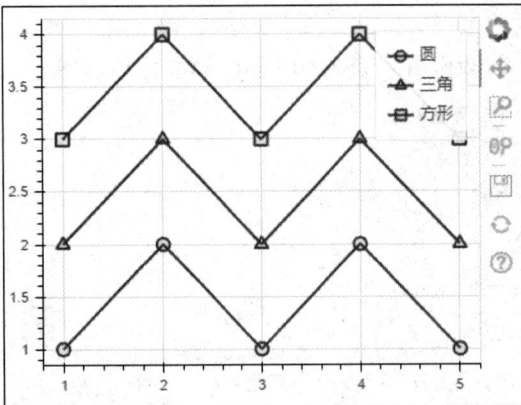

图 9-30　添加图例

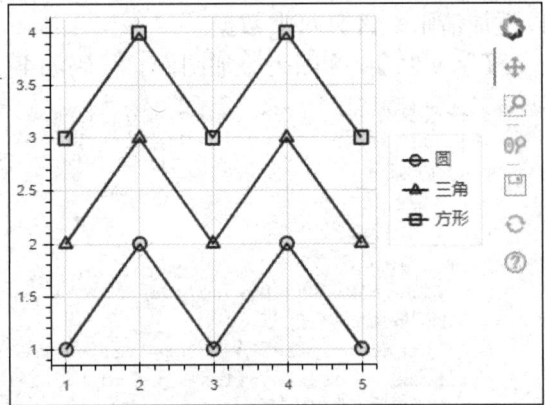

图 9-31　修改图例的显示位置

3．图例自动分组

如果使用的数据是 ColumnDataSource 类型，Bokeh 便可以从 ColumnDataSource 数据中的 label 列生成对应的图例名称，从而实现图例的自动分组。

【例 9-29】 实现图例自动分组，代码如下。（实例位置：资源包\Code\第 9 章\9-29）

```
from bokeh.models import ColumnDataSource          # 导入 ColumnDataSource 数据
from bokeh.plotting import figure, show            # 导入图形画布与显示
# 创建数据
source = ColumnDataSource(dict(
    x=[1, 2, 3, 4, 5, 6],
    y=[2, 1, 2, 1, 2, 1],
    color=['red', 'blue', 'red', 'blue', 'red', 'blue'],
    label=['红', '蓝', '红', '蓝', '红', '蓝']
))
# 创建画布
p = figure(x_range=(0, 7), y_range=(0, 3), height=300)
# 绘制散点图，图例通过数据中的 label 列进行分组
p.scatter(x='x', y='y', size = 15,color='color', legend_group='label', source=source)
show(p)                # 显示图表
```

运行程序，结果如图 9-32 所示。

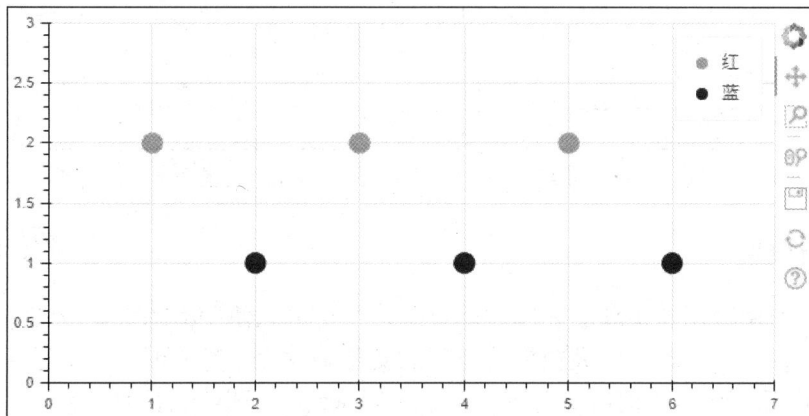

图 9-32

图 9-32　图例自动分组

9.4 可视化交互

9.4.1　微调器

微调器是 Bokeh 中的一个小部件，通过它可以实现图表属性的调节。在图表中添加微调器需要先创建微调器对象（Spinner），然后再调用 js_link()方法实现当微调器数值修改时修改图表所对应的属性。

【例 9-30】 通过微调器调节散点图中散点的大小，代码如下。（实例位置：资源包\Code\第 9 章\9-30）

```
from bokeh.layouts import column, row             # 导入行、列布局方法
from bokeh.models import Spinner                   # 导入微调器
from bokeh.plotting import figure,show             # 导入图形画布与显示
from bokeh.palettes import Category20              # 导入调色板
```

```
x = [1,2,3,4,5]                                    # 横轴坐标
y = [1,2,1,2,1]                                    # 纵轴坐标
colors = Category20[5]                             # 调色板中 5 个颜色
p = figure(width=300, height=300)                  # 创建图形画布
points=p.scatter(x,y,color=colors,size = 10)       # 绘制散点图
# 创建微调器对象
spinner = Spinner(title="微调器", low=1, high=40, step=2,value=10, width=80)
# 调用 js 事件处理，用于通过微调器数值修改图表中散点的大小
spinner.js_link('value', points.glyph, 'size')
# 使用行与列布局将微调器显示出来
show(row(column(spinner, width=100), p))
```

运行程序，结果如图 9-33 所示。将微调器数值调大，此时图表中的散点将变大，结果如图 9-34 所示。

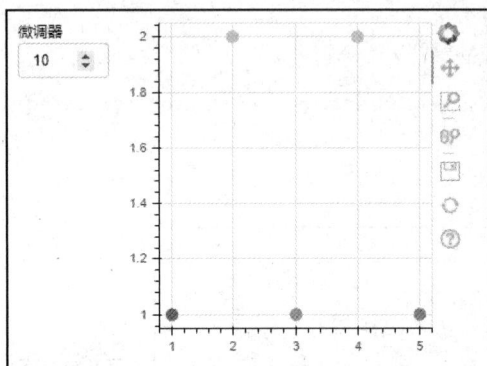

图 9-33　微调器取默认值时的图表　　　　图 9-34　微调器数值变大时的图表

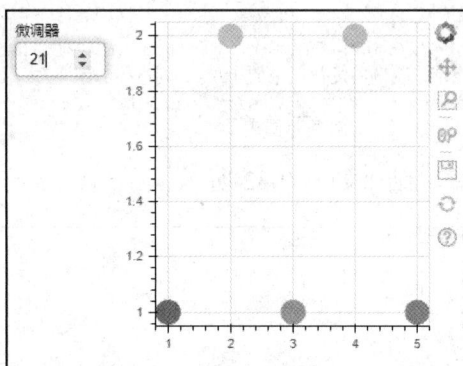

9.4.2　滑块

除了可以使用微调器实现图表属性调节以外，还可以使用滑块来调节图表中的数据值，从而实现让图表根据滑块值的变化来改变自身的形态。不过在创建滑块（Slider）对象前需要自定义一个 JavaScript 回调函数，通过该函数来动态修改图表中的数据值，然后再创建滑块对象并通过该对象调用 js_on_change()方法实现回调函数的执行。

【例 9-31】　为图表添加选项卡，代码如下。（实例位置：资源包\Code\第 9 章\9-31）

```
from bokeh.layouts import column                   # 导入列布局
# 导入 ColumnDataSource 数据、CustomJS 自定义 Java Script 函数、Slider 滑块
from bokeh.models import ColumnDataSource, CustomJS, Slider
from bokeh.plotting import figure,show             # 导入图形画布与显示
x = [x*0.005 for x in range(0, 200)]               # x 轴数据
y = x                                              # y 轴与 x 轴数据相同
source = ColumnDataSource(data=dict(x=x, y=y))     # 将数据转换为 ColumnDataSource 类型
plot = figure(width=400,height=400)                # 创建图形画布
plot.line('x', 'y', source=source, line_width=3, line_alpha=0.6)  # 绘制图表
# 创建 JavaScript 回调函数
callback = CustomJS(args=dict(source=source), code="""
    var data = source.data;
    var f = cb_obj.value
    var x = data['x']
    var y = data['y']
    for (var i = 0; i < x.length; i++) {
```

```
                y[i] = Math.pow(x[i], f)
        }
        source.change.emit();
""")
# 创建滑块对象
slider = Slider(start=1, end=10, value=1, step=1, title="滑块")
# 调用可以实现回调函数执行的方法
slider.js_on_change('value', callback)
layout = column(slider, plot)              # 列布局滑块与图表
show(layout)                                # 显示布局内容
```

运行程序，结果如图 9-35 所示。将图表上方的滑块滑动至右侧，图表数据将被动态修改，结果如图 9-36 所示。

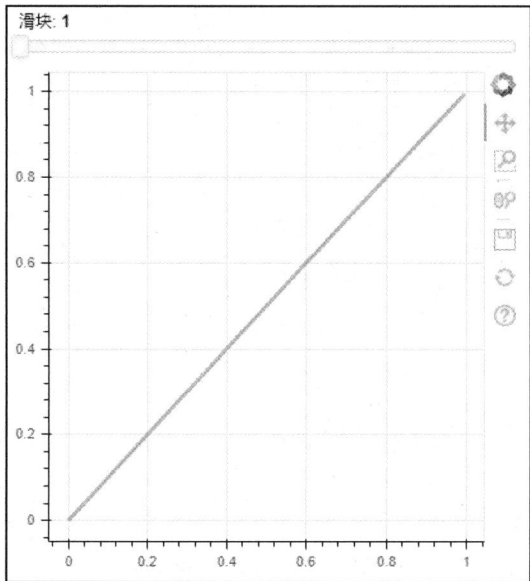

图 9-35　默认数据的图表

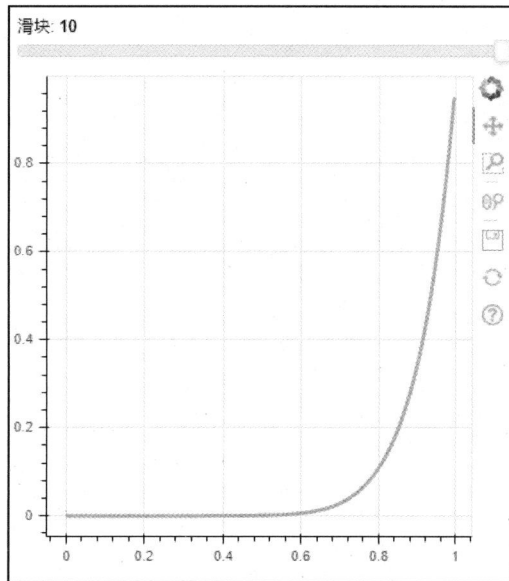

图 9-36　通过滑块修改数据后的图表

9.5　AI 辅助编程——使用 Bokeh 创建动态仪表盘探索汽车数据集

Bokeh 是一个强大的 Python 交互式可视化库，特别适合需要动态交互、大规模数据展示或 Web 嵌入的场景。下面通过 AI 创建动态仪表盘探索汽车数据集。

以下是一个在 AI 工具中的可能的对话示例。

【问题】

使用 Bokeh 创建动态仪表盘探索汽车数据集

【AI 回答】

下面我将展示一个完整的 Bokeh 动态仪表盘示例，这个仪表盘可以交互式地探索汽车数据集。我们将包含以下组件。

- 散点图展示汽车马力和 MPG 关系
- 下拉菜单选择不同制造商
- 滑块选择年份范围
- 数据表格显示筛选后的数据

示例代码：

```
from bokeh.plotting import figure, show
from bokeh.models import ColumnDataSource, Select, RangeSlider, DataTable, TableColumn,
HoverTool, Div
from bokeh.layouts import column, row
from bokeh.palettes import Category10
import pandas as pd
# 1. 准备数据
from bokeh.sampledata.autompg import autompg
data = autompg.copy()
# 添加制造商列(从车型中提取)
data['manufacturer'] = data['name'].str.split().str.get(0)
# 2. 创建数据源
source = ColumnDataSource(data=data)
# 3. 初始化图表
plot = figure(title="汽车马力 vs MPG",
              tools="pan,wheel_zoom,box_zoom,reset,save",
              x_axis_label="马力", y_axis_label="每加仑英里数(MPG)",
              width=600, height=400)
# 按制造商分配颜色
unique_manufacturers = data['manufacturer'].unique()
color_map = {manuf: Category10[10][i % 10] for i, manuf in enumerate(unique_manufacturers)}
data['color'] = data['manufacturer'].map(color_map)
# 绘制散点图
plot.circle(x='hp', y='mpg', source=source, size=10,
            alpha=0.7, color='color', legend_field='manufacturer')
# 添加悬停工具
hover = HoverTool(tooltips=[
    ("制造商", "@manufacturer"),
    ("车型", "@name"),
    ("年份", "@yr"),
    ("马力", "@hp"),
    ("MPG", "@mpg")
])
plot.add_tools(hover)
# 4. 创建交互控件
# 标题
title_div = Div(text="<h1>汽车数据探索仪表盘</h1><p>使用下拉菜单和滑块筛选数据</p>")
# 制造商筛选下拉菜单
manufacturer_select = Select(title="选择制造商:",
                             value="All",
                             options=["All"] + sorted(data['manufacturer'].unique()))
# 年份范围滑块
year_slider = RangeSlider(title="年份范围:",
                          start=data['yr'].min(),
                          end=data['yr'].max(),
                          value=(data['yr'].min(), data['yr'].max()),
                          step=1)
# 5. 创建数据表格
columns = [
    TableColumn(field="name", title="车型"),
    TableColumn(field="manufacturer", title="制造商"),
    TableColumn(field="yr", title="年份"),
    TableColumn(field="hp", title="马力"),
    TableColumn(field="mpg", title="MPG")
]
data_table = DataTable(source=source, columns=columns, width=800, height=300)

# 6. 回调函数（动态更新数据）
def update_data(attrname, old, new):
    selected_manufacturer = manufacturer_select.value
    year_start, year_end = year_slider.value

    # 筛选数据
    filtered_data = data.copy()
    if selected_manufacturer != "All":
```

```
        filtered_data = filtered_data[filtered_data['manufacturer'] == selected_manufacturer]
        filtered_data = filtered_data[(filtered_data['yr'] >= year_start) &
                                      (filtered_data['yr'] <= year_end)]
    # 更新数据源
    source.data = ColumnDataSource.from_df(filtered_data)
# 绑定回调
manufacturer_select.on_change('value', update_data)
year_slider.on_change('value', update_data)
# 7. 布局
controls = column(title_div, manufacturer_select, year_slider)
layout = row(controls, plot)
dashboard = column(layout, data_table)
# 8. 显示
show(dashboard)
```

功能说明：

（1）散点图

- 展示汽车马力(hp)与燃油效率(MPG)的关系
- 不同制造商使用不同颜色区分
- 悬停显示详细信息

（2）下拉菜单

- 可以选择特定汽车制造商(如"ford"、"toyota"等)
- 选择"All"显示所有制造商

（3）范围滑块

- 可以设置年份范围(数据中的 yr 字段)
- 拖动两个滑块选择起始和结束年份

（4）数据表格

- 实时显示当前筛选条件下的汽车数据
- 包含车型、制造商、年份、马力和 MPG 信息

小结

本章主要介绍了安装 Bokeh、Bokeh 的基本概念、Bokeh 支持的数据类型、Bokeh 基本图表的绘制、图表设置以及可视化交互。通过学习这些内容，读者可以全面掌握 Bokeh，从而绘制出精美并符合实际需求的图表。

习题

9-1　将"资源包\Code\datas"文件夹中的"天气.xlsx"作为数据集，绘制最高气温折线图。

9-2　将"资源包\Code\datas"文件夹中的"天气.xlsx"作为数据集，绘制最高气温和最低气温双折线图。

9-3　将"资源包\Code\datas"文件夹中的"JDdata.xlsx"和"JDcar.xlsx"作为数据集，绘制广告费用和销售收入散点图。

9-4　将"资源包\Code\datas"文件夹中的"books.xlsx"作为数据集，绘制柱形图分析2017—2023 年的销售额情况。

第10章 绘制渐变饼图分析销量占比情况

学习目标

- 掌握使用 split()函数分割数据的方法
- 掌握 Matplotlib 颜色地图模块 cm 的应用
- 掌握使用 groupby()进行数据分组统计方法
- 了解图形元素如何自适应
- 熟悉通过渐变饼图分析销量占比情况的设计思路和过程

10.1 概述

概述

本案例主要实现了通过渐变饼图分析各区域线上图书销量占比情况。本案例主要使用 Matplotlib 内置颜色映射模块 cm 绘制渐变饼图，将数据映射到不同颜色，值越大颜色越深，值越小颜色越浅。

10.2 案例效果预览

案例效果预览

用 Matplotlib 结合 pandas 绘制渐变饼图，分析销售占比情况，如图 10-1 所示。

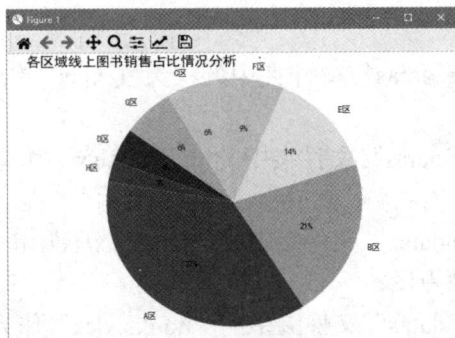

图 10-1 渐变饼图

10.3 案例准备

案例准备

本章案例运行环境及所需模块具体如下。

❑ 操作系统：Windows 10。

❑ Python 版本：Python 3.12。

❑ 开发工具：PyCharm。

❑ 第三方模块：pandas（2.1.4）、openpyxl（3.1.2）、NumPy（1.26.3）、Matplotlib（3.8.2）。

10.4 实现过程

实现过程

10.4.1 数据准备

本案例使用的数据集为 Excel 文件"mrbooks.xlsx"，如图 10-2 所示，该文件包括 5 列"买家会员名""买家实际支付金额（元）""商品总数量（册）""商品标题""区域"，198行数据。首先创建案例文件夹，然后将资源包"datas"文件夹中的"mrbooks.xlsx"文件复制到案例文件夹下。

图 10-2　数据集

10.4.2 绘制渐变饼图

绘制渐变饼图主要使用 Matplotlib 的 pie()函数，设置渐变颜色主要使用 Matplotlib 的 cm 颜色地图模块，代码如下。

```
plt.rcParams['font.sans-serif']=['SimHei'] # 解决中文乱码问题
plt.style.use('ggplot')  # 设置图表风格
# 标签
labels=df.index
# 数量
sizes=df['商品总数量']
# 创建子图，设置画布大小
```

```
# 返回画布和坐标轴对象
fig, ax = plt.subplots(figsize=(6,6))
# gist_rainbow 为颜色映射名称，将数据映射到颜色
# 生成与"商品总数量"长度一致的数据集
# 将数据集处理为 0~1 的数
colors = cm.gist_rainbow(np.arange(len(sizes))/len(sizes))
# 绘制饼图
ax.pie(sizes,# 绘图数据
        labels=labels,# 添加区域水平标签
        autopct='%1.0f%%',# 设置百分比的格式，这里保留整数
        shadow=False,  # 设置不带阴影
        startangle=170, # 设置饼图的初始角度
        colors=colors,  # 设置饼图每个扇形的颜色
        textprops = {'fontsize':9, 'color':'k'}) # 设置文本标签的属性值
# 设置 x、y 轴刻度一致，保证饼图为圆形
ax.axis('equal')
# 图表标题
ax.set_title('各区域线上图书销量占比情况分析', loc='left')
# 使图形元素进行一定程度的自适应
plt.tight_layout()
# 显示图表
plt.show()
```

运行程序，结果如图 10-3 所示。

图 10-3 中数据分布比较杂乱，没有顺序，很难直观地看出哪个区域销量高、哪个区域销量低。下面对代码稍做修改，对数据进行降序排列，主要使用 DataFrame 对象的 sort_values() 方法。排序代码放在"数据处理"部分的按区域统计数量的代码后面，代码如下。

```
df=df.groupby('区域').sum().sort_values(by='商品总数量',ascending=False)
```

再次运行程序，结果如图 10-4 所示。

图 10-3、图 10-4

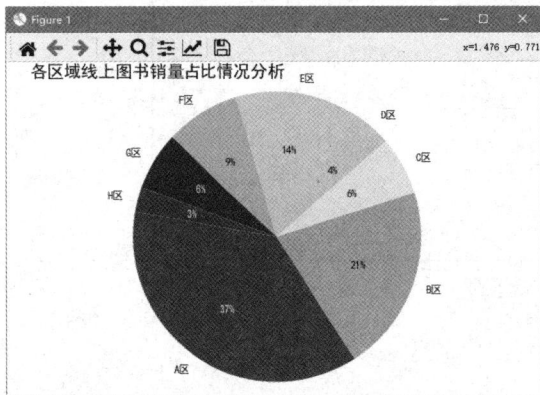

图 10-3　渐变饼图（排序前）

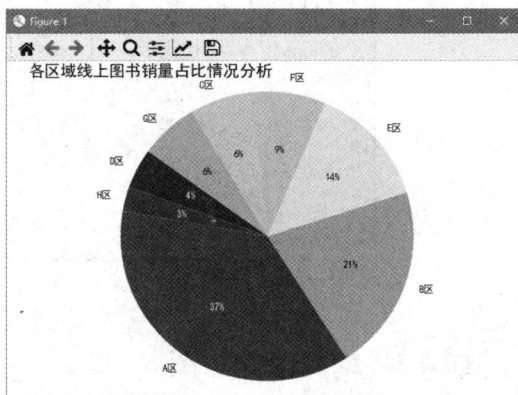

图 10-4　渐变饼图（排序后）

从运行结果得知：A 区销量最高，其次是 B 区、E 区等。

10.5　关键技术

关键技术

本案例的关键在于将数据映射到颜色（由浅入深，颜色根据变量值的大小进行变化），形成颜色渐变的饼图，其中主要使用了 Matplotlib 内置颜色映射模块 cm，

在该模块中指定数据集和颜色就可以生成多种颜色，并且颜色有深浅的区别。语法格式如下。

```
matplotlib.cm.[颜色]('[数据集]')
```

上述代码表示对数据集应用颜色。当图表颜色与数据集中某个变量的值相关，颜色随着该变量值的变化而变化，以反映数据变化趋势、数据的聚集、分析者对数据的理解等信息，这时，要用到 Matplotlib 的颜色映射功能，即将数据映射到颜色。要实现数据映射到颜色，需要做到以下两点。

（1）变量值的变化范围很大，Matplotlib 用[0, 1]区间的浮点数表示颜色的 RGB 值，首先需要将不同的变量值映射到[0, 1]区间。

（2）将映射到[0, 1]区间的变量值映射到颜色。

示例代码如下。

```
colors = cm.gist_rainbow(np.arange(len(sizes))/len(sizes))
```

gist_rainbow 表示颜色映射表名称，如图 10-5 所示。np.arange(len(sizes))/len(sizes)表示生成指定数量的数据集，然后将其转换成值为 0~1 的数据集。

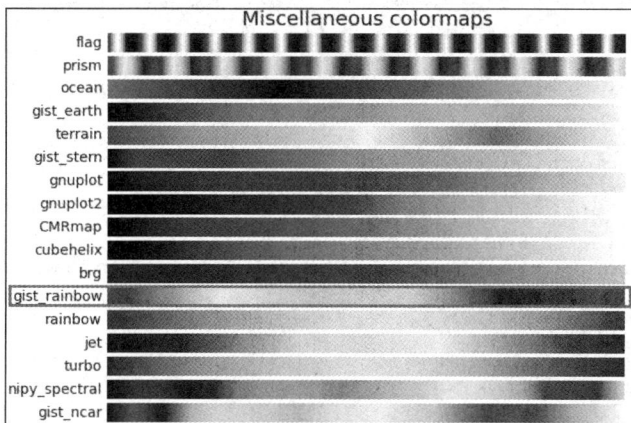

图 10-5

图 10-5　颜色映射表

10.6　AI 辅助编程——分析优化项目

在开发 Python 数据可视化项目时，可以通过 AI 工具获取开发思路，提高项目开发效率。以下是利用 AI 工具来帮助我们开发本章的渐变饼图分析销售占比情况的案例，借助 AI 工具能够快速地提高开发效率，并完善项目。

10.6.1　提供项目开发思路

【问题】

Python 数据可视化分析各区域销售占比情况的基本思路。

【AI 回答】

1．数据准备

数据收集：获取销售数据，通常包括区域、销售额等字段。

数据清洗：处理缺失值、重复数据、异常值等。

2．数据处理

按区域汇总：使用 groupby 按区域对销售额进行汇总。

计算占比：计算每个区域的销售额占总销售额的比例。

3．数据可视化

选择图表类型：常用的图表类型包括饼图、柱状图、条形图等。

绘制图表：使用 Matplotlib 或 Seaborn 等库绘制图表。

4．结果分析

解读图表：分析各区域的销售占比，找出占比最高和最低的区域。

得出结论：根据分析结果提出改进建议或策略。

示例代码

以下是一个简单的示例代码，展示如何实现上述步骤。

```python
import pandas as pd
import matplotlib.pyplot as plt
# 1．数据准备
data = {
    'Region': ['North', 'South', 'East', 'West', 'North', 'South', 'East', 'West'],
    'Sales': [200, 150, 300, 250, 180, 220, 310, 280]
}
df = pd.DataFrame(data)
# 2．数据处理
region_sales = df.groupby('Region')['Sales'].sum()
total_sales = region_sales.sum()
region_percentage = (region_sales / total_sales) * 100
# 3．数据可视化
plt.figure(figsize=(8, 6))
region_percentage.plot(kind='pie', autopct='%1.1f%%', startangle=140)
plt.title('Sales Percentage by Region')
plt.ylabel('')  # 隐藏 y 轴标签
plt.show()
# 4．结果分析
print("各区域销售占比: ")
print(region_percentage)
```

代码说明：

（1）数据准备：创建了一个包含区域和销售额的 DataFrame。

（2）数据处理：按区域汇总销售额，并计算每个区域的销售占比。

（3）数据可视化：使用饼图展示各区域的销售占比。

（4）结果分析：打印各区域的销售占比，便于进一步分析。

可选图表类型：

（1）饼图：适合展示占比情况。

（2）柱状图：适合比较各区域的销售额。

（3）条形图：适合区域名称较长时使用。

通过这些步骤，你可以清晰地展示各区域的销售占比情况，并据此进行深入分析。

10.6.2　实现方法

【问题】

Python 绘制不同的饼图分析各区域及所属区域销售经理的销售占比情况的基本思路。

【AI 回答】

基本思路:

(1)数据准备

数据应包含以下字段:区域、销售经理、销售额。

确保数据清洗完成,处理好了缺失值、重复数据等。

(2)数据处理

按区域汇总:计算每个区域的总销售额及其占比。

按销售经理汇总:计算每个销售经理的销售额及其占比。

嵌套分析:对每个区域,进一步分析该区域内各销售经理的销售占比。

(3)数据可视化

绘制整体区域销售占比饼图:展示各区域的销售占比。

绘制各区域内部销售经理的销售占比饼图:对每个区域,绘制其内部销售经理的销售占比。

使用 Matplotlib 或 Seaborn 库绘制饼图。

结果分析:

分析各区域的销售占比,找出表现最好和最差的区域。

分析每个区域内销售经理的表现,找出贡献最大的销售经理。

示例代码:

以下是一个完整的示例代码,展示如何实现上述思路:

```python
import pandas as pd
import matplotlib.pyplot as plt
# 1. 数据准备
data = {
    'Region': ['North', 'North', 'South', 'South', 'East', 'East', 'West', 'West'],
    'Manager': ['Alice', 'Bob', 'Charlie', 'David', 'Eva', 'Frank', 'Grace', 'Hank'],
    'Sales': [200, 150, 300, 250, 180, 220, 310, 280]
}
df = pd.DataFrame(data)
# 2. 数据处理
# 按区域汇总
region_sales = df.groupby('Region')['Sales'].sum()
region_percentage = (region_sales / region_sales.sum()) * 100
# 按区域和销售经理汇总
manager_sales = df.groupby(['Region', 'Manager'])['Sales'].sum()
# 3. 数据可视化
# 绘制整体区域销售占比饼图
plt.figure(figsize=(10, 8))
plt.subplot(2, 2, 1)  # 将画布分为 2 行 2 列,当前绘制第 1 个图
region_percentage.plot(kind='pie', autopct='%1.1f%%', startangle=140, colors=['#ff9999',
'#66b3ff','#99ff99','#ffcc99'])
plt.title('Sales Percentage by Region')
plt.ylabel('')
# 绘制各区域内部销售经理的销售占比饼图
regions = df['Region'].unique()
for i, region in enumerate(regions, start=2):
    plt.subplot(2, 2, i)  # 绘制第 2、3、4 个图
    region_data = manager_sales[region]
    region_data.plot(kind='pie', autopct='%1.1f%%', startangle=140, colors=['#ff9999',
'#66b3ff'])
    plt.title(f'Sales Percentage in {region}')
    plt.ylabel('')
```

```
plt.tight_layout()  # 调整子图间距
plt.show()
# 4. 结果分析
print("各区域销售占比: ")
print(region_percentage)
print("\n 各区域内部销售经理的销售占比: ")
print(manager_sales)
```

代码说明:

（1）数据准备

创建了一个包含 Region（区域）、Manager（销售经理）、Sales（销售额）的 DataFrame。

（2）数据处理

使用 groupby 按区域汇总销售额，并计算每个区域的销售占比。

使用 groupby 按区域和销售经理汇总销售额，以便进一步分析。

（3）数据可视化

使用 Matplotlib 绘制饼图。

第一个饼图展示各区域的销售占比。

后续饼图展示每个区域内各销售经理的销售占比。

使用 subplot()将多个饼图放在同一个画布中。

（4）结果分析

打印各区域的销售占比和各区域内部销售经理的销售占比，便于进一步分析。

可选改进:

（1）颜色优化

使用更丰富的颜色区分不同区域和销售经理。

例如，使用 seaborn 的颜色调色板：sns.color_palette("husl", n_colors=len(regions))。

（2）交互式图表

使用 Plotly 库绘制交互式饼图，支持鼠标悬停显示具体数值。

（3）数据动态加载

如果数据量较大，可以从 CSV 或数据库中动态加载数据。

通过以上方法，可以清晰地展示各区域及所属区域销售经理的销售占比情况，便于进行深入分析和决策。

小结

本章通过一个案例讲解了如何通过 Matplotlib 绘制渐变饼图并分析销量占比情况。

习题

10-1　将颜色映射表名称修改为 cool。

10-2　将"资源包\Code\datas"中的"读者信息表.xlsx"作为数据集，绘制渐变饼图分析读者学历情况。

10-3　将"资源包\Code\datas"中的"读者信息表.xlsx"作为数据集，绘制渐变饼图分析读者民族情况。

第**11**章 绘制双向柱形图分析个人收入与支出

学习目标

- 掌握用 NumPy 模块随机创建数据的方法
- 掌握绘制双向柱形图的方法
- 掌握分析个人收入与支出的双向柱形图的设计思路和方法

概述

11.1 概述

对比分析是将两个或两个以上的数据进行比较，分析其中的差异，从而揭示数据发展变化情况和规律性。通过对比分析可以非常直观地看出数据的变化或差距，而且可以准确、量化地表示出变化或差距是多少。例如，通过多柱形图对比分析每个店铺的销量、通过堆叠柱形图对比分析各项费用情况、通过多折线图对比分析不同商家的收入情况或不同银行净利息收入情况等。本案例将通过双向柱形图，即 *y* 轴正、负两个方向的柱形图，对比分析个人收入与支出情况，正数表示收入、负数表示支出。

11.2 案例效果预览

案例效果预览

本案例通过 Matplotlib 结合 NumPy 实现双向柱形图对比分析个人收入与支出情况，如图 11-1 所示。

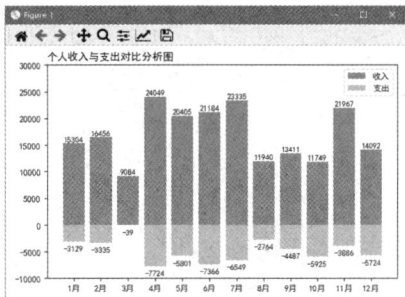

图 11-1　双向柱形图

11.3 案例准备

本章案例运行环境及所需模块具体如下。

❑ 操作系统：Windows 10。

❑ Python 版本：Python 3.12。

❑ 开发工具：PyCharm。

❑ 第三方模块：NumPy（1.26.3）、Matplotlib（3.8.2）。

11.4 实现过程

11.4.1 数据准备

本案例自定义 *x* 轴数据为"月份"，并通过 NumPy 随机生成 12 个月的"收入"和"支出"数据，如图 11-2 所示。

```
['1月', '2月', '3月', '4月', '5月', '6月', '7月', '8月', '9月', '10月', '11月', '12月']
[15304 16456  9084 24049 20405 21184 23335 11940 13411 11749 21967 14092]
[3129 3335   39 7724 5801 7366 6549 2764 4487 5925 3886 5724]
```

图 11-2　数据集

> 说明：由于数据是随机生成的，因此你的数据和图 11-2 中的数据会有所不同。

11.4.2 绘制双向柱形图

双向柱形图主要实现正反分类数据对比、新旧数据可视化对比，实际上就是双 *y* 轴的柱形图，第一个 *y* 轴数据为正数，第二个 *y* 轴数据为负数。绘制双向柱形图，主要使用 Matplotlib 的 bar()函数，代码如下。

```python
# 导入相关模块
import matplotlib.pyplot as plt
import numpy as np
# 定义月份为12
n = 12
# x轴数据
x=['1月','2月','3月','4月','5月','6月','7月','8月','9月','10月','11月','12月']
# 随机生成 12 个月的"收入"和"支出"数据
y1 = np.random.randint (8000, 25000, n)
y2 = np.random. randint (0, 8000, n)
# 输出数据
print(x)
print(y1)
print(y2)
# 解决中文乱码问题
plt.rcParams['font.sans-serif'] = ['SimHei']
# 解决负号显示问题
plt.rcParams['axes.unicode_minus'] = False
# 绘制收入和支出柱形图
plt.bar(x, y1, facecolor='#ff6600')
plt.bar(x, -y2, facecolor='#00ff00')
```

```
# 添加文本注释
for a, b in zip(x, y1):
    plt.text(a, # x 值
             # y 值
             b + 100,
             # 设置百分比并保留整数
             '%.f' % b,
             ha='center',# 水平居中对齐
             va='bottom',# 垂直底部对齐
             # 设置字体
             fontdict={'fontsize':9})
# 文本标注
for a,b in zip(x,y2):
    plt.text(a,-(b+2000),'-%.f' % b,ha='center',va='bottom',fontdict={'fontsize':9})
# 设置 y 轴的取值范围
plt.ylim(-10000,30000)
# 图表标题
plt.title('个人收入与支出对比分析图',loc='left')
# 图例
plt.legend(['收入','支出'])
# 使图形元素进行一定程度的自适应
plt.tight_layout()
# 显示图表
plt.show()
```

运行程序，结果如图 11-3 所示。

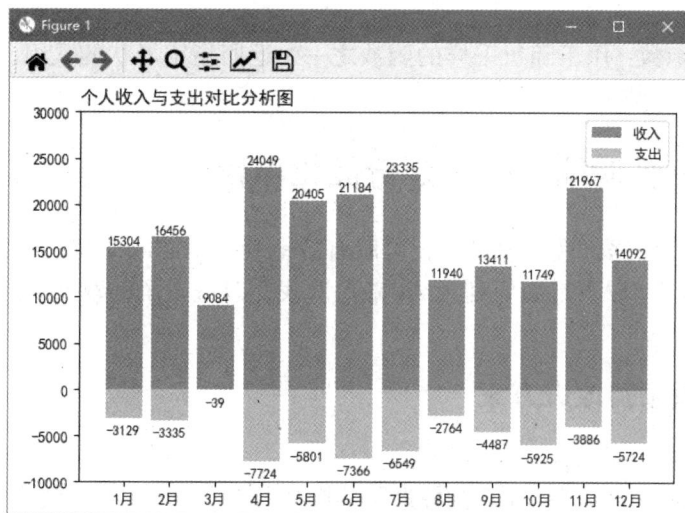

图 11-3　双向柱形图

11.5　关键技术

在没有合适的数据集的情况下，我们可以自己造数据。使用 Python 中的 NumPy 模块可以生成各种各样的随机数据。本案例就使用 NumPy 随机生成了 12 个月的"收入"和"支出"数据，其中"收入"是随机产生的 8000～25000 的整数，"支出"是随机产生的 0～8000 的整数，主要使用了 NumPy 的 random.randint()函数，下面介绍一下该函数。

random.randint()函数用于生成指定范围内的随机整数，语法格式如下。

```
numpy.random.randint(low, high=None, size=None, dtype=int)
```

参数说明如下。

❑ low：范围的下限（如果没有提供参数 high，则生成的整数范围是从 0 到 low−1）。

❑ high：可选参数，范围的上限（生成的整数不包括这个值）。如果提供了该参数，则生成的整数范围是从 low 到 high−1。

❑ size：输出数组的形状。可以是一个整数（表示一维数组的长度），也可以是一个元组（表示多维数组的尺寸）。如果未指定，则返回单个整数值。

❑ dtype：返回的数组数据类型，默认为 int。

返回值：ndarray 类型，其形状和参数 size 的描述一致。

NumPy 还有以下用于生成随机数组的函数。

（1）rand()函数：numpy.random.rand(d0,d1,d2,d3,...,dn)，用于生成(0,1)的随机数组，传入一个值随机生成一维数组，传入一对值随机生成二维数组。

（2）randn()函数：numpy.random.randn(d0,d1,d2,d3,...,dn)，用于从正态分布中返回随机生成的数组。

（3）normal()函数：numpy.random.normal(loc,scale,size)，用于生成正态分布的随机数组。

（4）random_sample()函数：numpy.random.random_sample(size=None)，用于生成[0,1)的随机数组。

（5）sample()函数：用于随机采样的函数之一，返回指定形状的数组，并在半开间隔中将其填充为随机浮点数[0.0,1.0)。

11.6 AI 辅助编程——分析优化项目

在开发 Python 数据可视化项目时，可以有效地利用 AI 提供开发思路、改进方案，从而提高项目开发效率。以下是如何利用 AI 来帮助我们改进本章的双向柱形图分析个人收入与支出项目。

11.6.1 提供项目改进方案

【问题】

我使用 Matplotlib 编写了一个双向柱形图分析个人收入与支出，请给出一个更好的方案。

【AI 回答】

双向柱形图(也称为蝴蝶图或条形图)很适合比较收入与支出，但我可以提供一个更清晰、更专业的改进方案。以下是几种优化方案。

方案 1：分组柱状图 + 净收入指示

方案 2：改进的双向柱形图

方案 3：堆叠柱状图 + 折线图组合

改进建议如下。

（1）颜色选择：使用直观的颜色编码(绿色表示收入，红色表示支出)。

（2）数据标签：添加明确的数据标签，避免依赖坐标轴读数。

（3）网格线：添加浅色网格线提高可读性。

（4）响应式设计：调整图形大小和元素间距以适应不同屏幕。

（5）交互性：考虑使用 Plotly 等库创建交互式图表（悬停显示详细信息)。

（6）时间趋势：添加趋势线或移动平均线显示变化趋势。

（7）百分比显示：可以添加支出占收入的百分比。

选择哪种方案取决于你的具体需求和数据特点。方案 1 适合展示月度趋势，方案 2 适合分类比较，方案 3 则同时展示了绝对值和储蓄趋势。

11.6.2　实现方法

【问题】

请帮我改进双向柱形图分析个人收入与支出的代码。

【AI 回答】

以下是改进后的个人收入与支出双向柱形图代码，包含了更好的可视化效果和用户体验。

示例代码：

```python
import matplotlib.pyplot as plt
import numpy as np
from matplotlib.ticker import FuncFormatter
# 设置随机种子保证可重复性
np.random.seed(42)
# 定义月份
months = ['1月', '2月', '3月', '4月', '5月', '6月',
          '7月', '8月', '9月', '10月', '11月', '12月']
n = len(months)
# 生成模拟数据
income = np.random.randint(8000, 25000, n)
expenses = np.random.randint(3000, 8000, n)  # 支出下限设为 3000 更合理
# 设置样式
plt.rcParams['font.sans-serif'] = ['SimHei']  # 解决中文乱码
plt.rcParams['axes.unicode_minus'] = False  # 解决负号不显示
# 创建图表
fig, ax = plt.subplots(figsize=(12, 6))
# 绘制柱形图 - 使用更专业的颜色
income_bars = ax.bar(months, income, color='#4CAF50', alpha=0.8, label='收入')
expense_bars = ax.bar(months, -expenses, color='#F44336', alpha=0.8, label='支出')
# 添加数据标签 - 改进格式和位置
def add_value_labels(bars, is_negative=False):
    for bar in bars:
        height = bar.get_height()
        offset = 0.03 * max(income) if not is_negative else -0.03 * max(income)
        ax.annotate(f'{abs(height):,}',xy=(bar.get_x() + bar.get_width() / 2, height +
offset if not is_negative else height - offset),ha='center', va='center' if is_negative else
'center',fontsize=9, color='black')
    add_value_labels(income_bars)
    add_value_labels(expense_bars, is_negative=True)
# 添加净收入线
net_income = income - expenses
ax.plot(months, net_income, 'o-', color='#2196F3', linewidth=2, markersize=8, label=
'净收入')
# 添加零线
ax.axhline(0, color='black', linewidth=0.8)
# 设置 y 轴格式 - 添加千位分隔符
def thousands_formatter(x, pos):
```

```
        return f'{abs(x):,}'
ax.yaxis.set_major_formatter(FuncFormatter(thousands_formatter))
# 设置图表标题和标签
ax.set_title('2023 年个人收入与支出对比分析', pad=20, fontsize=14, fontweight='bold')
ax.set_xlabel('月份', labelpad=10)
ax.set_ylabel('金额 (元)', labelpad=10)
# 设置图例
ax.legend(loc='upper right', framealpha=1)
# 调整坐标轴范围
max_value = max(income.max(), expenses.max())
ax.set_ylim(-max_value*1.2, max_value*1.3)
# 添加网格线
ax.grid(axis='y', linestyle='--', alpha=0.4)
# 调整布局
plt.tight_layout()
# 显示图表
plt.show()
```

运行改进后的代码，效果如图 11.4 所示。

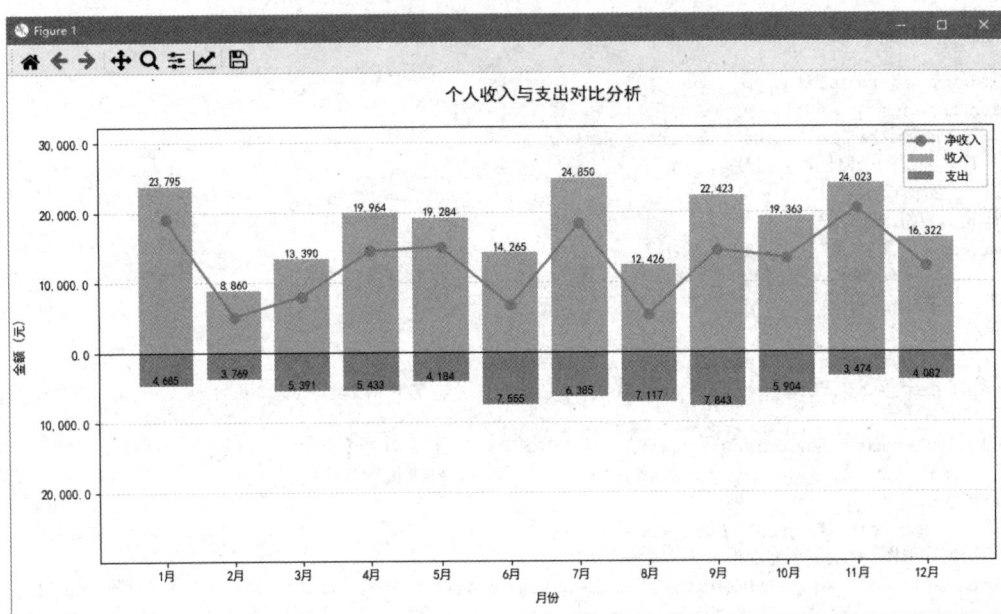

图 11-4　改进后的双向柱形图

AI 改进了以下 5 个方面。

（1）视觉效果提升

- 使用更专业的绿色（#4CAF50）和红色（#F44336）分别表示收入和支出
- 添加了透明度（alpha=0.8）使图表更柔和
- 使用 seaborn 样式提升整体美观度

（2）数据展示改进

- 添加了净收入折线图，直观显示每月结余
- 数据标签位置自动调整，避免重叠
- 数值添加了千位分隔符，提高可读性

（3）图表元素完善

- 添加了清晰的零线

- 改进了标题和坐标轴标签
- 添加了网格线提升可读性
- 图例位置和样式优化

（4）代码结构优化

- 使用函数封装重复操作
- 添加了随机种子保证可重复性
- 更合理的变量命名

（5）用户体验改进

- 自动调整 y 轴范围
- 更合理的支出数据范围（3000～8000）
- 整体布局更加紧凑美观

那么，对比源程序，经过 AI 改进后的程序不仅更加美观，而且还提供了更多有价值的信息（如净收入趋势），同时保持了双向柱形图的直观比较优势。在当今技术快速发展的时代，AI 如同编程的"加速器"，因此，我们要学会与 AI 协作。

小结

通过对本章案例的学习，读者能够掌握对比分析方法，以及双向柱形图（包括垂直方向和水平方向）的绘制，同时也能了解在没有数据的情况下如何使用 NumPy 生成随机数据。

习题

11-1　将双向柱形图的颜色修改为蓝色和黄色。

11-2　为双向柱形图添加"收入"和"支出"平均线。

11-3　使用 barh() 函数绘制水平方向的双向柱形图，柱形的颜色分别为绿色和黄色。

第12章 绘制动态图表分析产品走势

学习目标

- 掌握使用 subplot()方法创建子图绘制双 y 轴折线图的方法
- 了解 animation 模块
- 掌握绘制动态图表的方法
- 掌握用于分析产品走势的动态图表的设计思路和方法

12.1 概述

对于 Matplotlib，相信大家都已经非常熟悉了，它可以绘制多种图表，但这些图表都是静态的。而有时我们希望以动画的形式展示图表，让数据动起来，这样的图表不仅"颜值高"，而且不枯燥，让人更愿意看。例如，在绘制折线图时，让折线动起来，就可以动态地展现数据趋势。

Matplotlib 不仅可以绘制静态图表，也可以绘制动态图表。在 Matplotlib 中绘制动态图表的方法主要有两种：一种是使用 animation 模块，另一种是使用 Pyplot 模块的 API。但是，如果需要将动态图表保存为.gif 文件，就需要使用 animation 模块。本案例将通过 Matplotlib 和其自带的 animation 模块绘制动态图表分析产品走势。

12.2 案例效果预览

用 Matplotlib 结合 animation 模块绘制动态图表分析产品走势，结果如图 12-1 所示。

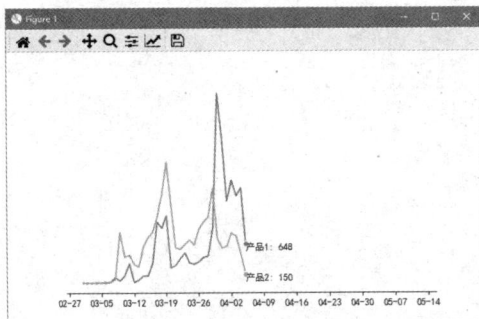

图 12-1 动态图表

12.3 案例准备

案例准备

本章案例运行环境及所需模块具体如下。
- 操作系统：Windows 10。
- Python 版本：Python 3.12。
- 开发工具：PyCharm。
- 第三方模块：pandas（2.1.4）、openpyxl（3.1.2）、Matplotlib（3.8.2）。

12.4 实现过程

实现过程

12.4.1 数据准备

本案例使用的数据集为 Excel 文件"data6.xlsx"，如图 12-2 所示，该文件包括 3 列（"日期""产品 1""产品 2"），73 行数据。首先创建案例文件夹，然后将资源包"datas"文件夹中的"data6.xlsx"文件复制到案例文件夹下。

![图 12-2 数据集，显示 Excel 表格，包含日期、产品1、产品2三列数据]

图 12-2　数据集

12.4.2 绘制动态图表

绘制动态图表的具体步骤如下。

（1）导入相关模块。

```
import matplotlib.pyplot as plt
import matplotlib.animation as animation
import matplotlib.dates as mdates # 导入日期模块
import pandas as pd
```

（2）数据准备。

通过 pandas 模块读取 Excel 文件，代码如下。

```
# 读取 Excel 文件
df=pd.read_excel("data6.xlsx")
```

（3）设置画布，设置 x、y 轴数据，代码如下。

```
# 解决中文乱码问题
plt.rcParams['font.sans-serif']=['SimHei']
# 设置画布
fig = plt.figure(figsize=(7, 4))
# 设置 x 轴数据
x = df['日期']
# 设置第一个 y 轴和第二个 y 轴数据
y1, y2 =df['产品1'], df['产品2']
```

（4）使用 subplot()方法创建子图表绘制双 *y* 轴折线图，代码如下。

```
# 创建子图表返回坐标轴对象 axes
ax = plt.subplot()
# 第一个 y 轴折线图
(line1,) = ax.plot(x, y1,    # x、y 轴数据
                          marker="o",  # 标记
                          markevery=[-1],  # 设置每个点只显示一个标记
                          markeredgecolor="white")   # 标记边的颜色
# 第二个 y 轴折线图
(line2,) = ax.plot(x, y2, marker="o",markevery=[-1], markeredgecolor="white")
```

（5）为了清晰地展示数据，为图表添加文本标签，代码如下。

```
# 添加文本标签（在日期所在的位置显示数据）
text1 = ax.text(x[0],y1[0], '', ha="left", va="top")
text2 = ax.text(x[0],y2[0], '', ha="left", va="top")
```

（6）设置坐标轴，使图表更美观，代码如下。

```
# 设置 x 轴刻度为 x
ax.set_xticks(x)
# 设置 y 轴刻度为空
ax.set_yticks([])
# 设置连接坐标轴刻度的线不可见
# spines 是连接坐标轴刻度的线
ax.spines["top"].set_visible(False)
ax.spines["left"].set_visible(False)
ax.spines["right"].set_visible(False)
# 日期显示格式为 "月-日"
ax.xaxis.set_major_formatter(mdates.DateFormatter('%m-%d'))
# 日期刻度定位为星期
ax.xaxis.set_major_locator(mdates.WeekdayLocator())
```

（7）自定义更新函数，这一步非常重要。若要图表动起来，关键是给出更新函数，即 update()函数，其中 frame 为当前帧数，代码如下。

```
# 自定义更新函数 update()
def update(frame):
    line1.set_data(x[:frame+1], y1[:frame+1])
    line2.set_data(x[:frame+1], y2[:frame+1])
    text1.set_position((x[frame], y1[frame]))
    text1.set_text(f'产品1: {y1[frame]}')
    text2.set_position((x[frame], y2[frame]))
    text2.set_text(f'产品2: {y2[frame]}')
    return line1,line2
```

（8）执行动画，显示图表，并将动画保存为.gif 文件，代码如下。

```
# 执行动画
ani = animation.FuncAnimation(fig, update, interval=100,frames=len(x))
# 显示图表
plt.show()
# 将动画保存为.gif 文件
ani.save('myline.gif',writer='pillow',fps=100)
```

上述代码中，fig 表示基于哪个窗口绘图，update 为更新函数，interval 为更新速度（默认值为 200，值越大停顿越久），frames 为更新帧数。

12.4.3　程序调试

在 PyCharm 中运行程序，出现了图 12-3 所示的错误。而且，不显示详细的报错信息，只出现如下提示信息。

```
Process finished with exit code -1073740791 (0xC0000409)
```

接下来解决这个问题。首先查看详细的报错信息，需要进行设置，具体步骤如下。

（1）选择 Run→Edit Configurations，如图 12-4 所示。

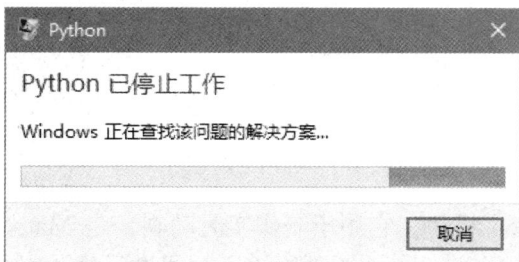

图 12-3　错误提示框

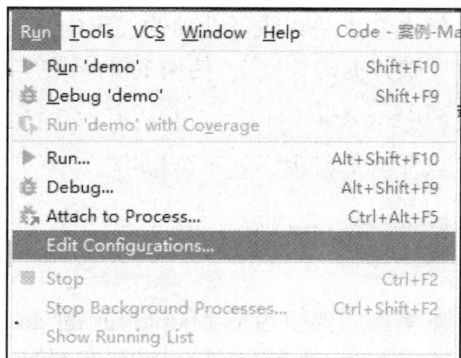

图 12-4　选择命令

（2）打开 Run/Debug Configurations 对话框，选择 Emulate terminal in output console 复选框，如图 12-5 所示，然后单击 Apply 按钮，单击 OK 按钮。

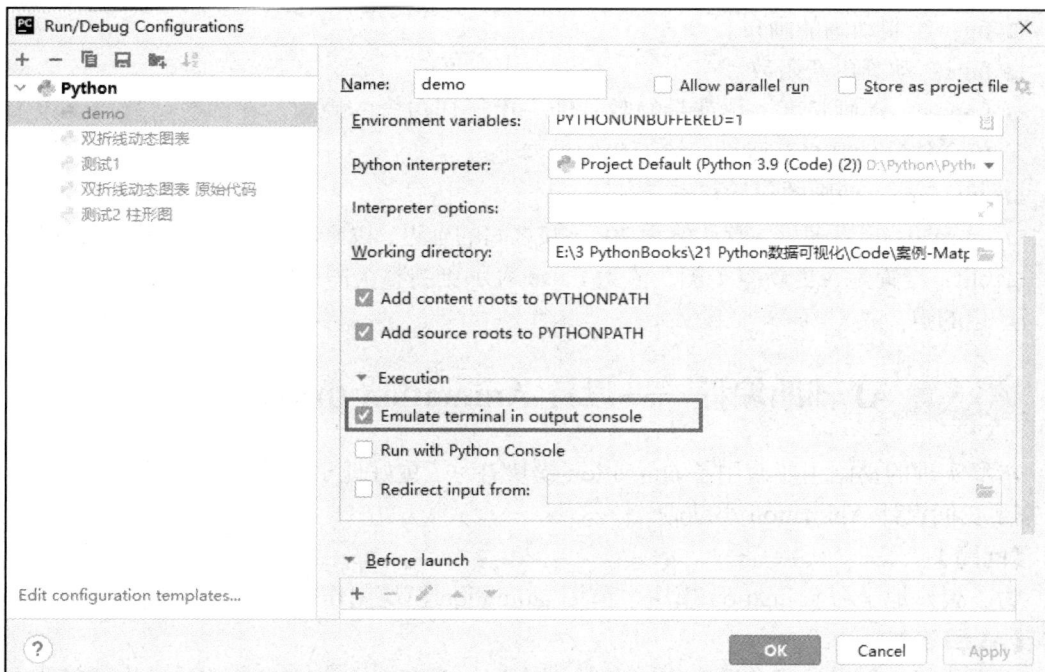

图 12-5　Run/Debug Configurations 对话框

完成以上操作，PyCharm 控制台会显示详细的报错信息，如图 12-6 所示，根据这个报错信息对程序进行调试即可。

```
Traceback (most recent call last):
  File "D:\Python\Python3.9\lib\site-packages\pandas\core\indexes\range.py", line 385, in get_loc
    return self._range.index(new_key)
ValueError: 75 is not in range

The above exception was the direct cause of the following exception:
```

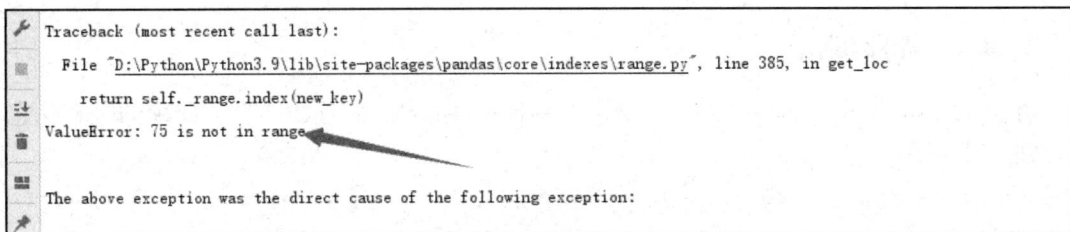

图 12-6　详细的报错信息

经过分析得知：在执行动画时，数据超出了范围，从而出现溢出现象。

解决方法是在执行动画的代码中加入动画长度（也就是帧数，即一次循环包含的帧数，等于 x 轴数据的长度），使用 len() 函数实现，即 frames=len(x)，完整代码如下。

```
ani = animation.FuncAnimation(fig, update, interval=100,frames=len(x))
```

这样再运行程序就不会报错了。

12.5 关键技术

关键技术

本案例主要使用了 Matplotlib 的 animation 模块，它用于制作实时动画，是 Matplolib 的一个动画类。而实现动画最关键的是使用 FuncAnimation() 函数，该函数通过反复调用 func 函数来制作动画。FuncAnimation() 函数的语法格式如下。

```
ani=animation.FuncAnimation(fig=fig,func=update,frames=100,init_func=init,interval=20,blit=False)
```

参数说明如下。

- □ fig：绘制动画的画布。
- □ func：动画更新函数。
- □ frames：动画长度，也就是帧数，即一次循环包含的帧数。在函数运行时，该参数值会传给动画更新函数 update(i) 的形参 i。
- □ init_func：动画的起始状态。
- □ interval：更新速度，默认值为 200，帧之间的延迟，以毫秒为单位，值越大停顿越久。
- □ blit：设置是否更新整个图，值为 False 表示更新整个图，值为 True 表示只更新有变化的点。

12.6 AI 辅助编程——设计 Animation 小动画

本章实现的动画主要使用了 animation 模块，为了更好地学习和应用该模块，下面利用 AI 来帮我们设计 Animation 小动画。

【问题】

为了更好地学习 animation 模块，请用 animation 模块制作小动画，适合初学者练习。

【AI 回答】

下面我将为你设计几个适合初学者练习的 Matplotlib Animation 小动画，从简单到中等难度逐步提升。

基础练习 1：移动的小球

```
import numpy as np
```

```
import matplotlib.pyplot as plt
from matplotlib.animation import FuncAnimation
# 创建画布和坐标轴
fig, ax = plt.subplots(figsize=(6, 6))
ax.set_xlim(0, 10)
ax.set_ylim(0, 10)
ax.set_aspect('equal')  # 确保 x 和 y 轴比例相同
ax.grid(True)

# 创建一个小球
ball, = ax.plot([], [], 'o', markersize=20, color='blue')
# 初始化函数
def init():
    ball.set_data([], [])
    return ball,
# 更新函数
def update(frame):
    x = frame % 10  # x 坐标在 0-9 之间循环
    y = 5 + 3 * np.sin(frame * 0.1)  # y 坐标做正弦运动
    ball.set_data(x, y)
    return ball,
# 创建动画
ani = FuncAnimation(fig, update, frames=100,
                init_func=init, blit=True, interval=50)
plt.title("基础练习 1：移动的小球")
plt.show()
```

基础练习 2：旋转的正方形

```
import numpy as np
import matplotlib.pyplot as plt
from matplotlib.animation import FuncAnimation
from matplotlib.patches import Rectangle
fig, ax = plt.subplots(figsize=(6, 6))
ax.set_xlim(-2, 2)
ax.set_ylim(-2, 2)
ax.set_aspect('equal')
ax.grid(True)
# 创建正方形
square = Rectangle((-0.5, -0.5), 1, 1, fc='red', alpha=0.7)
ax.add_patch(square)
def init():
    square.set_angle(0)
    return square,
def update(frame):
    square.set_angle(frame * 2)  # 每帧旋转 2 度
    return square,
ani = FuncAnimation(fig, update, frames=180,
                init_func=init, blit=True, interval=20)
plt.title("基础练习 2：旋转的正方形")
plt.show()
```

进阶练习 1：正弦波传播

```
import numpy as np
import matplotlib.pyplot as plt
from matplotlib.animation import FuncAnimation

fig, ax = plt.subplots(figsize=(8, 4))
ax.set_xlim(0, 2*np.pi)
```

```
ax.set_ylim(-1.5, 1.5)
ax.grid(True)

x = np.linspace(0, 2*np.pi, 100)
line, = ax.plot(x, np.sin(x), lw=2)

def init():
    line.set_ydata([np.nan] * len(x))
    return line,

def update(frame):
    line.set_ydata(np.sin(x + frame * 0.1))  # 波向右传播
    return line,

ani = FuncAnimation(fig, update, frames=100,
                init_func=init, blit=True, interval=50)

plt.title("进阶练习 1: 正弦波传播")
plt.xlabel("x")
plt.ylabel("sin(x + t)")
plt.show()
```

进阶练习 2：随机漫步动画

```
import numpy as np
import matplotlib.pyplot as plt
from matplotlib.animation import FuncAnimation
fig, ax = plt.subplots(figsize=(8, 6))
ax.set_xlim(0, 100)
ax.set_ylim(-50, 50)
ax.grid(True)
# 初始化漫步者
walker, = ax.plot([], [], 'ro-', lw=2)
path, = ax.plot([], [], 'b-', alpha=0.5)
# 存储路径
x_data, y_data = [], []
def init():
    walker.set_data([], [])
    path.set_data([], [])
    return walker, path
def update(frame):
    # 随机移动
    dx = np.random.randint(-1, 2)
    dy = np.random.randint(-1, 2)
    if not x_data:
        x_data.append(50)
        y_data.append(0)
    else:
        x_data.append(x_data[-1] + dx)
        y_data.append(y_data[-1] + dy)
    walker.set_data(x_data[-1], y_data[-1])
    path.set_data(x_data, y_data)
    # 自动调整视图
    ax.set_xlim(min(x_data)-10, max(x_data)+10)
    ax.set_ylim(min(y_data)-10, max(y_data)+10)
    return walker, path
ani = FuncAnimation(fig, update, frames=200,
                init_func=init, blit=True, interval=100)
plt.title("进阶练习 2: 随机漫步动画")
plt.show()
```

小结

通过对本章案例的学习，读者能够掌握使用 Matplotlib 绘制动态图表的方法，以及 Matplotlib 的 animation 模块的使用方法。

习题

12-1　将"资源包\Code\datas"文件夹中的"600000.xlsx"作为数据集，绘制开盘价动态走势图。

12-2　首先使用 random()函数随机生成整数，分别表示 x 轴和 y 轴数据，然后绘制动态散点图。

## 第13章

用 Matplotlib+PyQt5 实现交互式图表

学习目标

- 掌握 PyQt5 模块和 PyQt5Designer 模块的安装方法
- 掌握 Qt Designer 和 PyUIC 的配置方法
- 掌握交互式图表的设计思路和过程

概述

13.1 概述

前面介绍了使用各种绘图工具绘制不同的图表，但是有些时候，尤其是设计大型项目时，需要将图表嵌入界面中，然后根据指定的查询条件动态生成图表。本案例将通过 Matplotlib 与 PyQt5 的结合，实现嵌入交互式图表，即将 Matplotlib 模块嵌入 PyQt5 图形用户界面当中，当用户单击不同的按钮时，动态生成不同的图表，实现与用户的交互。

13.2 案例效果预览

用 Matplotlib 结合 PyQt5 实现嵌入式交互式图表——电商销售数据分析系统。当用户单击"最近 7 天"按钮时，图形用户界面中显示最近 7 天的销售数据趋势图，如图 13-1 所示；

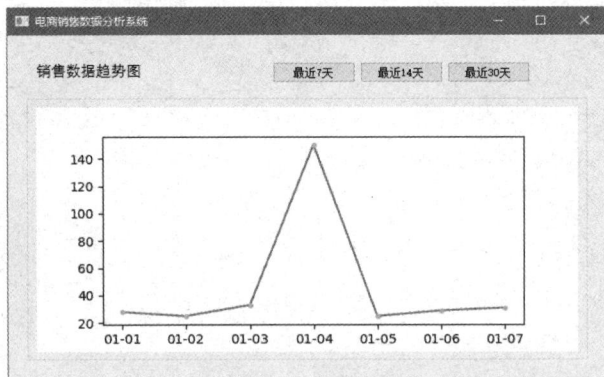

案例效果预览

图 13-1 最近 7 天的销售数据趋势图

当用户单击"最近 14 天"按钮时，图形用户界面中显示最近 14 天的销售数据趋势图，如图 13-2 所示；当用户单击"最近 30 天"按钮时，图形用户界面中显示最近 30 天的销售数据趋势图，如图 13-3 所示。

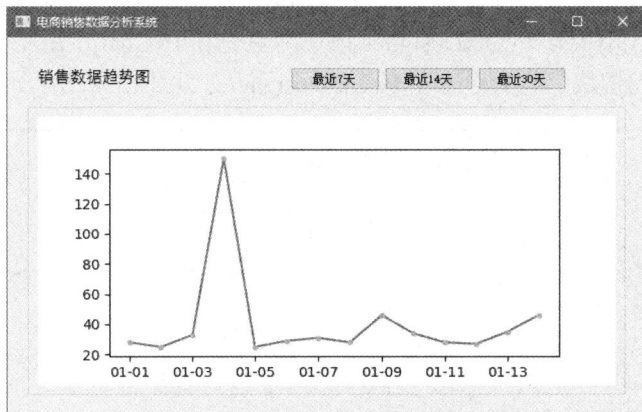

图 13-2　最近 14 天的销售数据趋势图

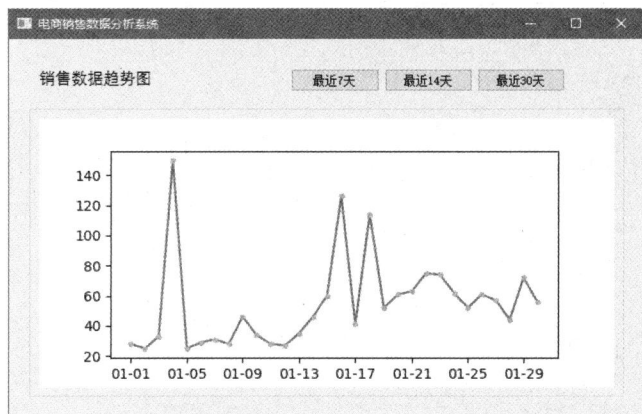

图 13-3　最近 30 天的销售数据趋势图

13.3　案例准备

本章案例运行环境及所需模块具体如下。

- 操作系统：Windows 10。
- Python 版本：Python 3.12。
- 开发工具：PyCharm。
- Python 内置模块：sys。
- 第三方模块：pandas（2.1.4）、openpyxl（3.1.2）、Matplotlib（3.8.2）、PyQt5（5.15.10）、PyQt5Designer（5.14.1）。

案例准备

13.4　界面设计环境安装与配置

对 Python 程序员来说，用纯代码编写应用程序并不稀奇。不过，大多程

界面设计环境
安装与配置

序员还是喜欢使用可视化的方法来设计图形用户界面，因为能减少程序代码量，设计起来也更加方便、清晰。Qt 设计器（Qt Designer）便提供了这样一种可视化的设计环境，让用户可以随心所欲地设计出自己想要的图形用户界面。

可视化设计环境主要使用 PyQt5 和 PyQt5Designer 两个模块，具体安装配置步骤如下。

（1）安装 PyQt5 模块和 PyQt5Designer 模块。首先在 PyCharm 开发环境中搜索 PyQt5，筛选与 PyQt5 相关的模块，即 PyQt5 和 PyQt5Designer，如图 13-4 所示，然后分别进行安装。

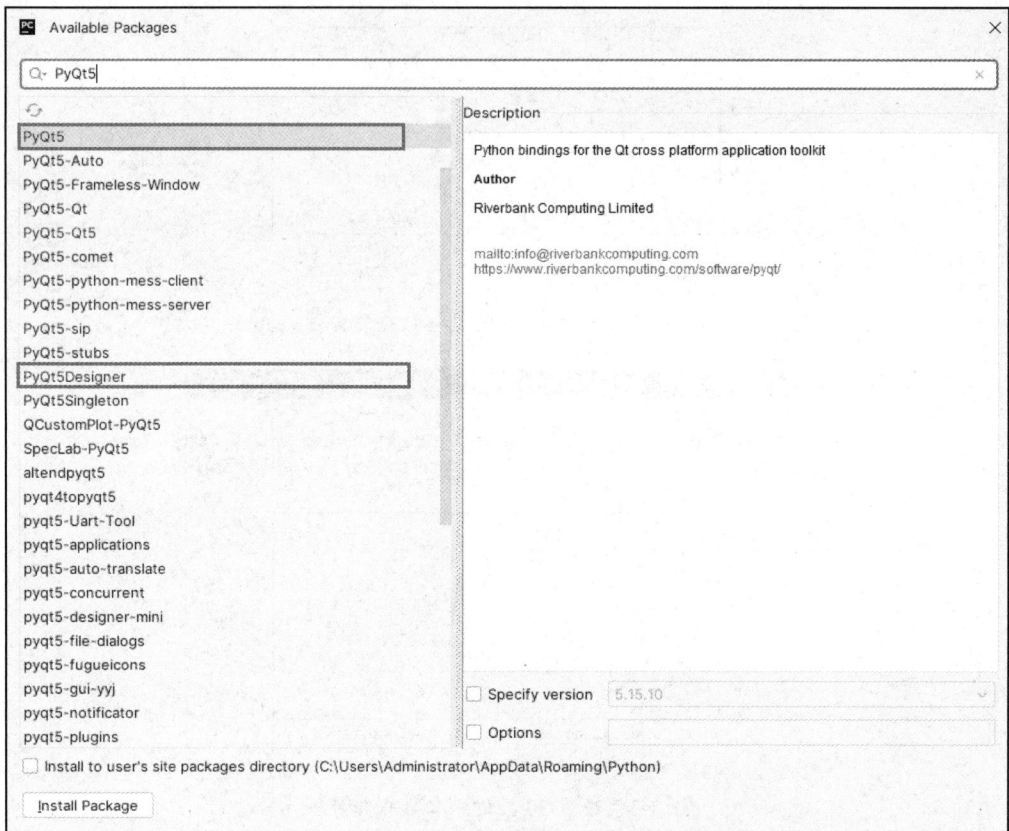

图 13-4　安装 PyQt5 模块和 PyQt5Designer 模块

（2）配置 Qt Designer。运行 PyCharm，打开 Settings 对话框，选择 Tools→External Tools，单击"+"按钮，打开 Create Tool 对话框。首先在 Name 文本框中输入工具名称，如 Qt Design；然后在 Program 文本框中选择 designer.exe 文件的安装路径，如" E:\Python\Python3.12\Lib\site-packages\QtDesigner\designer.exe "；最后在 Working directory 文本框中输入"$ProjectFileDir$"，单击 OK 按钮，如图 13-5 所示。

（3）配置 PyUIC，即将.ui 文件转换为.py 文件。依旧选择 Tools→External Tools，单击"+"按钮，打开 Create Tool 对话框。首先在 Name 文本框中输入"PyUIC"；然后在 Program 文本框中选择 python.exe 文件的安装路径，如"E:\Python\Python3.12\python.exe"；接着在 Arguments 文本框中输入"-m PyQt5.uic.pyuic $FileName$ -o $FileNameWithoutExtension$.py"；最后在 Working directory 文本框中输入"$FileDir$"，单击 OK 按钮。

（4）在 PyCharm 中选择 Tools→External Tools，将可以看到 Qt Design 和 PyUIC 两个菜单项，如图 13-6 所示。

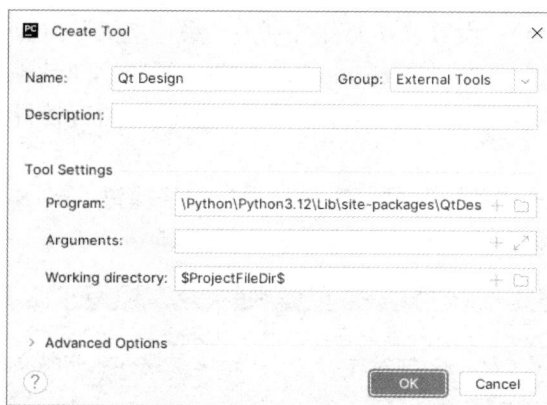

图 13-5　配置 Qt Designer

图 13-6　新增的 Qt Design 和 PyUIC 两个菜单项

如果需要进行图形用户界面设计，可以选择 Qt Design；如果需要将.ui 文件转换为.py 文件，则选择 PyUIC，注意要事先设计好.ui 文件，否则可能会出错。

13.5　实现过程

实现过程

13.5.1　窗体设计

设计窗体前要创建窗体，然后将需要的控件放置在窗体上，具体步骤如下。

❑ 创建窗体。

运行 PyCharm，选择 Tools→External Tools→Qt Design，打开"Qt 设计师"窗口，在弹出的"新建窗体"对话框中选择 Widget，单击"创建"按钮，窗体就创建完成了，如图 13-7 所示。

接下来，在"属性编辑器"中找到 window Title 属性，设置窗体标题为"电商销售数据分析系统"。

❑ 窗体上添加控件。

（1）在窗体上添加一个 Widget 控件。

（2）在 Widget 控件里添加一个 Label 控件，

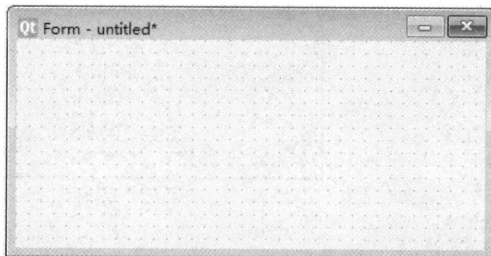

图 13-7　窗体

设置 text 属性为"销售数据趋势图"，设置 Font 属性的字体大小为 12。

（3）在 Widget 控件里添加 3 个按钮，通过"属性编辑器"设置 objectName 属性分别为

Button1、Button2、Button3，设置 text 属性分别为"最近 7 天""最近 14 天""最近 30 天"。

（4）在 Widget 控件里添加一个 Group Box 控件，通过"属性编辑器"设置 title 属性为空。该控件主要用于显示图表，这一步非常重要。至此，所有控件就添加完成了，添加步骤如图 13-8 所示。

（5）选择"窗体"→"预览"预览窗体效果，按快捷键 Ctrl+S 保存文件，将窗体保存为 gui.ui 文件，路径为案例所在文件夹（例如"D:\Code\第 13 章"）。

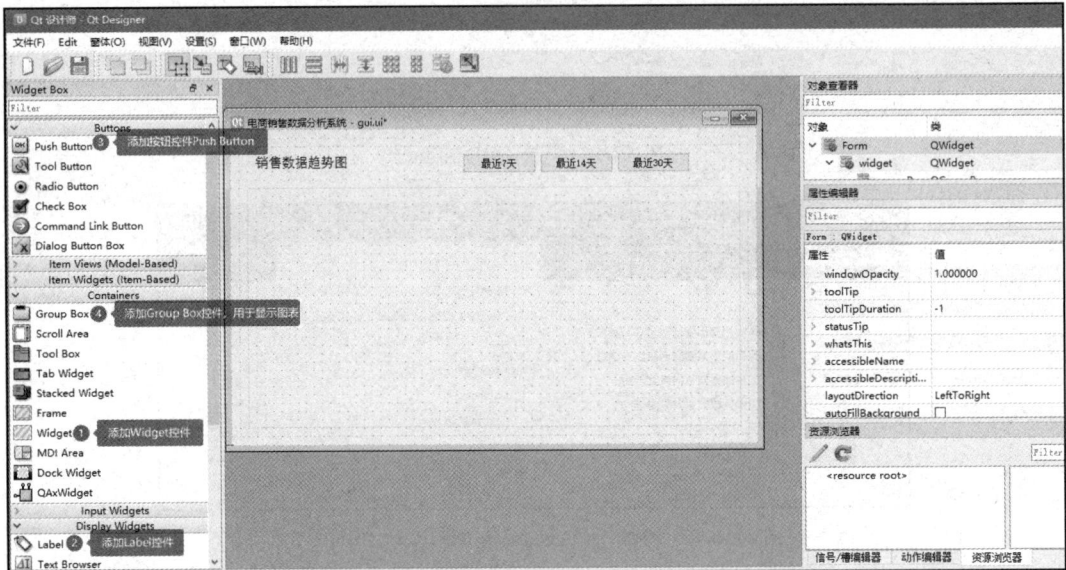

图 13-8　窗体设计

13.5.2　.ui 文件转换为.py 文件

窗体设计完成后，接下来的任务就是将.ui 文件转换为.py 文件，这样才可以在 Python 环境中使用。首先运行 PyCharm，打开案例文件夹，选择 gui.ui 文件，然后选择 Tools→External Tools→PyUIC，案例文件夹中会自动生成一个名为 gui.py 的文件，如图 13-9 所示。

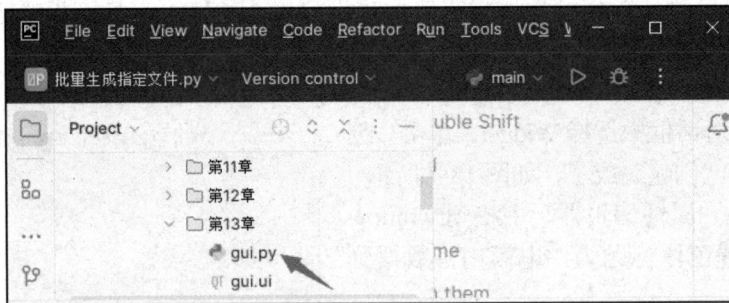

图 13-9　.ui 文件转换为.py 文件

此时，如果运行 gui.py 文件，将什么都不显示。那么，接下来要做的就是设计主程序模块。

13.5.3　主程序模块设计

主程序模块主要用于将 Matplotlib 模块嵌入 PyQt5 图形用户界面中，然后实现读取

Excel 文件，并进行简单的数据处理，其次绘制图表，最后显示窗体（gui.py）。具体实现步骤如下。

（1）将资源包中 "datas" 文件夹中的数据集 Excel 文件（销售表.xlsx）复制到案例文件夹中。

（2）在案例文件夹中新建一个 Python 文件，命名为 main.py。

（3）导入相关模块。

```python
import sys  # 导入系统模块
# 导入 QtWidgets 模块中的所有函数和方法
from PyQt5.QtWidgets import *
from gui import Ui_Form  # 导入界面文件
import matplotlib.dates as mdates  # 导入日期模块
# 通过 matplotlib.backends.backend_qt5agg 类来连接 PyQt5
import matplotlib
matplotlib.use("Qt5Agg")  # 声明使用 Qt5
from matplotlib.backends.backend_qt5agg import FigureCanvasQTAgg as FigureCanvas
from matplotlib.figure import Figure
# 导入 pandas 模块
import pandas as pd
```

（4）读取 Excel 文件，导入数据。

```python
# 读取 Excel 文件
df=pd.read_excel('销售表.xlsx')
```

（5）创建一个 Matplotlib 图形绘制类（MyFigure 类），这是 Matplotlib 模块嵌入 PyQt5 的关键部分，代码如下。

```python
# 创建 MyFigure 类
class MyFigure(FigureCanvas):
    def __init__(self,width, height, dpi):
        # 创建一个 Figure, 该 Figure 为 matplotlib 下的 Figure, 不是 matplotlib.pyplot 下的 Figure
        self.fig = Figure(figsize=(width, height), dpi=dpi)
        # 在父类中激活 Figure 窗口, 否则不显示图形
        super(MyFigure,self).__init__(self.fig)
```

（6）创建主窗口类，自定义方法以根据数据绘制图表，代码如下。

```python
# 创建主窗口类 Mainwindow
class Mainwindow(QWidget, Ui_Form):
    def __init__(self):
        super(Mainwindow,self).__init__()
        self.setupUi(self)
        # 设置画布大小和像素
        self.F = MyFigure(width=3, height=2, dpi=100)
    # 自定义 plot() 方法
    def plot(self):
        # 在 GUI 的 groupBox 中创建一个布局, 用于添加 MyFigure 类的实例（即图形）
        self.gridlayout = QGridLayout(self.groupBox)
        self.gridlayout.addWidget(self.F)
    # 自定义 plot_a() 方法
    def plot_a(self):
        # 清除画布
        self.F.figure.clear()
        # 调用 Figure 类的 add_subplot() 方法, 其类似于 matplotlib.pyplot 的 add_subplot() 方法
        # 返回坐标轴对象 axes
        ax=self.F.fig.add_subplot(111)
```

```
      # 最近 7 天数据
      df1=df.head(7)
      # x、y 轴数据
      x = df1['日期']
      y = df1['成交件数']
      # 调用 plot()方法
      self.plot()
      # 日期显示格式为"月-日"
      ax.xaxis.set_major_formatter(mdates.DateFormatter('%m-%d'))
      # 绘制图表
      # mrker 设置标记样式、mfc 设置标记颜色、ms 设置标记大小、mec 设置标记边框颜色
      ax.plot(x, y, marker='o', ms=3,mfc='orange',mec='orange')
      # 重绘当前图形
      self.F.draw()
# 自定义 plot_b()方法
def plot_b(self):
      # 清除画布
      self.F.figure.clear()
      # 调用 Figure 类的 add_subplot()方法
      # 返回坐标轴对象 axes
      ax=self.F.fig.add_subplot(111)
      # 最近 14 天数据
      df1 = df.head(14)
      # x、y 轴数据
      x = df1['日期']
      y = df1['成交件数']
      # 调用 plot()方法
      self.plot()
      # 日期显示格式为"月-日"
      ax.xaxis.set_major_formatter(mdates.DateFormatter('%m-%d'))
      # 绘制图表
      # marker 设置标记样式、ms 设置标记大小、mfc 设置标记颜色、mec 设置标记边框颜色
      ax.plot(x, y, marker='o', ms=3, mfc='orange', mec='orange')
      # 重绘当前图形
      self.F.draw()
# 自定义 plot_c()方法
def plot_c(self):
      # 清除画布
      self.F.figure.clear()
      # 调用 Figure 类的 add_subplot()方法
      # 返回坐标轴对象 axes
      ax=self.F.fig.add_subplot(111)
      # 最近 30 天数据
      df1 = df.head(30)
      # x、y 轴数据
      x = df1['日期']
      y = df1['成交件数']
      # 调用 plot()方法
      self.plot()
      # 日期显示格式为"月-日"
      ax.xaxis.set_major_formatter(mdates.DateFormatter('%m-%d'))
      # 绘制图表
      # marker 设置标记样式、ms 设置标记大小、mfc 设置标记颜色、mec 设置标记边框颜色
      ax.plot(x, y, marker='o', ms=3, mfc='orange', mec='orange')
      # 重绘当前图形
      self.F.draw()
```

（7）显示窗体，代码如下。

```python
# 每个 Python 文件都包含内置的变量__name__，
# 当 Python 文件被直接执行时，
# 变量__name__就等于文件名（.py 文件）
# 而__main__则表示当前所执行文件的名称
if __name__ == '__main__':
    # 实例化一个应用对象
    app = QApplication(sys.argv)
    # 窗体对象
    main = Mainwindow()
    # 显示窗体
    main.show()
    # 确保主循环安全退出
    sys.exit(app.exec_())
```

（8）切换到 gui.py 文件，编写按钮事件。

在 class Ui_Form(object):类中的 def setupUi(self, Form):方法的 self.retranslateUi(Form) 代码后面添加按钮事件代码，调用绘制图表的方法，代码如下。

```python
# 按钮单击事件
self.Button1.clicked.connect(Form.plot_a)
self.Button2.clicked.connect(Form.plot_b)
self.Button3.clicked.connect(Form.plot_c)
```

上述代码表示，单击"最近 7 天"按钮，调用 main.py 文件中的 plot_a()方法，将最近 7 天的"成交件数"数据绘制成折线图；单击"最近 14 天"按钮，调用 main.py 文件中的 plot_b()方法，将最近 14 天的"成交件数"数据绘制成折线图；单击"最近 30 天"按钮，调用 main.py 文件中的 plot_c()方法，将最近 30 天的"成交件数"数据绘制成折线图。

13.6 关键技术

关键技术

本案例主要使用了两大关键技术：一是通过 Qt 设计器设计图形用户界面；二是编写代码实现将 Matplotlib 嵌入 PyQt5 中，从而实现交互式图表。下面简单介绍一下这两大关键技术。

❏ Qt 设计器。

Qt 设计器是 Qt 集成开发环境自带的一款可视化界面设计器，它可以帮助我们快速创建应用程序界面，随心所欲地设计出自己想要的图形用户界面，并且可以实现多种高级功能，以及实时预览界面设计效果。界面设计完成后，保存为.ui 文件，而通过将.ui 文件转换为.py 文件，可以实现在 Python 环境中使用。通过 Qt 设计器设计图形用户界面，省去了大量手动敲代码的操作，非常方便、快捷。Qt 设计器包含很多控件，本案例主要应用了以下控件。

（1）Widge（QWidge）：所有用户界面对象的基类，被称为基础窗口部件。

（2）GroupBox（QGroupBox）：一个组合框控件，就跟分类一样，我们可以把相同的控件放在一起，也可以把实现某项功能所需要的一些控件放在一起等。合理地运用该控件可以让界面更加清晰、用户体验更好。

（3）Label：一个标签控件，主要用于显示文本。

（4）Push Button QPushButton：一个命令按钮控件。命令按钮是图形用户界面中常用的控件，典型的有确定、应用、取消、退出等，按下（或者单击）按钮以命令计算机执行某个操作或回答问题。

> 📖 说明：括号中的名称是代码中控件的名称。

☐ 编写代码实现将 Matplotlib 嵌入 PyQt5 中。

PyQt5 是一套 Python 绑定 Digia Qt5 应用的框架，而 QtWidgets 是 PyQt5 下的一个模块，包含了一整套 UI 元素组件，用于建立符合系统风格的程序界面。QWidget 则是 QtWidgets 模块下的一个类，它是一个非常基础的类，是所有图形用户界面中控件（如按钮、标签、文本框、单选/复选框等）的基类。同时，QWidget 还拥有很多的方法，具体可以参考 Qt 官网。下面介绍将 Matplotlib 嵌入 PyQt5 中的具体设计思路。

（1）创建一个 Matplotlib 图形绘制类（MyFigure 类），该类继承 FigureCanvas 类，既是一个 PyQt5 的 QWidget，又是一个 Matplotlib 的 FigureCanvas。这是 Matplotlib 模块嵌入 PyQt5 当中的关键部分，代码如下。

```
# 创建 MyFigure 类
# class MyFigure(FigureCanvas):
    def __init__(self,width, height, dpi):
        # 创建一个 Figure,该 Figure 为 matplotlib 下的 Figure,不是 matplotlib.pyplot 下的 Figure
        self.fig = Figure(figsize=(width, height), dpi=dpi)
        # 在父类中激活 Figure 窗口,否则不显示图形
        super(MyFigure,self).__init__(self.fig)
```

（2）创建主窗体类（Mainwindow），将界面加入程序中，把 Ui_Form 作为工程的父类，加入 self.setupUi(self)，代码如下。

```
from gui import Ui_Form
# gui 是.ui 文件转换成.py 文件后的文件名, Ui_Form 是转换后的类名
class Mainwindow(QWidget, Ui_Form):
    def __init__(self):
        super(Mainwindow,self).__init__()
        self.setupUi(self)
        # 设置画布大小和像素
        self.F = MyFigure(width=3, height=2, dpi=100)
```

（3）自定义方法 plot()，在 gui 的 groupBox 中创建一个布局，用于添加 MyFigure 类的实例（即图形），代码如下。

```
def plot(self):
    self.gridlayout = QGridLayout(self.groupBox)
    self.gridlayout.addWidget(self.F)
```

以上就是实现 Matplotlib 嵌入 PyQt5 中的关键步骤。最后为了实现图表实时更新，每次单击按钮都清除画布、创建子图和重绘当前图形。

13.7 AI 辅助编程——增加图表类型选择功能

【问题】

我用 Matplotlib 结合 PyQt5 实现了嵌入式交互图表，单击最近 7 天、最近 14 天和最近

30天的按钮即可生成折线图分析销售数据。现在想增加一个通过列表选择图表类型的功能，请给出基本思路。

【AI回答】

要在现有PyQt5+Matplotlib应用中增加图表类型选择功能，可以按照以下思路实现。

1．界面设计

首先需要在界面上添加一个图表类型选择控件：

```
# 在 UI 初始化部分添加 QComboBox
self.chart_type_combo = QComboBox()
self.chart_type_combo.addItems(["折线图", "柱状图", "饼图", "面积图"])
self.chart_type_combo.currentIndexChanged.connect(self.update_chart)
```

2．图表绘制函数改造

修改现有的绘图函数，使其能够根据选择绘制不同类型的图表：

```
def update_chart(self):
    # 获取当前选择的图表类型
    chart_type = self.chart_type_combo.currentText()
    # 获取数据（假设已有 get_data 方法）
    days, sales = self.get_data()
    # 清除当前图表
    self.figure.clear()
    ax = self.figure.add_subplot(111)
    # 根据选择绘制不同类型的图表
    if chart_type == "折线图":
        ax.plot(days, sales, marker='o')
    elif chart_type == "柱状图":
        ax.bar(days, sales)
    elif chart_type == "饼图":
        ax.pie(sales, labels=days, autopct='%1.1f%%')
    elif chart_type == "面积图":
        ax.fill_between(days, sales, alpha=0.5)
    # 设置标题、标签等
    ax.set_title(f"销售数据 - {chart_type}")
    self.canvas.draw()
```

3．与现有功能集成

确保图表类型选择与现有的时间范围按钮协同工作：

```
# 修改现有的时间范围按钮回调
def on_time_range_clicked(self, days):
    self.selected_days = days
    self.update_chart()  # 统一调用 update_chart
```

4．样式和布局调整

将新的下拉框添加到现有布局中：

```
# 在布局中添加控件
layout = QVBoxLayout()
layout.addWidget(self.chart_type_combo)
layout.addWidget(self.time_range_buttons_frame)  # 假设已有时间范围按钮的 frame
layout.addWidget(self.canvas)
```

5．扩展考虑

- 图表类型扩展：可以轻松添加更多图表类型（散点图、箱线图等）
- 样式定制：为不同图表类型添加特定的样式选项
- 数据适配：某些图表类型（如饼图）可能需要不同的数据格式处理

这样实现后，用户就可以通过下拉列表自由切换不同的图表类型来查看销售数据了。

小结

通过对本章案例的学习，读者能够了解 PyQt5，学会设计图形用户界面，并将 Matplotlib 嵌入其中，实现交互式图表。

习题

13-1　通过 Qt 设计器创建一个窗体，然后在窗体上添加一个按钮，单击该按钮，输出"Hello World!"。

13-2　通过 Qt 设计器创建一个系统登录窗体，包括两个文本框和一个按钮。

13-3　在本案例程序中添加一个"最近 3 天"按钮，单击该按钮，生成最近 3 天的销售数据趋势图。